Cursor与Copilot开发实战

让烦琐编程智能化

未来智能实验室　代晶　编著

人 民 邮 电 出 版 社
北　京

图书在版编目（CIP）数据

Cursor 与 Copilot 开发实战 ： 让烦琐编程智能化 / 未来智能实验室，代晶编著. -- 北京 ： 人民邮电出版社，2025. -- ISBN 978-7-115-67285-8

Ⅰ. TP18

中国国家版本馆 CIP 数据核字第 202549XG16 号

内 容 提 要

本书全面介绍如何利用现有的 AI 技术辅助编程开发，涵盖从基础工具的使用到企业级项目的全程实战与场景化应用。

全书分为三部分，共 12 章，系统讲解 AI 辅助编程的应用，逐步深入，为开发者提供详细的实践指导。第一部分介绍 Cursor 与 Copilot 的安装、配置和使用技巧，通过前后端开发案例，帮助读者优化代码生成流程，设计高效的 UI 组件，并利用 Prompt 引导 AI 生成所需的代码与文档。第二部分聚焦复杂开发场景，涵盖后端开发、接口调试、并发处理、图像优化等，展示 AI 如何解决高并发问题，以及如何优化系统性能，并处理“屎山”代码，同时探讨 Prompt 优化策略，帮助开发者巧妙控制 AI 生成内容的质量。第三部分专注于企业级项目开发，通过财务系统与在线拍卖平台案例，讲解从架构设计到自动化测试、部署与运维的全流程，提供完整的大型项目开发方案。

本书内容深入浅出，既具实用性又具前瞻性，适合中高级开发者、AI 技术爱好者以及希望提升开发效率、深入理解 AI 在编程中的应用的专业人士，尤其适合那些希望在实际开发中应用 AI 工具优化工作流程、提高代码质量和解决复杂问题的开发者。

◆ 编　　著　未来智能实验室　代　晶
　责任编辑　胡俊英
　责任印制　焦志炜
◆ 人民邮电出版社出版发行　　北京市丰台区成寿寺路 11 号
　邮编　100164　　电子邮件　315@ptpress.com.cn
　网址　https://www.ptpress.com.cn
　固安县铭成印刷有限公司印刷
◆ 开本：800×1000　1/16
　印张：19.75　　2025 年 6 月第 1 版
　字数：441 千字　　2025 年 11 月河北第 3 次印刷

定价：89.80 元

读者服务热线：(010)81055410　印装质量热线：(010)81055316
反盗版热线：(010)81055315

前言

在现代软件开发过程中，AI 技术正在迅速改变我们的工作方式。Cursor 与 Copilot 等工具更是凭借其强大的代码生成、代码优化和文档编写能力，成为开发者的重要助手。Cursor 和 Copilot 都依赖自然语言理解和生成技术，能够帮助开发者自动生成代码片段、提供修复建议、编写文档，甚至协助开发者进行调试和性能优化。

具体来说，Cursor 侧重于通过智能化的代码提示和实时的错误检查，帮助提升开发者的编程效率，特别适用于提高代码书写的流畅性和准确性。它的智能代码补全和快捷修复功能，能够帮助开发者减少开发过程中的思考时间，并提高代码质量。

相对而言，Copilot 则更多地聚焦于为开发者提供基于上下文的完整代码片段，尤其擅长根据自然语言提示生成复杂的代码结构，帮助开发者快速实现特定功能。它是更侧重于辅助开发者解决具体编程任务的工具，适用于需要较高抽象层次的开发场景。

开发者在选择工具时，可根据具体需求来判断：若注重代码的精确性和实时提示，Cursor 会是更好的选择；若需要高效完成较为复杂的功能开发，则 Copilot 可能更具优势。

本书旨在深入介绍如何利用 Cursor 与 Copilot 等 AI 工具，优化编程过程，并提升开发者的工作效率。随着 AI 技术在编程中的逐步应用，许多开发者对于如何将这些工具有效地整合到自己的工作流中仍感到困惑。正是为了解决这一问题，本书提供了一套系统的学习路径，从基础工具的使用到复杂开发场景的实战应用，以帮助读者更好地理解并运用 AI 辅助编程技术。

本书内容分为三部分，共 12 章，系统地介绍如何利用 AI 工具高效地完成从基础开发到企业级项目实战的全过程。

第一部分着重介绍 Cursor 与 Copilot 的基础使用方法，包括工具的安装配置、使用技巧以及在前后端开发中的实际应用。读者将学习如何通过 Prompt 工程优化代码生成流程、设计高效的 UI 组件，并引导 AI 工具生成所需的代码和文档，从而提高开发效率。

第二部分重点讨论AI工具在复杂开发场景中的应用，包括后端开发、接口调试、并发处理、图像优化等内容。通过学习丰富的实战案例，读者将了解如何利用 AI 解决高并发问题、优化系统性能、处理“屎山”代码，并学会如何优化 Prompt 以提高生成结果的质量。

第三部分则专注于企业级项目的开发，结合财务系统和在线拍卖平台等实际案例，全面讲解从架构设计到自动化测试、部署与运维的全流程，帮助读者掌握如何在大型项目中应用 AI 工具，确保项目的高效开发与顺利运维。

本书的最大特点是实用性与系统性的结合，内容丰富且深入浅出。无论是中高级开发者，还是 AI 技术爱好者，都能从中获得有价值的实践经验。本书不仅帮助读者快速掌握 AI 辅助编程工具的使用方法，还提供大量的实战案例和最佳实践，有助于读者将书中的知识应用到实际开发中，解决具体的开发难题。我们期望读者在阅读本书后，能够自信地运用 AI 工具提升开发效率，优化代码质量，最终为所参与的项目作出重要贡献。

本书致力于推动 AI 辅助编程的普及与应用，为开发者提供有效的技术支持与实践指南。最后，感谢每一位读者的支持与关注，期盼本书能够成为读者应用 AI 辅助编程的得力助手，帮助读者在日常开发中充分发挥 AI 技术的优势，提升工作效率。

资源获取

本书提供如下资源：

- 配套源代码文件；
- 在线播放的视频课；
- 附赠电子书
  - 《基于 DeepSeek 的辅助编程实战》；
  - 《基于 MCP 的辅助编程实战》；
- 本书思维导图；
- 异步社区 7 天 VIP 会员。

要获得以上资源，您可以扫描旁边的二维码，根据指引领取。如需输入“配套资源验证码”，请在本书 87 页底部或电子书最后一页查看。

目录

第一部分

AI 辅助编程基础与应用

该部分主要介绍 AI 辅助编程工具（Cursor 与 Copilot）的基础知识、使用方法及其在开发中的初步应用，旨在帮助读者掌握 AI 辅助编程工具的基本应用，达到从入门到实践，并逐步深入的效果。

第 1 章系统介绍 Cursor 与 Copilot 的核心功能、适用场景及安装和配置方法，着重讲解如何利用这些工具的代码补全功能快速生成代码并提升编程效率。

第 2 章围绕提示工程，详细解析如何通过设计高质量的提示词（Prompt）来引导 AI 生成精准的代码，特别是在复杂的需求场景中，通过分步优化 Prompt 来提升 AI 生成内容的相关性与实用性。

第 3 章探讨技术文档的自动化编写，结合实际案例展示如何利用 AI 工具生成系统架构设计文档、API 文档及技术说明，为开发者解决文档编写过程中常见的效率低和叙述不规范问题。

第 1 章 AI 辅助编程应用基础

在软件开发领域，AI 辅助编程工具已经成为提升开发效率、优化开发流程的重要工具，特别是随着 AI 技术的迅猛发展，AI 辅助编程正在逐步改变传统的开发模式。本章介绍 AI 辅助编程工具的基础应用，重点聚焦两大主流工具——Cursor 与 GitHub Copilot（后文简称 Copilot），分析其在软件开发中的实际应用与关键技巧。帮助开发者解决烦琐的编程任务，实现高效开发。

1.1 Cursor 与 Copilot 简介

作为两大领先的 AI 辅助编程工具，Cursor 与 Copilot 已在开发者的工作流中扮演重要角色。本节将详细介绍这两款工具的基本概念、功能差异，以及它们在代码生成、工作流自动化和上下文理解中的实际应用。通过对比两者的优势与局限，揭示其在现代软件开发中的独特价值，并展示如何有效利用这些工具提高开发效率，优化编码体验。

1.1.1 Cursor 与 Copilot 的基本概念与差异

在 AI 辅助编程工具领域，Cursor 与 Copilot 是两款备受关注的产品，它们都旨在通过智能化的方式提升开发效率，减少重复性工作。然而，尽管它们有相似的目标和应用场景，但在功能、实现方式以及应用特点上仍存在显著差异。

1. Cursor 简介

Cursor 是一款面向开发者的 AI 辅助编程工具，专注于提升开发效率并优化代码的编写体验。它的核心功能包括代码生成、智能补全、代码修复、重构建议等。Cursor 采用基于大语言模型的技术，能够通过分析开发者的需求和上下文自动生成代码片段，减少开发者在编写代码时的认知负担。与传统的代码补全工具不同，Cursor 不仅能够智能补充语法，还能根据上下文生成逻辑更为复杂的代码，例如处理 API 请求、构建数据库查询等。

Cursor 的一个关键优势是其对上下文的深度理解，它能够识别开发者的工作流并提供有针对性的建议，进而加速开发进程。同时，Cursor 支持多个编程语言和框架，能够根据项目需求适配不同的技术栈，并且能在生成代码时遵循特定框架的规范，如 React、Vue、Spring 等框架。

2. Copilot 简介

Copilot 是由 GitHub 与 OpenAI 联合开发的一款 AI 辅助编程工具，基于 OpenAI 的 Codex 模型为开发者提供智能化的代码建议。Copilot 的核心功能是代码补全与生成，它能够在开发者输入部分代码时，自动补全剩余部分。与传统的 IDE 插件不同，Copilot 不仅能够实现简单的语法补全功能，还能根据上下文生成更为复杂的功能模块，包括函数定义、类结构、算法实现等。

Copilot 的优势在于它与 GitHub 的紧密集成，能够直接与 GitHub 代码仓库对接，提供基于开源代码库的智能建议。Copilot 支持多种编程语言和框架，尤其在对 Python、JavaScript、TypeScript、Ruby 等语言的支持上表现突出。Copilot 能够通过分析开发者的代码风格和历史记录，提供个性化的代码补全建议，从而提高代码编写的速度和准确性。

3. Cursor 与 Copilot 的主要差异

尽管 Cursor 与 Copilot 在功能上有重叠，但二者在以下方面仍然存在显著的差异。

（1）上下文理解深度：Cursor 在上下文理解方面更为深入，它能够根据项目的整体结构和开发进度生成符合特定需求的代码。在一些复杂项目中，Cursor 能通过全面分析项目背景、技术栈及开发目标，生成更加符合需求的代码片段。而 Copilot 则侧重于代码补全和建议，更多地依赖开发者输入的代码和 GitHub 上的开源代码库，适合快速生成常见的代码模式。

（2）智能代码生成的复杂度：Cursor 在生成复杂代码（如 API 设计、数据库查询等）时，表现出更强大的能力，能够结合上下文生成相对独立的模块或实现完整的功能。Copilot 的代码生成则更多地依赖简单的代码片段，适合快速编写函数或方法的代码框架。

（3）集成与支持：Copilot 凭借与 GitHub 深度集成，能够基于 GitHub 上的开源项目，为开发者提供具有针对性的建议。Copilot 的优势在于能够快速分析开发者的代码风格，并根据历史提交记录进行优化。而 Cursor 则广泛兼容多个 IDE（如 VSCode、JetBrains）和开发环境，尤其适合处理需要跨平台、跨语言的项目。

（4）用户体验与界面：Cursor 提供了一种更为集中和集成化的用户体验，开发者能够直接在代码编辑器中与 Cursor 进行深度交互。而 Copilot 更多地依赖 GitHub 生态，用户需要依赖 GitHub 账号和 GitHub 仓库的相关设置，这在某些情况下限制了它的灵活性。

总的来说，Cursor 与 Copilot 虽然都致力于通过 AI 技术提升开发效率，但它们的应用场景、功能侧重点及集成方式有所不同。Cursor 更加注重上下文理解与复杂代码生成，适合大型项目和多技术栈的应用开发。Copilot 则凭借与 GitHub 的紧密集成，在快速、智能化的代码补全和在开发过程中提供即时建议方面表现出色。开发者可以根据它们的不同特点，针对不同的开发环境和需求，灵活地选择合适的工具。

1.1.2 Cursor 和 Copilot 在代码生成、自动化工作流及上下文理解中的应用

Cursor 与 Copilot 在代码生成、自动化工作流及上下文理解方面各具优势。下面通过一个简单的 Java 代码生成案例，展示它们在这些领域的应用方面的差异。

假设开发者需要实现一个简单的 Java 应用，用于处理用户注册信息，包括验证用户名和密码。也就是说，该 Java 应用的目标是，生成一个处理用户输入并进行基本验证的功能模块。

1. Cursor 的应用

Cursor 不仅能生成代码，还能深入理解上下文并为复杂的业务逻辑生成完整的代码段。例如，在处理用户注册功能时，Cursor 可以根据已有的项目上下文和需求分析，自动生成更为复杂的功能模块，如数据库交互、错误处理和日志记录等。

【例 1-1】Cursor 应用示例。

输入如下代码：

```
public class UserRegistration {
    private String username;
    private String password;

    public UserRegistration(String username, String password) {
        this.username = username;
        this.password = password;
    }

    public boolean validateUser() {
        if (username == null || password == null) {
            return false;
        }
        // Cursor 可以基于上下文理解，生成逻辑更复杂的代码
    }
}
```

Cursor 自动生成如下代码：

```
public boolean validateUser() {
    if (username == null || password == null) {
        return false;
    }
    if (password.length() < 6) {
        return false;
    }
    // 生成数据库查询，用于验证用户名是否已被注册
    User user = userRepository.findByUsername(username);
    if (user != null) {
        return false;
    }
    return true;
}
```

在该例中，Cursor 不仅完成了基础的输入验证，还通过项目的上下文理解，自动生成了一套数据库查询的逻辑，以此来验证用户名是否已被注册。凭借这种对上下文和项目需求的深度理解，Cursor 在生成代码时，能够根据项目整体架构生成完整的功能。

下面对 Copilot 和 Cursor 的差异进行总结。

• 代码生成：Copilot 通过快速补全语法和方法，帮助开发者快速编写常见功能，特别适用于开发者需要即时生成代码的场景。Cursor 则能够根据项目的上下文和需求，生成逻辑更为复杂且与项目其他部分紧密集成的代码，适合处理复杂的业务逻辑。

• 自动化：Copilot 通过自动生成代码片段，减少开发者的手动输入，从而提升开发效率。Cursor 则在自动化的基础上，通过更精细的上下文分析，生成更符合整体架构的代码，其自动化程度更高。

• 上下文理解：Copilot 可基于当前输入的代码和历史代码库，实现代码的智能补全，但其对上下文的理解局限于当前操作的文件或模块。而 Cursor 通过深度分析项目整体结构，能够在多个模块和业务逻辑之间建立联系，从而生成更加符合项目需求的代码。

2. Copilot 的应用

Copilot 可以根据开发者的输入，自动补全剩余代码。在这种情况下，开发者输入一个代码片段后，Copilot 会自动根据已有上下文生成剩余的代码。例如，开发者输入 UserRegistration 类的构造函数后，Copilot 就可以根据这一行代码推测出接下来的代码结构，并自动补全整个类的实现。

【例 1-2】Copilot 应用示例。

输入如下代码：

```
public class UserRegistration {
    private String username;
    private String password;

    public UserRegistration(String username, String password) {
        this.username = username;
        this.password = password;
    }

    public boolean validateUser() {
        if (username == null || password == null) {
            return false;
        }
        // Copilot自动补全校验逻辑
    }
}
```

Copilot 自动生成如下代码：

```
public boolean validateUser() {
    if (username == null || password == null) {
```

```
            return false;
        }
        if (password.length() < 6) {
            return false;
        }
        return true;
    }
```

在这个例子中，Copilot 根据上下文推测出 validateUser() 方法的实现。Copilot 不仅补充了空缺的代码部分，还自动补充了密码长度的校验逻辑。

1.2 安装与配置

要想顺利使用 Cursor 和 Copilot 这两个 AI 辅助编程工具，首先要确保正确安装和配置了开发环境。本节将详细介绍如何安装这两个工具，以及如何配置常见的开发环境。

接下来，我们将通过简明的步骤，帮助开发者快速启动和集成 Cursor 与 Copilot 插件，确保他们在开发过程中能够充分发挥这些工具的强大功能。同时，我们还将深入介绍开发环境的配置，以便更好地支持 AI 辅助工具的智能代码生成与自动化工作流。

1.2.1 Cursor 的安装

Cursor 是一款强大的 AI 辅助编程工具，它不仅可以作为插件集成到开发环境中，还可以作为独立的 PC 端应用进行安装和使用。以下是 Cursor PC 端应用的详细安装步骤，适用于 Windows 和 macOS 操作系统。

首先，前往 Cursor 的官方网站，下载适合自己操作系统的安装包。官方会提供最新版本的 Cursor 安装包，确保用户下载的是稳定且经过优化的版本。Cursor 官方网站的主页面如图 1-1 所示。用户可根据自身使用的操作系统选择下载 Windows 或 macOS 版本，如图 1-2 所示。

图 1-1　Cursor 官方网站主页

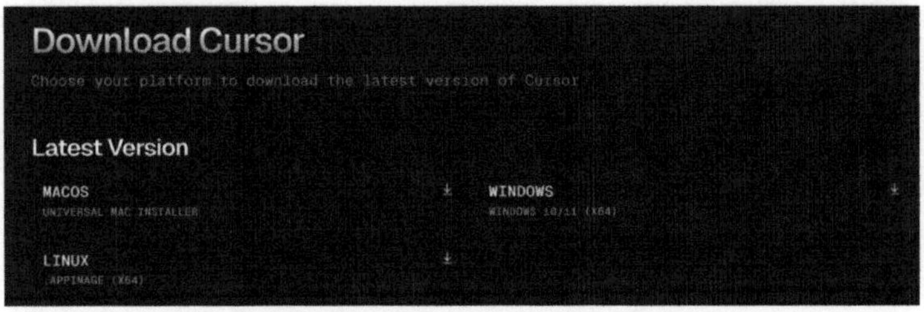

图 1-2　选择下载相应的 Cursor 版本

（1）Windows 用户

在官方网站上单击 Download for Windows 按钮，下载 .exe 安装文件。下载完成后，双击安装文件启动安装程序。

（2）macOS 用户

在官方网站上单击 Download for macOS 按钮，下载 .dmg 安装文件。

提示：Cursor 除了免费版本，还有全功能的付费版本，具体资费情况如图 1-3 所示。免费版本的使用期限只有 14 天。

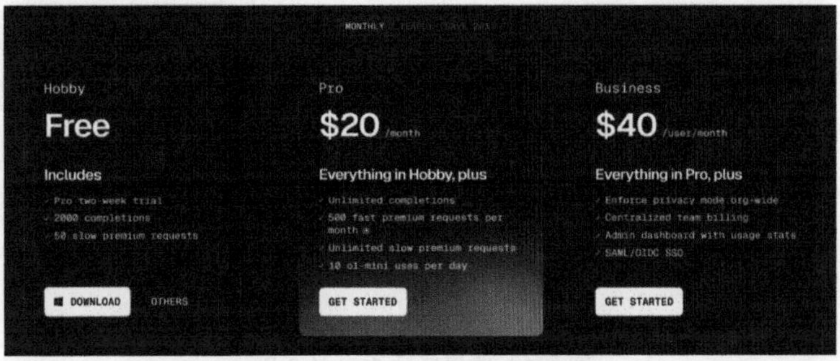

图 1-3　Cursor 付费版本资费详情

在注册完成后，用户会得到一个专属账号，每个账号的模型调用次数是有限的，其中 GPT-4 和 Claude 3.5 的免费调用次数为 500 次，其他功能较弱的模型的调用次数则无上限（包括 OpenAI 发布的 o1 mini）[1]。

Cursor 内置多种大语言模型（LLM），包括 GPT-4、Claude 3.5 Sonnet 和 OpenAI 发布的推理模型 o1-preview 和 o1-mini，在右上角的设置中即可打开相应的模型进行辅助编程。其中，更为常用的是 Claude 3.5 和 GPT-4。

下载完成后，双击打开安装包，按照提示将 Cursor 应用拖曳到“应用程序”文件夹中。

按照流程完成安装后，双击打开 Cursor 应用程序，系统会提示用户进行账号登录。如果已

1　随着时间的推移，相关数据可能会有所变化，请读者结合实际情况综合考虑。

经有 Cursor 账号，可以直接登录；如果没有账号，可以通过应用内的注册入口创建新账号。

完成账号注册后即可进入 Cursor 初始页面，如图 1-4 所示。

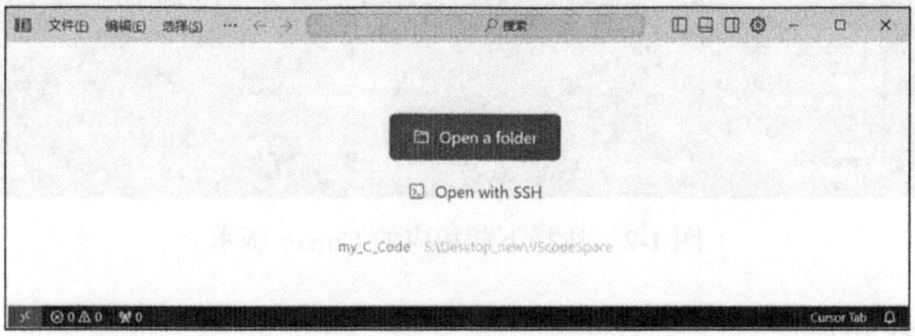

图 1-4 Cursor 初始页面

读者也可以根据自己的需要选择合适的主题，如图 1-5 所示，本文以浅色主题为例进行讲解。随后，读者可以根据自身需要选择是否安装简体中文语言包，如图 1-6 所示。

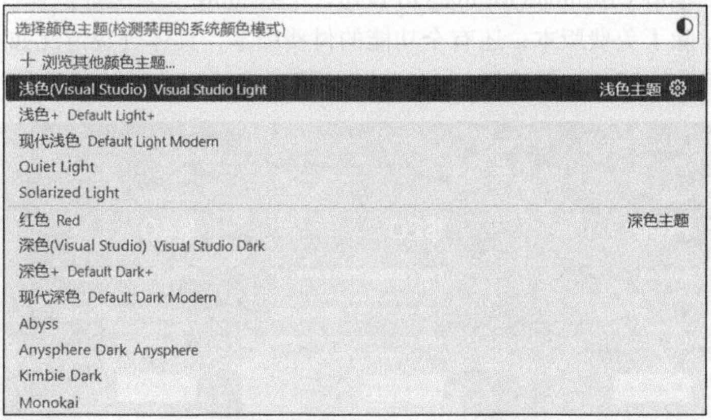

图 1-5 选择适合自己的主题

图 1-6 安装简体中文语言包

1.2.2　基于 VS Code 的 Copilot 安装

Copilot 是一个强大的 AI 辅助编程工具，能够根据上下文生成代码片段，极大地提高了开发效率。要在 VS Code 中使用 Copilot，首先需要安装 Copilot 插件并进行配置。开发者通过以下详细的安装步骤，可以在 VS Code 中快速启用 Copilot。

（1）安装 VS Code

Copilot 是 VS Code 的插件，因此，首先需要确保已经在开发环境中安装 VS Code 编辑器。如果尚未安装，可以通过以下步骤进行安装。

访问 VS Code 官方网站，首页如图 1-7 所示。

图 1-7　VS Code 官方网站首页

根据需要下载适用于 Windows、macOS 或 Linux 的版本。按照安装向导进行安装即可。

（2）安装 Copilot 插件

启动 VS Code 编辑器，在左侧活动栏中单击“扩展”（Extensions）图标，或者使用快捷键 Ctrl+Shift+X（Windows）或 Cmd+Shift+X（macOS）打开扩展视图，在扩展搜索框中输入 GitHub Copilot 并按下回车键。在搜索结果中找到 GitHub Copilot 插件，如图 1-8 所示。在插件详情页中，单击“安装”按钮，VS Code 会自动下载并安装 GitHub Copilot 插件，安装完成后，建议重新启动 VS Code，以确保插件成功加载。

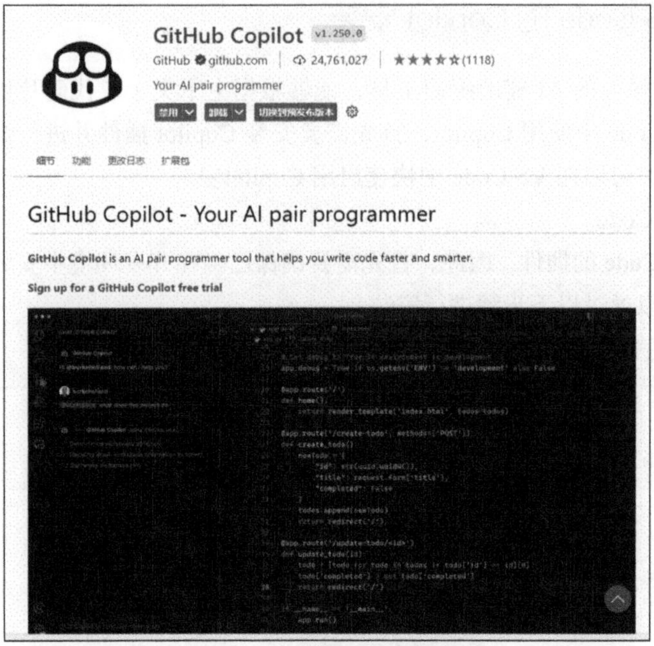

图 1-8　GitHub Copilot 插件

（3）登录 GitHub 账号

安装完成后，GitHub Copilot 插件需要与 GitHub 账号进行绑定才能正常使用。安装并启动 GitHub Copilot 后，VS Code 会自动弹出登录提示窗口。如果没有看到登录提示，可以通过以下方法手动触发登录操作。

在 VS Code 的右下角，找到并单击 GitHub Copilot 图标，在弹出的菜单中选择 Sign in 选项，单击“登录”按钮后，VS Code 会自动唤起浏览器窗口，如图 1-9 所示。此时，选择 GitHub 账号并授权。通过 OAuth 认证流程完成 GitHub 账号的登录与授权操作，如图 1-10 所示。

成功授权后，浏览器会自动返回 VS Code，插件会显示“已成功登录”。GitHub Copilot 需要订阅付费计划才能启用。登录后，可以选择购买 GitHub Copilot 订阅服务或先免费试用，体验其功能。

（4）登录并激活 GitHub Copilot 后，可以通过 VS Code 的设置界面进行基本配置：在 VS Code 中，单击右下角的齿轮图标（设置），选择 Settings，然后在搜索框中输入 Copilot，可以看到与 Copilot 相关的配置项，如启用 / 禁用自动建议、控制建议的提示频率、自定义快捷键，也可以选择在特定的项目或文件中启用或禁用 Copilot 功能。

在 Settings 中查找 GitHub Copilot: Enable/Disable 选项，可以按需求进行设置。此外，也可以配置 GitHub Copilot 的代码建议方式，选择直接插入建议代码，或仅显示建议列表供开发者选择。

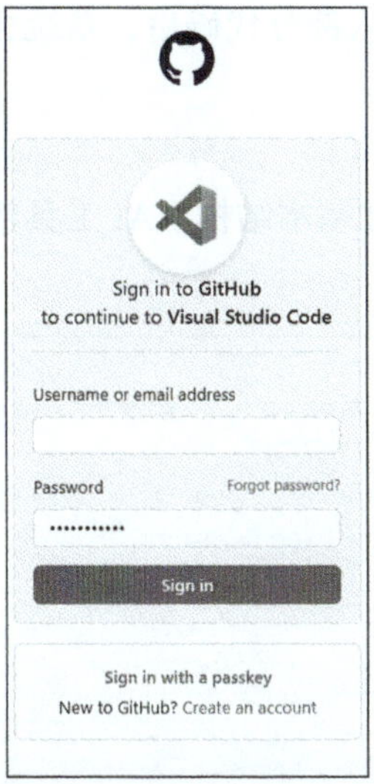

图 1-9　登录 GitHub 账号激活 Copilot 插件

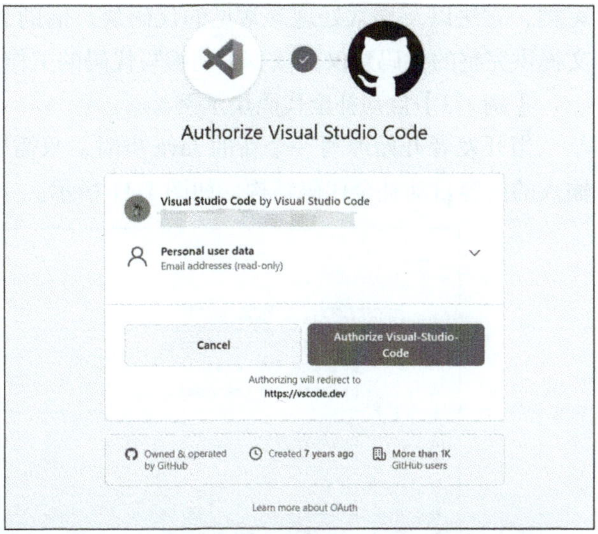

图 1-10　使用 GitHub 完成对 VS Code 的使用授权

1.3 Cursor 与 Copilot 的使用技巧

在 AI 辅助编程的实际开发中，充分利用 Cursor 与 Copilot 的功能是提高开发效率的关键。借助这两款工具高效的代码补全与提示功能，开发者能够显著减少重复性工作，加速编码进程。与此同时，理解并调整 AI 生成的代码，使其更加符合项目需求，能够保证代码的质量与稳定性。

本节将深入探讨如何在开发过程中，有机地结合 Cursor 与 Copilot，实现代码的快速生成与精确调整，从而帮助开发者更加得心应手地运用这些工具，显著优化编程工作流，提高编程过程中的整体效率与灵活性。

1.3.1 使用 Cursor 与 Copilot 进行代码补全和提示

在现代软件开发中，代码补全与提示是提高开发效率的关键功能。在复杂的项目中，这两个功能尤为重要，能够大幅节省时间并降低错误率。Cursor 与 Copilot 都提供了强大的代码补全与提示功能，可以帮助开发者更加高效地编写代码，减少不必要的重复性工作。下面将结合具体的代码示例，介绍如何高效地使用这两款工具实现代码补全与提示。

1. 自动生成代码块

在开发过程中，编写常见的代码结构或模板是烦琐的重复性工作。利用 Cursor 与 Copilot 就可以根据上下文自动生成所需的代码结构。例如，在 Java 项目中，开发者可能需要频繁地编写类、方法以及异常处理等常见的代码块。借助 AI 工具，输入部分代码后，系统会根据上下文提供完整的代码建议，减少手动编写代码的工作量。

【例 1-3】自动补全代码块示例。

当开发者开始编写一个新的 Java 类时，只需要输入类名和基本结构，AI 工具就能够根据输入的内容自动补全代码结构，如图 1-11 所示。

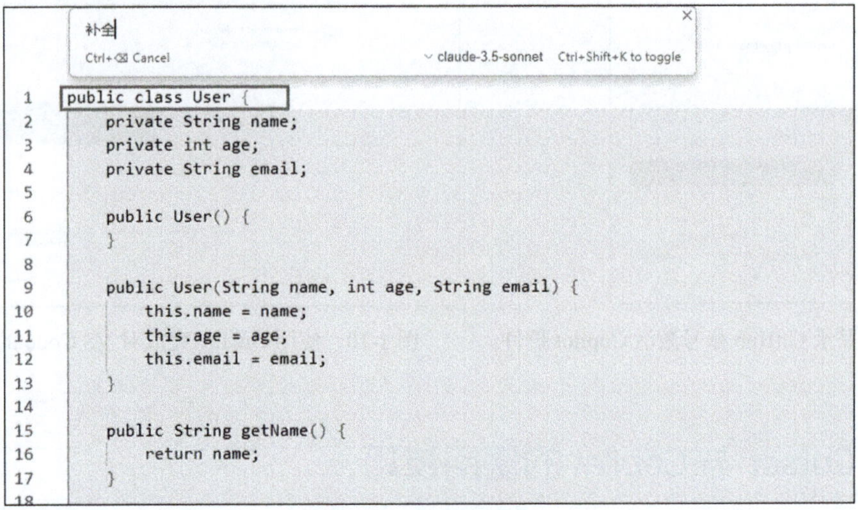
补全
Ctrl+⌫ Cancel
claude-3.5-sonnet
Ctrl+Shift+K to toggle
public class User {
private String name;
private int age;
private String email;
public User() {
}
public User(String name, int age, String email) {
this.name = name;
this.age = age;
this.email = email;
}
public String getName() {
return name;
}

图 1-11　补全内容展示

补全结果如下：

```
public class User {
    private String name;
    private int age;

    public User(String name, int age) {
        this.name = name;
        this.age = age;
    }

    public String getName() {
        return name;
    }

    public int getAge() {
        return age;
    }

    public void displayInfo() {
        System.out.println("Name: " + name + ", Age: " + age);
    }
}
```

在这种情况下，只需要输入 public class User {，然后按下快捷键或者输入一些提示词，Cursor 或 Copilot 就会自动补全类的定义、构造函数、getter 方法等常见代码。这大大提高了开发效率，减少了重复编写代码的时间。

2. 智能建议与代码补全

无论是简单的函数调用，还是复杂的 API 集成，Cursor 与 Copilot 都可以根据上下文智能地提供代码建议。开发者只需要输入函数名的部分内容，AI 工具就能够根据已有的代码结构、引入的库及上下文信息，提供最合适的补全建议。

【例 1-4】对 API 调用的补全示例。

假设开发者正在开发一个处理文件上传的功能模块，并且已经引入了相关的文件处理库。在编写上传方法时，输入部分函数名，AI 工具将提供剩余部分的自动补全建议，如图 1-12 所示（后文将不再通过图片展示补全内容，而是直接给出补全的代码）。

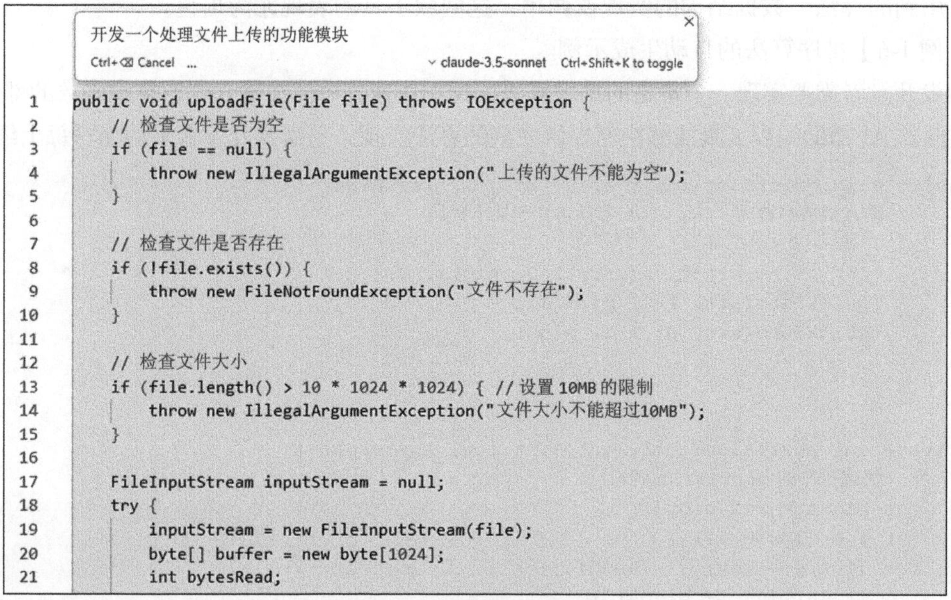

开发一个处理文件上传的功能模块
Ctrl+⌫ Cancel ...
claude-3.5-sonnet
Ctrl+Shift+K to toggle
public void uploadFile(File file) throws IOException {
// 检查文件是否为空
if (file == null) {
throw new IllegalArgumentException("上传的文件不能为空");
}
// 检查文件是否存在
if (!file.exists()) {
throw new FileNotFoundException("文件不存在");
}
// 检查文件大小
if (file.length() > 10 * 1024 * 1024) { // 设置 10MB 的限制
throw new IllegalArgumentException("文件大小不能超过10MB");
}
FileInputStream inputStream = null;
try {
inputStream = new FileInputStream(file);
byte[] buffer = new byte[1024];
int bytesRead;

图 1-12　补全内容展示

在输入 uploadFile(File file) 方法后，Cursor 会分析当前代码和已加载的库，自动补全 FileInputStream 的创建、条件判断等内容。有了这样的代码智能补全功能，开发者不再需要频繁地查询文档，也不必想方设法地记住复杂的函数签名。

3. 上下文感知的代码提示

Cursor 与 Copilot 的另外一个显著优势是能够理解上下文，并根据代码的整体结构和项目需求提供相关建议。这意味着，即使开发者没有完整地输入函数名，这类工具也能够根据当前的代码逻辑自动给出最合适的补全建议。

【例 1-5】根据上下文补全循环结构示例。

例如，在开发过程中，开发者经常需要编写遍历列表的功能。在开发者输入 for 循环的关键字后，Cursor 或 Copilot 能够根据上下文推荐适合的循环结构，并自动补全常见的迭代操作。

```
List<String> names = Arrays.asList("Alice", "Bob", "Charlie");

for (String name : names) {
    // 输入"for"后，Copilot 会建议补全如下代码
    System.out.println(name);
}
```

在该例中，AI 工具不仅能够补全 for 循环的语法结构，还能够智能地推断 names 列表中的元素类型，并且自动补全 System.out.println(name); 语句。

4．复杂逻辑与算法的自动补全

对于复杂的算法或逻辑，Cursor 与 Copilot 也能够提供有效的辅助支持。对于在开发过程中经常用到的算法、数据结构的实现或调用，这两款工具的表现尤为出色。

【例 1-6】排序算法的自动生成示例。

假设开发者需要实现一个常见的排序算法，比如快速排序。在输入快速排序函数的部分代码时，这两款 AI 辅助编程工具能够快速提供完整的算法实现，不需要开发者手动编写每个细节：

```
public void quickSort(int[] arr, int low, int high) {
    // 输入函数名称后，Copilot 会自动补全如下代码
    if (low < high) {
        int pi = partition(arr, low, high);
        quickSort(arr, low, pi - 1);
        quickSort(arr, pi + 1, high);
    }
}

private int partition(int[] arr, int low, int high) {
    // 快速排序的 partition 逻辑
    int pivot = arr[high];
    int i = (low - 1);
    for (int j = low; j < high; j++) {
        if (arr[j] <= pivot) {
            i++;
            int temp = arr[i];
            arr[i] = arr[j];
            arr[j] = temp;
        }
    }
    int temp = arr[i + 1];
    arr[i + 1] = arr[high];
    arr[high] = temp;
    return i + 1;
}
```

输入 quickSort 方法名后，Copilot 不仅能够补全方法结构，还能够生成高效的排序算法。即便开发者对某些复杂算法并不熟悉也没关系，在 AI 工具的辅助下也能够大幅降低学习成本和时间成本。

5. 异常处理与错误预防

Cursor 与 Copilot 在处理代码补全时，能够帮助开发者自动生成异常处理代码。当开发者编写可能抛出异常的代码时，这两款工具会主动提供 try-catch 块，帮助开发者避免遗漏关键的异常处理逻辑。

【例 1-7】文件读取异常处理示例。

当开发者编写一个文件读取函数时，只需要输入部分代码，Cursor 与 Copilot 就会自动给出异常处理建议：

```
public void readFile(String filePath) {
    try {
        FileReader file = new FileReader(filePath);
        BufferedReader reader = new BufferedReader(file);
        // 读取文件内容
    } catch (IOException e) {
        e.printStackTrace();
    }
}
```

在此示例中，AI 工具根据文件操作的上下文，自动补全了异常处理部分。这样一来，开发者就无须手动编写错误处理代码。

通过高效使用 Cursor 与 Copilot 实现代码补全和提示，开发者的开发效率能够得到显著提高。无论是自动完成代码块，给出智能建议，根据上下文补全代码，还是处理复杂的逻辑，以及针对异常处理的补全功能，AI 工具都能极大地减少开发中的重复劳动与错误，提高代码质量。

1.3.2 理解和调整生成的代码

在实际开发中，Cursor 与 Copilot 等 AI 工具能自动生成大量代码片段，帮助开发者加速编程进程。然而，AI 工具生成的代码往往不是最终完美的解决方案，开发者需要根据项目需求和编码规范对其进行调整和优化。下面将结合 Java、C、Go 和 C++ 的代码示例，深入讲解如何理解和调整 AI 生成的代码，确保其符合实际需求。

1. Java 代码示例

Java 是一种面向对象的编程语言，AI 生成的 Java 代码往往包含大量类结构、方法和异常处理等部分。要想理解和调整这些生成的代码，需要掌握 Java 的基础语法和编码规范。

【例 1-8】生成一个类和方法示例。

假设开发者需要实现“用户管理”功能，AI 生成了以下代码：

```
public class UserManager {
    private List<User> users;

    public UserManager() {
        users = new ArrayList<>();
    }

    public void addUser(String name, String email) {
        User user = new User(name, email);
        users.add(user);
    }

    public List<User> getUsers() {
        return users;
    }
}
```

理解生成的代码

• 类结构：UserManager 类管理用户对象的集合，使用 ArrayList 来存储用户数据。生成的代码包含了构造函数、addUser 方法和 getUsers 方法。

• 数据结构：代码使用了 List<User> 类型来存储用户数据，其中，ArrayList 是 Java 中常见的可变数组形式。

需要优化的地方

代码优化：在 addUser 方法中，生成的代码并没有检查用户是否已存在。为了避免重复添加用户，可以增加存在性检查，相关代码如下：

```
public void addUser(String name, String email) {
    for (User u : users) {
        if (u.getEmail().equals(email)) {
            throw new IllegalArgumentException("User already exists");
        }
    }
    User user = new User(name, email);
    users.add(user);
}
```

性能改进：如果用户量很大，还可以考虑使用 HashSet 替代 ArrayList 来避免重复和提升查找速度。

```
private Set<User> users;

public UserManager() {
    users = new HashSet<>();
}
```

2. C 代码示例

C 是一种低级语言，AI 生成的 C 语言代码往往包含内存管理、指针操作等复杂内容。开发者需要深入理解内存分配与释放机制，以及指针操作的原理和细节，才能对代码做出恰当的调整。

【例 1-9】生成一个简单的链表示例。

假设 AI 生成了以下代码，用于实现一个简单的链表操作：

```
#include <stdio.h>
#include <stdlib.h>

struct Node {
    int data;
    struct Node* next;
};

void append(struct Node** head, int data) {
    struct Node* newNode = (struct Node*)malloc(sizeof(struct Node));
    newNode->data = data;
    newNode->next = NULL;

    if (*head == NULL) {
        *head = newNode;
    } else {
        struct Node* temp = *head;
        while (temp->next != NULL) {
            temp = temp->next;
        }
        temp->next = newNode;
    }
}

void printList(struct Node* head) {
    struct Node* temp = head;
    while (temp != NULL) {
        printf("%d ", temp->data);
        temp = temp->next;
    }
}
```

理解生成的代码

• 链表结构：代码定义了一个链表节点 Node，每个节点包含一个整数数据 data 和指向下一个节点的指针 next。

• append 方法：用于将新节点添加到链表的末尾，若链表为空，则新节点成为头节点。

需要优化的地方

首先，当前代码没有进行内存释放。在链表操作完毕后，应当释放分配的内存，避免内存泄漏。

其次，AI 生成的代码没有对 malloc 函数的返回值进行检查。若内存分配失败，则 malloc 函数会返回 NULL，应当增加对返回值的检查，以确保内存分配成功。

```
void freeList(struct Node* head) {
    struct Node* temp;
    while (head != NULL) {
        temp = head;
        head = head->next;
        free(temp);
    }
}
```

3. Go 代码示例

Go 语言是一种现代编程语言，强调简洁与高效。AI 生成的 Go 语言代码可能会涉及并发处理、goroutine 等内容，开发者需要理解并调整代码以确保代码能高效执行。

【例 1-10】生成一个处理 HTTP 请求的 Web 服务示例。

假设 AI 生成了以下 Go 语言代码，用于处理 HTTP 请求：

```
package main

import (
    "fmt"
    "net/http"
)

func handler(w http.ResponseWriter, r *http.Request) {
    fmt.Fprintf(w, "Hello, World!")
}

func main() {
    http.HandleFunc("/", handler)
    http.ListenAndServe(":8080", nil)
}
```

理解生成的代码

- http.HandleFunc() 方法注册了一个路由，当访问根路径时，会调用 handler 函数。
- http.ListenAndServe() 方法启动 HTTP 服务器，监听 8080 端口。

需要优化的地方

首先，AI 生成的代码只能处理一个简单的 HTTP 请求，然而在实际应用中，可能需要处理多个路由，因此需要增加更多的处理逻辑：

```
http.HandleFunc("/about", func(w http.ResponseWriter, r *http.Request) {
    fmt.Fprintf(w, "This is the About page!")
})
```

其次，http.ListenAndServe() 方法会返回一个错误，但当前代码没有对其进行处理。如果出现端口被占用或其他错误，应当捕获该错误并输出错误信息：

```
if err := http.ListenAndServe(":8080", nil); err != nil {
    log.Fatal(err)
}
```

4. C++ 代码示例

C++ 是一种面向对象的编程语言，代码往往涉及类的继承、运算符重载等特性。开发者要想理解和调整 AI 生成的代码，主要依赖自身对面向对象设计和内存管理机制的深入理解。

【例 1-11】生成一个类的继承结构。

假设 AI 生成了以下代码，用于实现一个简单的类的继承结构：

```
#include <iostream>
using namespace std;

class Animal {
public:
    virtual void speak() {
        cout << "Animal speaks" << endl;
    }
};

class Dog : public Animal {
public:
    void speak() override {
        cout << "Dog barks" << endl;
    }
};

int main() {
    Dog dog;
    dog.speak();
    return 0;
}
```

理解生成的代码

• 类继承：Dog 类继承自 Animal 类，并重写了 speak() 方法。speak() 方法在 Animal 类中是虚函数，允许在派生类中进行重写。

• 多态性：生成的代码体现了 C++ 的多态性，其中 Dog 类重写了 speak() 方法，调用 dog.speak() 时会输出 Dog barks。

需要优化的地方

首先，当前代码使用了原始指针来管理对象，若类的结构复杂，则可能导致内存泄漏。因此可以使用 std::unique_ptr 或 std::shared_ptr 进行内存管理：

```
#include <memory>

int main() {
    std::unique_ptr<Dog> dog = std::make_unique<Dog>();
    dog->speak();
    return 0;
}
```

其次，若使用基类指针指向派生类对象，务必在基类中相关成员函数的声明前加上 virtual 关键字，以确保多态性能够正常发挥作用：

```
Animal* animal = new Dog();
animal->speak();  // 输出 "Dog barks"
```

无论是 Java、C、Go，还是 C++，AI 生成的代码都为开发者快速构建应用程序提供了基础框架。然而，生成的代码并非可以直接使用的完美解决方案，开发者需要理解这些代码的结构和逻辑，并根据具体需求进行调整。针对性能优化、内存管理、错误处理和功能扩展等方面对代码进行优化，开发者应确保生成的代码在项目中实现最佳效果。

1.4 初步实践案例

本节将通过两个具体的实践案例，展示在实际开发中如何使用 Cursor 和 Copilot 提升开发效率。第一个案例将介绍如何使用 Cursor 辅助编写一个基于链表的股票交易系统，通过自动生成代码片段，简化数据结构的设计与实现。第二个案例将展示如何利用 Copilot 编写一个 Windows 端自动截图应用程序，通过智能提示和代码补全，极大地加速开发过程。通过这些实践，读者将能够更直观地理解 AI 辅助编程工具如何在不同类型的开发任务中提供帮助，并了解如何有效地与 AI 协作进行项目开发。

1.4.1 实战：用 Cursor 辅助编写基于链表的股票交易系统

【例 1-12】使用 Cursor 辅助编写一个基于链表的股票交易系统。

该系统包含的主要模块有股票信息管理、交易记录管理及订单管理。通过 Cursor 的智能提示和代码补全功能，可以大大提高开发效率，减少手动编码的时间。

1. 需求分析与功能设计

首先，需要确定股票交易系统的基本功能和数据结构。该系统的基本功能包括以下几项。

- 股票信息管理：存储每只股票的基本信息，如股票代码、股票名称和当前价格。
- 订单管理：管理买入和卖出的股票交易记录。
- 交易记录：记录每笔交易的具体信息，包括交易时间、股票代码、数量和交易价格。

为了满足这些需求，系统中的数据结构采用链表形式，其中每个节点对应一条股票交易记录。这样一来，股票交易就可以在链表中灵活地插入和删除，并且对不同股票的交易管理也变得更加方便。

2. 使用 Cursor 辅助生成代码

（1）定义数据结构

首先，通过 Cursor 创建链表数据结构。输入 Create a linked list to store stock trade information 后，Cursor 就自动生成了以下代码框架：

```
public class StockTrade {
    private String stockCode;
    private String stockName;
    private double price;
    private int quantity;
    private StockTrade next;

    public StockTrade(String stockCode, String stockName, double price, int quantity) {
        this.stockCode = stockCode;
        this.stockName = stockName;
        this.price = price;
        this.quantity = quantity;
        this.next = null;
    }

    public void displayTrade() {
        System.out.println("Stock: " + stockName + " (" + stockCode + ")");
        System.out.println("Price: " + price + " | Quantity: " + quantity);
    }
}

public class StockTradeList {
    private StockTrade head;

    public StockTradeList() {
        head = null;
    }

     public void addTrade(String stockCode, String stockName, double price, int
quantity) {
          StockTrade newTrade = new StockTrade(stockCode, stockName, price,
quantity);
        if (head == null) {
            head = newTrade;
        } else {
            StockTrade current = head;
            while (current.next != null) {
                current = current.next;
            }
            current.next = newTrade;
        }
    }

    public void displayAllTrades() {
        StockTrade current = head;
        while (current != null) {
            current.displayTrade();
            current = current.next;
        }
    }
}
```

理解代码并梳理思路

StockTrade 类代表一条股票交易记录，包含股票代码、名称、价格、数量及指向下一个节点的指针 next。

StockTradeList 类管理股票交易记录的链表，支持添加新交易和展示所有交易记录。

（2）订单管理功能

接下来，Cursor 帮助生成了订单管理模块。在交易系统中，每个交易都有唯一的标识符（订单 ID），用于识别交易。输入 Generate methods for adding, removing, and updating trades 后，Cursor 自动生成了以下代码：

```
public class StockTradeList {
    private StockTrade head;

    public StockTradeList() {
        head = null;
    }

     public void addTrade(String stockCode, String stockName, double price, int
quantity) {
          StockTrade newTrade = new StockTrade(stockCode, stockName, price,
quantity);
        if (head == null) {
            head = newTrade;
        } else {
            StockTrade current = head;
            while (current.next != null) {
                current = current.next;
            }
            current.next = newTrade;
        }
    }

    public void removeTrade(String stockCode) {
        if (head == null) return;

        if (head.stockCode.equals(stockCode)) {
            head = head.next;
            return;
        }

        StockTrade current = head;
        while (current.next != null && !current.next.stockCode.equals(stockCode)) {
            current = current.next;
        }

        if (current.next != null) {
            current.next = current.next.next;
        }
```

```
    }

    public void updateTrade(String stockCode, double newPrice, int newQuantity) {
        StockTrade current = head;
        while (current != null) {
            if (current.stockCode.equals(stockCode)) {
                current.price = newPrice;
                current.quantity = newQuantity;
                return;
            }
            current = current.next;
        }
    }

    public void displayAllTrades() {
        StockTrade current = head;
        while (current != null) {
            current.displayTrade();
            current = current.next;
        }
    }
}
```

理解代码并梳理思路

removeTrade() 方法实现了从链表中删除特定股票交易记录的功能。具体来说，就是根据股票代码查找交易记录，如果找到对应的记录，则删除对应的节点。

updateTrade() 方法用于更新特定股票的交易信息。具体来说，就是根据股票代码查找记录，并更新股票的价格和数量。

（3）交易操作示例

开发者可以通过调用 addTrade()、removeTrade()、updateTrade() 等方法来模拟股票交易操作。以下是一个简单的操作示例：

```
public class Main {
    public static void main(String[] args) {
        StockTradeList tradeList = new StockTradeList();

        // 添加交易记录
        tradeList.addTrade("AAPL", "Apple Inc.", 150.00, 100);
        tradeList.addTrade("GOOGL", "Google LLC", 2800.00, 50);

        // 显示所有交易记录
        System.out.println("All Trades:");
        tradeList.displayAllTrades();

        // 更新交易记录
        tradeList.updateTrade("AAPL", 155.00, 120);
```

```
        // 删除交易记录
        tradeList.removeTrade("GOOGL");

        // 显示更新后的交易记录
        System.out.println("\nUpdated Trades:");
        tradeList.displayAllTrades();
    }
}
```

理解代码并梳理思路

该代码示例首先添加了两条股票交易记录，然后通过 updateTrade() 方法更新 Apple 股票的价格和数量，接着使用 removeTrade() 方法删除 Google 股票的交易记录。最终，通过 displayAllTrades() 方法输出所有更新后的交易记录。

3. 使用 Cursor 优化代码

使用 Cursor 时，开发者还可以通过代码提示和代码补全功能来优化代码。例如，在 updateTrade() 和 removeTrade() 方法中，开发者可能会希望增加异常处理机制，以防止在链表为空或没有找到指定交易记录的情况下程序出现错误。Cursor 会根据输入的上下文提示生成相应的代码：

```
public void updateTrade(String stockCode, double newPrice, int newQuantity) {
    StockTrade current = head;
    boolean found = false;
    while (current != null) {
        if (current.stockCode.equals(stockCode)) {
            current.price = newPrice;
            current.quantity = newQuantity;
            found = true;
            break;
        }
        current = current.next;
    }
    if (!found) {
        throw new IllegalArgumentException("Trade not found for stock: " +
stockCode);
    }
}

public void removeTrade(String stockCode) {
    if (head == null) throw new IllegalStateException("Trade list is empty");

    if (head.stockCode.equals(stockCode)) {
        head = head.next;
        return;
    }

    StockTrade current = head;
    while (current.next != null && !current.next.stockCode.equals(stockCode)) {
```

```
            current = current.next;
        }

        if (current.next == null) {
            throw new IllegalArgumentException("Trade not found for stock: " +
stockCode);
        }

        current.next = current.next.next;
    }
```

➽ 理解代码并梳理思路

在 updateTrade() 和 removeTrade() 方法中，增加了异常处理，从而确保当链表为空或没有找到指定的交易记录时能够抛出适当的错误。

4．系统测试

为了对这个基于链表的股票交易系统进行测试，我们需要编写测试函数，检查添加、更新、删除、显示等操作是否能如预期的那样正常工作。以下是测试函数的实现以及测试结果的输出：

```
public class StockTradeTest {

    public static void main(String[] args) {
        StockTradeList tradeList = new StockTradeList();

        // 测试 1：添加交易记录
        System.out.println("Test 1: Add Trades");
        tradeList.addTrade("AAPL", "Apple Inc.", 150.00, 100);
        tradeList.addTrade("GOOGL", "Google LLC", 2800.00, 50);
        tradeList.displayAllTrades();

        // 测试 2：更新交易记录
        System.out.println("\nTest 2: Update Trade (AAPL)");
        tradeList.updateTrade("AAPL", 155.00, 120);
        tradeList.displayAllTrades();

        // 测试 3：删除交易记录
        System.out.println("\nTest 3: Remove Trade (GOOGL)");
        tradeList.removeTrade("GOOGL");
        tradeList.displayAllTrades();

        // 测试 4：尝试删除不存在的交易记录
        System.out.println("\nTest 4: Try to Remove Non-existent Trade (AMZN)");
        try {
            tradeList.removeTrade("AMZN");
        } catch (IllegalArgumentException e) {
            System.out.println("Exception: " + e.getMessage());
        }
```

```
        // 测试 5：尝试更新不存在的交易记录
        System.out.println("\nTest 5: Try to Update Non-existent Trade (MSFT)");
        try {
            tradeList.updateTrade("MSFT", 300.00, 100);
        } catch (IllegalArgumentException e) {
            System.out.println("Exception: " + e.getMessage());
        }
    }
}
```

测试结果如下：

```
Test 1: Add Trades
Stock: Apple Inc. (AAPL)
Price: 150.0 | Quantity: 100
Stock: Google LLC (GOOGL)
Price: 2800.0 | Quantity: 50

Test 2: Update Trade (AAPL)
Stock: Apple Inc. (AAPL)
Price: 155.0 | Quantity: 120
Stock: Google LLC (GOOGL)
Price: 2800.0 | Quantity: 50

Test 3: Remove Trade (GOOGL)
Stock: Apple Inc. (AAPL)
Price: 155.0 | Quantity: 120

Test 4: Try to Remove Non-existent Trade (AMZN)
Exception: Trade not found for stock: AMZN

Test 5: Try to Update Non-existent Trade (MSFT)
Exception: Trade not found for stock: MSFT
```

关于上述测试的解释和说明如下。

• 在“Test 1: Add Trades”中添加了两笔交易记录，一笔是 Apple 股票的，另一笔是 Google 股票的。系统成功显示了这两条记录。

• 在“Test 2: Update Trade (AAPL)”中更新了 Apple 股票的交易信息（价格和数量）。更新后，Apple 股票的信息被正确修改并显示。

• 在“Test 3: Remove Trade (GOOGL)”中成功删除了 Google 股票的交易记录，只剩下 Apple 股票的交易记录。

• 在“Test 4: Try to Remove Non-existent Trade (AMZN)”中尝试删除一条不存在的交易记录（Amazon 股票的交易记录）。此时系统抛出了 IllegalArgumentException，并显示了对应的错误消息“Trade not found for stock: AMZN”。

• 在“Test 5: Try to Update Non-existent Trade (MSFT)”中尝试更新一条不存在的交易记录（Microsoft 股票的交易记录）。系统也抛出了 IllegalArgumentException，并显示了对应的错误

消息“Trade not found for stock: MSFT”。

这些测试验证了该股票交易系统的基本功能，如交易记录的添加、更新、删除操作能否正常工作。测试结果表明，系统能够正确处理正常操作和异常情况（如删除或更新不存在的交易记录）。

总的来说，开发者通过使用 Cursor 辅助编写基于链表的股票交易系统，能够快速生成数据结构、操作方法和逻辑流程。此外，通过 Cursor 提供的代码补全和代码提示功能，开发者不仅能够高效地完成常规的增、删、改、查操作，还能凭借对生成的代码的进一步理解，对其进行调整，从而提升代码的性能、可读性和健壮性。

表 1-1 展示了在实际使用 Cursor 的过程中，一些常用的快捷键以及对应的功能描述。

表 1–1　Cursor 快捷键及功能描述

快捷键	功能描述
Ctrl + Space	触发代码补全，提供针对函数、变量、类名等的补全建议
Ctrl + .	触发代码快速修复，提供针对常见的修复操作或导入语句的补全建议
Ctrl + Shift + O	快速打开文件（通过文件名）
Ctrl + P	查找文件中的符号（函数、变量等）
Ctrl + Shift + F	查找文件中的文本内容
Alt + Shift + F	格式化当前文件，自动调整代码缩进和格式
Ctrl + D	选中当前单词并高亮显示，重复按下可选中多个相同的单词
Ctrl + Shift + D	打开 Debug 面板，进入调试模式
Ctrl + Shift + X	打开扩展面板，管理 Cursor 的插件
Ctrl + Shift + E	打开资源管理器，查看文件目录
Ctrl + F12	打开当前文件的类或函数的结构视图
Ctrl + Shift + M	打开问题面板，显示当前代码中的问题和警告信息
Alt + F12	打开终端窗口，直接在编辑器中进行命令行操作
Ctrl + Shift + C	快速注释掉选中的代码块
Ctrl + Shift + U	在编辑器中快速移动到光标所在单词的定义位置
Ctrl + /	注释选中的行或块代码
Ctrl + K Ctrl + S	编辑代码打开快捷键配置界面，查看和配置 Cursor 的快捷键
Ctrl + Shift + N	新建一个空白文件
Ctrl + Alt + N	新建一个窗口，打开新的编辑器实例

续表

快捷键	功能描述
Ctrl + F	查找并替换当前文件中的内容
Ctrl+L	利用大模型回答用户的问题
Tab	自动补全代码
Ctrl+I	跨文件编辑

一般情况下，Cursor 常用的快捷键有如下 4 个，建议读者重点记忆。

- Tab：用于自动填充。Tab 键的使用场景主要分为两种：从头开始编写代码或修改已有代码。此外，也可以选中整个文件的代码，按下 Tab 键，让 Cursor 生成详细的代码注释。
- Ctrl+K：用于编辑代码。选中已有代码后，按下 Ctrl+K 快捷键唤出编辑框，随后选择模型并输入需求即可开始编辑代码。编辑完成后，可单击 Accept 或 Reject 接受或拒绝修改，也可以单击代码行最右侧，接受或拒绝对单行代码的修改。
- Ctrl+L：可以回答用户关于代码和整个项目的问题，也具备编辑代码的功能。该快捷键支持针对选中代码、整个代码文件和整个项目进行智能回答，功能强大、实用性极高。
- Ctrl+I：用于跨文件编辑整个项目的代码。该快捷键专门为项目级开发设计，可以通过和模型对话的方式开发整个项目，互动过程与聊天类似。在会话中，它可以帮助用户完成创建文件、删除文件，以及同时编辑多个文件等操作。

1.4.2 实战：用 Cursor 与 Copilot 辅助编写 Windows 桌面自动截图应用程序

【例 1-13】使用 Copilot 编写一个适用于 Windows 桌面环境的自动截图应用程序，并通过 Cursor 辅助优化代码结构、调试工作流程。

本例将使用 C++ 进行开发，并结合 Windows API 实现截图功能，重点介绍如何高效地利用 Cursor 在复杂的 Windows 桌面开发中实现自动化操作。

要开发的应用程序的功能需求如下。

- 自动捕获整个屏幕并保存为图片文件。
- 支持指定区域的截图功能。
- 用户可通过简单的快捷键触发截图操作。

该应用程序架构设计的核心模块如下。

- 屏幕捕获模块：使用 Windows API 实现屏幕截图功能。
- 文件保存模块：将截图保存为本地图片文件。
- 快捷键监听模块：捕捉用户的快捷键输入，触发截图操作。

首先，在 Cursor 中创建一个新项目，并设置支持 C++ 开发的环境，确保已安装 VS Code 或 JetBrains IDE，并已集成 Copilot 插件。在 Cursor 中输入功能需求提示，如 Create a Windows desktop application for screen capturing using C++，即可生成代码框架。

随后，在 Copilot 中输入以下提示：Create a C++ program that captures the entire screen and saves it as a BMP file using Windows API，即可生成项目的初始代码框架。Copilot 生成了以下基础代码：

```
#include <windows.h>
#include <iostream>
#include <string>

// Function to capture the screen and save as BMP file
void CaptureScreen(const std::string& fileName) {
    // Get the device context of the screen
    HDC hScreenDC = GetDC(NULL);
    HDC hMemoryDC = CreateCompatibleDC(hScreenDC);

    // Get the width and height of the screen
    int width = GetDeviceCaps(hScreenDC, HORZRES);
    int height = GetDeviceCaps(hScreenDC, VERTRES);

    // Create a compatible bitmap from the screen DC
    HBITMAP hBitmap = CreateCompatibleBitmap(hScreenDC, width, height);

    // Select the bitmap into the memory DC
    HGDIOBJ oldBitmap = SelectObject(hMemoryDC, hBitmap);

    // Copy the screen contents into the memory DC
    BitBlt(hMemoryDC, 0, 0, width, height, hScreenDC, 0, 0, SRCCOPY);

    // Save the bitmap to file
    BITMAPFILEHEADER fileHeader;
    BITMAPINFOHEADER infoHeader;

    memset(&fileHeader, 0, sizeof(fileHeader));
    memset(&infoHeader, 0, sizeof(infoHeader));

    fileHeader.bfType = 0x4D42;
    fileHeader.bfOffBits = sizeof(BITMAPFILEHEADER) + sizeof(BITMAPINFOHEADER);
    fileHeader.bfSize = fileHeader.bfOffBits + (width * height * 4);

    infoHeader.biSize = sizeof(BITMAPINFOHEADER);
    infoHeader.biWidth = width;
    infoHeader.biHeight = -height; // Negative to ensure top-down bitmap
    infoHeader.biPlanes = 1;
    infoHeader.biBitCount = 32;
    infoHeader.biCompression = BI_RGB;

    FILE* file = fopen(fileName.c_str(), "wb");
    fwrite(&fileHeader, sizeof(fileHeader), 1, file);
    fwrite(&infoHeader, sizeof(infoHeader), 1, file);

    BITMAPINFO bmpInfo;
```

```
    bmpInfo.bmiHeader = infoHeader;
    BYTE* bitmapData = new BYTE[width * height * 4];
    GetDIBits(hMemoryDC, hBitmap, 0, height, bitmapData, &bmpInfo, DIB_RGB_COLORS);
    fwrite(bitmapData, width * height * 4, 1, file);

    delete[] bitmapData;
    fclose(file);

    // Clean up
    SelectObject(hMemoryDC, oldBitmap);
    DeleteObject(hBitmap);
    DeleteDC(hMemoryDC);
    ReleaseDC(NULL, hScreenDC);
}

int main() {
    std::string fileName = "screenshot.bmp";
    CaptureScreen(fileName);
    std::cout << "Screenshot saved as " << fileName << std::endl;
    return 0;
}
```

对上述代码的分析与性能评估如下。

• 屏幕捕获：利用 BitBlt() 函数实现屏幕内容的复制。

• 保存文件：通过 BITMAPFILEHEADER 和 BITMAPINFOHEADER 结构，将屏幕内容保存为 BMP 文件。

• 清理资源：释放内存 DC、设备上下文和位图资源。

接下来，我们继续扩展该应用程序的功能，使其支持通过快捷键触发截图操作。通过向 Cursor 发送相应的提示，我们能够快速生成以下代码：

```
#include <thread>

// Global variable to track screenshot key
bool isRunning = true;

void ListenForHotkey() {
    while (isRunning) {
        if (GetAsyncKeyState(VK_F12)) { // F12 for screenshot
            std::string fileName = "screenshot.bmp";
            CaptureScreen(fileName);
            std::cout << "Screenshot saved as " << fileName << std::endl;
            Sleep(500); // Avoid multiple triggers
        }
    }
}

int main() {
    std::cout << "Press F12 to take a screenshot. Press ESC to exit." << std::endl;
```

```
    // Start hotkey listener in a separate thread
    std::thread hotkeyThread(ListenForHotkey);

    // Exit on ESC
    while (isRunning) {
        if (GetAsyncKeyState(VK_ESCAPE)) {
            isRunning = false;
        }
        Sleep(100);
    }

    // Wait for the listener thread to finish
    hotkeyThread.join();
    return 0;
}
```

经过进一步扩展，我们实现了以下功能。

- 快捷键监听：通过 GetAsyncKeyState 方法监听用户按键（F12）。
- 多线程：利用 std::thread 实现非阻塞的热键监听。

在上述开发完成后，我们需要对该自动截图应用程序进行全面测试与调试，这是确保其稳定性和正确性的重要步骤。以下是具体的测试与调试过程，以及如何使用 Cursor 辅助生成并优化代码。

在 Cursor 中输入以下提示语可以生成测试逻辑。

- Write a C++ unit test to validate the screen capture functionality.
- Create a debug mode to log errors during screenshot capture.
- Add a test to ensure the file is saved and not corrupted.

Cursor 还能生成可用于辅助分析的代码，借助这些代码，开发者可以测试该自动截图应用程序是否能够正确捕获和保存屏幕截图。

- 输入提示“Create a function to check if a file exists in C++”后，Cursor 自动生成了 fileExists() 函数，该函数可用于检测文件是否存在。
- 输入提示“Write a test case for the CaptureScreen function”后，Cursor 自动生成了基础的单元测试框架，其中包含相应的断言语句。

通过上述两个步骤，我们可以确保生成的 BMP 文件不为空并且具有正确的文件头格式，以下是具体的测试代码：

```
#include <cassert>
#include <fstream>

// Function to validate if a file exists
bool fileExists(const std::string& fileName) {
    std::ifstream file(fileName);
```

```
    return file.good();
}

// Unit test for CaptureScreen function
void testCaptureScreen() {
    std::string testFile = "test_screenshot.bmp";

    // Capture screen and save to test file
    CaptureScreen(testFile);

    // Assert file exists
    assert(fileExists(testFile) && "Screenshot file was not created");

    // Cleanup
    std::remove(testFile.c_str());
    std::cout << "Test 1 Passed: Screenshot file created successfully.\n";
}
```

接下来，我们通过 Cursor 继续生成可用于辅助分析的代码。

输入提示“Write a test case to validate BMP file integrity”后，Cursor 生成了用于检查文件头的代码：

```
void testFileIntegrity() {
    std::string testFile = "test_screenshot.bmp";

    // Capture screen and save to test file
    CaptureScreen(testFile);

    // Open the file and validate the BMP header
    std::ifstream file(testFile, std::ios::binary);
    assert(file.good() && "Failed to open screenshot file");

    char header[2];
    file.read(header, 2);
    assert(header[0] == 'B' && header[1] == 'M' && "File is not a valid BMP");

    file.close();

    // Cleanup
    std::remove(testFile.c_str());
    std::cout << "Test 2 Passed: Screenshot file integrity verified.\n";
}
```

此外，我们还需要测试在异常情况下，程序是否能够准确地处理错误，例如屏幕设备不可用的情况。我们可以输入提示“Add exception handling to the CaptureScreen function”，这时 Cursor 自动生成了捕获和处理异常的框架代码，如下所示：

```
void testErrorHandling() {
    try {
        // Simulate an error by passing an invalid filename
```

```
        CaptureScreen("");
    } catch (const std::exception& e) {
        std::cout << "Test 3 Passed: Exception caught - " << e.what() << "\n";
        return;
    }
    assert(false && "Exception was not thrown for invalid input");
}
```

在 Cursor 中输入提示“Add a logging system to track errors during screen capture”，Cursor 可以生成以下代码：

```
#include <fstream>

// Simple logger to track errors
void logError(const std::string& errorMessage) {
    std::ofstream logFile("error_log.txt", std::ios::app);
    logFile << "Error: " << errorMessage << "\n";
    logFile.close();
}
```

以上提示的目的是为现有的屏幕捕获功能加入日志记录系统，以便在出现错误时能够及时捕捉并记录详细信息，这为后续的调试工作以及问题追踪提供了更全面的支持。通过引导 AI 生成具有日志功能的代码，开发者可以在不手动编写烦琐的错误处理逻辑的前提下，快速构建具备健壮性与可维护性的系统模块。

在捕获屏幕或保存文件时加入日志记录的功能，可以通过以下代码实现：

```
void CaptureScreen(const std::string& fileName) {
    if (fileName.empty()) {
        logError("Invalid file name provided");
        throw std::invalid_argument("File name cannot be empty");
    }

    // Existing screen capture code...
}
```

借助 Cursor 生成的代码进入调试模式，通过输出的详细信息来排查问题，调试代码如下：

```
void debugInfo(const std::string& message) {
    std::cout << "[DEBUG]: " << message << std::endl;
}

void CaptureScreenDebug(const std::string& fileName) {
    debugInfo("Starting screen capture...");

    try {
        CaptureScreen(fileName);
        debugInfo("Screen capture completed successfully.");
    } catch (const std::exception& e) {
        debugInfo(std::string("Error during screen capture: ") + e.what());
    }
```

```
}
```

在主函数中调用测试代码，并查看测试结果：

```
int main() {
    std::cout << "Running tests...\n";

    testCaptureScreen();
    testFileIntegrity();
    testErrorHandling();

    std::cout << "All tests passed.\n";
    return 0;
}
```

测试结果如下：

```
Running tests...
Test 1 Passed: Screenshot file created successfully.
Test 2 Passed: Screenshot file integrity verified.
Test 3 Passed: Exception caught - File name cannot be empty
All tests passed.
```

通过 Cursor 生成的辅助代码和调试逻辑，开发者能够快速验证自动截图应用程序功能的正确性，并及时定位和修复潜在的问题。Cursor 不仅提供了高效的代码生成工具，还能够帮助开发者优化调试过程，使开发过程更加高效、有序。

Copilot 的功能总结如表 1-2 所示。

表 1-2　Copilot 功能总结

功能	描述
代码补全	根据上下文提供实时代码补全建议，支持函数、变量、类等的补全
代码生成	根据提示语生成完整的函数、类或代码模块，如算法实现或业务逻辑代码
注释驱动代码生成	根据注释中的描述生成对应的代码，实现从高层设计到具体实现的无缝衔接
函数文档生成	根据函数定义生成注释文档，包括参数描述和返回值解释
重复代码检测与优化	自动检测冗余代码并提供合并、优化建议
多语言支持	支持多种编程语言（如 Python、JavaScript、Java、C++ 等）的代码生成与代码补全
模板代码生成	自动生成框架或语言常用的模板代码（如 HTTP 服务器、数据库连接等）
单元测试代码生成	根据函数签名生成对应的单元测试代码，支持主流测试框架（如 JUnit、pytest 等）
调试助手	根据错误提示生成调试代码或建议修复方案
重构代码	提供代码重构建议，包括简化逻辑、合并重复的代码块
代码格式化	提供关于代码风格一致性的建议，遵循最佳实践
算法实现建议	根据需求生成常见算法的实现，如排序、搜索、递归等算法的实现
数据库查询生成	根据提示生成 SQL 查询语句，包括复杂的多表查询与优化建议

续表

功能	描述
错误处理代码补全	根据上下文生成错误处理代码，如 try-catch 块、输入验证等
文件操作辅助	自动生成文件读写代码，包括 CSV、JSON、XML 等常见格式的处理
API 调用建议	提供第三方库或框架的 API 调用示例，如 AWS SDK、TensorFlow 等
代码解释	对已有代码提供详细解释，帮助开发者理解复杂的代码逻辑
多语言转换	将代码从一种语言转换为另一种语言，例如从 Python 转换为 Java
性能优化建议	提供优化代码执行效率的建议，如减少不必要的循环、优化数据结构的使用
集成文档生成	生成 Swagger、OpenAPI 等文档，方便与前端或其他服务集成
命令行脚本生成	根据描述生成自动化脚本，如批处理任务或 DevOps 流水线脚本
正则表达式生成与解释	根据需求生成正则表达式，并提供详细的功能解释
代码版本回滚建议	在需要时提供恢复之前代码版本的建议，降低错误引入风险
项目结构初始化	根据描述快速生成项目结构，包括配置文件和目录

1.5　本章小结

本章围绕 AI 辅助编程工具的应用基础，详细介绍了 Cursor 与 Copilot 的概念、差异、安装配置及使用技巧。还通过一些实践案例展示了如何借助这两款工具高效地完成复杂的开发任务，提供了从代码补全、代码生成到对代码的理解与调试的全流程实用指导。Cursor 与 Copilot 在开发中的智能化能力，不仅提升了编码效率，还优化了调试与代码维护流程。本章内容为后续深入使用这些工具奠定了坚实的基础，展示了 AI 辅助编程在现代软件开发中的实际价值和广泛应用前景。

第 2 章 面向开发的提示工程

在 AI 辅助编程中，提示工程（Prompt Engineering）是决定工具效率和结果准确性的关键环节。通过设计精确的提示，我们能够引导 AI 工具生成更符合需求的代码与解决方案。

本章将系统性讲解提示工程的基础方法，包括如何编写清晰的 Prompt，如何在开发过程中逐步优化 Prompt，以及在不同场景中有效应用提示工程的最佳实践。通过具体的技术实例和应用场景解析，揭示 Prompt 在提高 AI 理解能力、引导代码生成和优化开发流程中的重要作用，为后续开发提供强有力的支持。

2.1 编写精准的 Prompt

精准的 Prompt 是让 AI 工具生成高质量代码的基础，清晰、精确的 Prompt 不仅能提升 AI 对需求的理解，还能减少不必要的试错。本节将从基本原则和方法入手，介绍如何编写有效的 Prompt，引导 AI 生成所需的代码。同时，通过一个用户登录模块的实战案例，展示如何在实际开发中利用 Prompt 逐步明确需求，确保生成的代码符合预期。通过对这些方法和案例的解析，帮助读者掌握 Prompt 设计的技巧，为 AI 辅助开发奠定坚实的基础。

2.1.1 编写清晰、精确的 Prompt 引导 AI 生成所需代码

在使用 Cursor 辅助开发时，清晰、精确的 Prompt 设计是 AI 生成高质量代码的关键。Prompt 不仅是人与 AI 沟通的桥梁，也是影响生成结果质量的核心因素。本节将结合 Cursor 的使用，详细讲解如何通过中文 Prompt 有效引导 AI 生成符合需求的代码。

1. 编写 Prompt 的基本原则

（1）明确目标

Prompt 应当清晰描述开发的目标或功能需求。例如，如果想让 AI 生成一个用户登录模块的代码，Prompt 中必须包含“登录模块”这一核心目标，以及功能细节（如用户名和密码验证）。

Prompt 示例：为一个用户登录模块生成代码，要求包含用户名和密码输入，验证成功后

返回欢迎信息，验证失败后返回错误提示。

（2）描述功能细节

除了目标，还需要提供代码生成的具体功能细节，例如使用的编程语言、框架及输入和输出要求。

Prompt 示例：使用 Java 编写一个用户登录模块，包含以下功能：接收用户输入的用户名和密码；调用函数应验证输入是否正确；输入正确时打印“欢迎”，输入错误时打印“用户名或密码错误”。

（3）明确限制条件

在 Prompt 中加入明确的限制条件，帮助 AI 生成更精确的代码。例如，需要指定使用何种算法、数据结构或框架。

Prompt 示例：在登录模块中使用 HashMap 存储用户名和密码，并验证用户输入的正确性。

（4）逐步细化需求

如果功能复杂，可以将需求分解成多个小步骤，通过多轮次的 Prompt 逐步引导 AI 完成代码生成。

Prompt 示例：为一个用户登录模块创建一个 HashMap，存储用户名和密码；基于 HashMap 编写一个验证函数，接收用户名和密码，返回验证结果；整合以上功能，生成用户登录模块的完整代码。

2. Cursor 辅助开发的 Prompt 实例

下面以 Cursor 为工具，使用 Prompt 引导 AI 生成用户登录模块代码。

【例 2-1】利用 AI 生成简单的用登录模块代码。

Prompt：使用 Java 编写一个用户登录模块，包含以下功能：接收用户名和密码；验证输入是否正确；输入正确时返回“登录成功”，输入错误时返回“登录失败”。

Cursor 生成的代码如下：

```
import java.util.Scanner;

public class LoginModule {
    public static void main(String[] args) {
        String correctUsername = "admin";
        String correctPassword = "password";

        Scanner scanner = new Scanner(System.in);

        System.out.print(" 请输入用户名 : ");
        String username = scanner.nextLine();

        System.out.print(" 请输入密码 : ");
        String password = scanner.nextLine();
```

```
        if (username.equals(correctUsername) && password.equals(correctPassword)) {
            System.out.println("登录成功");
        } else {
            System.out.println("登录失败");
        }

        scanner.close();
    }
}
```

【分析与性能评估】

上述代码逻辑清晰，符合 Prompt 提出的需求。如果希望用户登录模块能支持多用户登录，可通过进一步优化 Prompt，实现多用户验证功能。

【例 2-2】利用 AI 生成多用户登录验证模块的代码。

Prompt: 扩展登录模块，支持多用户登录，使用 HashMap 存储用户名和密码，验证用户输入是否正确。

Cursor 生成的代码如下：

```
import java.util.HashMap;
import java.util.Scanner;

public class LoginModule {
    public static void main(String[] args) {
        HashMap<String, String> users = new HashMap<>();
        users.put("admin", "password123");
        users.put("user1", "pass123");
        users.put("user2", "abc456");

        Scanner scanner = new Scanner(System.in);

        System.out.print("请输入用户名：");
        String username = scanner.nextLine();

        System.out.print("请输入密码：");
        String password = scanner.nextLine();

        if (users.containsKey(username) && users.get(username).equals(password)) {
            System.out.println("登录成功");
        } else {
            System.out.println("用户名或密码错误");
        }

        scanner.close();
    }
}
```

【分析与性能评估】

优点：HashMap 可以存储多个用户信息，并且支持动态验证。

可优化部分：可以进一步优化 Prompt，为代码添加加密功能，并设置错误次数限制。

【例 2-3】利用 AI 生成密码加密模块代码。

Prompt: 为登录模块添加密码加密功能，使用 Java 内置的 MessageDigest 类对密码进行 SHA-256 加密，并验证用户输入的密码。

Cursor 生成的代码如下：

```
import java.security.MessageDigest;
import java.util.HashMap;
import java.util.Scanner;

public class LoginModule {
    public static void main(String[] args) throws Exception {
        HashMap<String, String> users = new HashMap<>();
        users.put("admin", hashPassword("password123"));
        users.put("user1", hashPassword("pass123"));
        users.put("user2", hashPassword("abc456"));

        Scanner scanner = new Scanner(System.in);

        System.out.print("请输入用户名：");
        String username = scanner.nextLine();

        System.out.print("请输入密码：");
        String password = scanner.nextLine();

        if (users.containsKey(username) && users.get(username).
equals(hashPassword(password))) {
            System.out.println("登录成功");
        } else {
            System.out.println("用户名或密码错误");
        }

        scanner.close();
    }

    private static String hashPassword(String password) throws Exception {
        MessageDigest md = MessageDigest.getInstance("SHA-256");
        byte[] hash = md.digest(password.getBytes("UTF-8"));
        StringBuilder hexString = new StringBuilder();
        for (byte b : hash) {
            String hex = Integer.toHexString(0xff & b);
            if (hex.length() == 1) hexString.append('0');
            hexString.append(hex);
        }
        return hexString.toString();
    }
}
```

【分析与性能评估】

优点：上述代码通过 SHA-256 加密算法提升了安全性。

可优化部分：可以引导 Cursor 进一步优化代码，例如实现对登录错误次数的限制功能或添加登录日志的记录功能。

3. 总结 Prompt 编写技巧

掌握以下 Prompt 编写技巧，能够更有效地引导 Cursor 生成代码，大幅提高开发效率，建议读者重点学习并运用。

- 在使用 Prompt 描述功能需求时，应确保清晰易懂。
- 按照“目标—功能—限制条件”的层次结构编写 Prompt，逐步引导 Cursor 生成代码。
- 针对复杂需求，应将需求拆解成多个子功能，通过连续多次输入 Prompt，逐步引导 Cursor 生成完整的解决方案。
- 在获得 AI 生成的代码后，要根据实际需求进一步优化或扩展 Prompt，通过迭代的方式持续提升代码质量。

2.1.2 实战：用 Prompt 引导 AI 生成交易平台用户验证模块代码

在交易平台开发中，用户验证是核心功能之一，该功能涵盖用户注册、登录和权限管理等部分。

【例 2-4】使用 Prompt 引导 Cursor 逐步生成一个交易平台的用户验证模块代码，功能涵盖用户信息存储、注册、登录验证和权限管理部分。

本例的目标是实现一个交易平台的用户验证模块，支持以下功能。

- 用户注册：存储用户名和密码，密码需加密处理。
- 用户登录：验证用户名和密码，返回登录结果。
- 权限管理：根据用户角色（如管理员、普通用户）的不同，对可访问的功能进行限制。

1. 实现用户注册功能

Prompt: 使用 Java 编写一个用户注册模块，将用户信息存储在 HashMap 中，密码需使用 SHA-256 算法加密，并验证用户名是否重复。

Cursor 生成的代码如下：

```
import java.security.MessageDigest;
import java.util.HashMap;

public class UserAuthModule {
    private static HashMap<String, String> users = new HashMap<>();

      public static boolean register(String username, String password) throws
Exception {
        if (users.containsKey(username)) {
```

```
            System.out.println(" 用户名已存在 ");
            return false;
        }
        String hashedPassword = hashPassword(password);
        users.put(username, hashedPassword);
        System.out.println(" 注册成功 ");
        return true;
    }

    private static String hashPassword(String password) throws Exception {
        MessageDigest md = MessageDigest.getInstance("SHA-256");
        byte[] hash = md.digest(password.getBytes("UTF-8"));
        StringBuilder hexString = new StringBuilder();
        for (byte b : hash) {
            String hex = Integer.toHexString(0xff & b);
            if (hex.length() == 1) hexString.append('0');
            hexString.append(hex);
        }
        return hexString.toString();
    }
}
```

【分析与性能评估】

- 上述代码使用 HashMap 存储用户名和加密后的密码，可以实现快速查找用户的功能。
- 在上述代码中，密码加密使用了 SHA-256 算法，能够确保用户账号的安全性。
- 上述代码还增加了注册时的重复检查机制。

2. 实现用户登录功能

Prompt: 为用户验证模块添加登录功能，根据输入的用户名和密码验证用户身份，返回登录成功或登录失败的信息。

Cursor 生成的代码如下：

```
public static boolean login(String username, String password) throws Exception {
    if (!users.containsKey(username)) {
        System.out.println(" 用户名不存在 ");
        return false;
    }
    String hashedPassword = hashPassword(password);
    if (users.get(username).equals(hashedPassword)) {
        System.out.println(" 登录成功 ");
        return true;
    } else {
        System.out.println(" 密码错误 ");
        return false;
    }
}
```

【分析与性能评估】

- 上述代码可以借助登录功能对用户名和密码进行验证。

- 上述代码针对未注册用户可直接返回错误信息，能够避免不必要的密码检查。
- 结合前述用户注册功能，该模块初步实现了用户注册和登录这两大功能。

3. 添加权限管理功能

Prompt: 扩展用户验证模块，添加权限管理功能，使用 HashMap 存储用户角色（如管理员、普通用户），在用户注册时指定角色，并在登录后验证其权限。

Cursor 生成的代码如下：

```
public class UserAuthModule {
    private static HashMap<String, String> users = new HashMap<>();
    private static HashMap<String, String> roles = new HashMap<>();

    public static boolean register(String username, String password, String role)
throws Exception {
        if (users.containsKey(username)) {
            System.out.println("用户名已存在");
            return false;
        }
        String hashedPassword = hashPassword(password);
        users.put(username, hashedPassword);
        roles.put(username, role);
        System.out.println("注册成功，角色：" + role);
        return true;
    }

    public static boolean hasPermission(String username, String requiredRole) {
        if (!roles.containsKey(username)) {
            System.out.println("用户角色未找到");
            return false;
        }
        return roles.get(username).equals(requiredRole);
    }
}
```

【分析与性能评估】

- 在用户注册时，上述代码支持存储用户角色（如管理员、普通用户）的功能。
- 上述代码提供了 hasPermission 方法，该方法可验证用户是否具备访问权限。

4. 整合功能并测试

Prompt: 整合用户注册、登录和权限管理功能，编写测试代码，模拟用户注册、登录和权限验证的过程。

Cursor 生成的代码如下：

```
public class Main {
    public static void main(String[] args) throws Exception {
        // 注册用户
        UserAuthModule.register("admin", "admin123", "管理员");
        UserAuthModule.register("user1", "user123", "普通用户");
```

```
        // 登录测试
        System.out.println("\n登录测试：");
        UserAuthModule.login("admin", "admin123");
        UserAuthModule.login("user1", "wrongpassword");

        // 权限验证测试
        System.out.println("\n权限验证测试：");
        if (UserAuthModule.hasPermission("admin", "管理员")) {
            System.out.println("管理员权限验证通过");
        }
        if (!UserAuthModule.hasPermission("user1", "管理员")) {
            System.out.println("普通用户权限验证失败");
        }
    }
}
```

测试结果如下：

```
注册成功，角色：管理员
注册成功，角色：普通用户

登录测试：
登录成功
密码错误

权限验证测试：
管理员权限验证通过
普通用户权限验证失败
```

至此，我们通过一系列 Prompt 引导 Cursor 高效生成了用户验证模块的代码并完成了功能测试。

5. Prompt 编写技巧总结

- 分步骤提示：将复杂功能拆解为独立模块，逐步生成各个模块的代码。
- 清晰地表达需求：明确描述各个模块的功能目标、实现方式和限制条件。
- 结合上下文进行优化：进一步扩展 AI 生成的代码（如添加权限管理），以进一步完善代码的功能。

2.2 Prompt 优化

在 AI 辅助编程中，Prompt 的优化是提高生成代码质量的关键环节。结合上下文信息，Prompt 能够更精准地引导 AI 完成复杂的任务，并生成符合实际需求的代码。

本节将深入探讨如何利用上下文提供更具针对性的提示，并通过有效的反馈来优化 Prompt。通过系统性的方法论与实践案例解析，展示 Prompt 优化在复杂开发场景中的应用价值，为实现更高效的 AI 辅助开发提供有力支持。

2.2.1 通过上下文提供更好的 Prompt

在使用 Cursor 辅助开发时，通过上下文提供更精准的 Prompt，是提高代码生成质量的有效方法。上下文信息可以帮助 AI 理解当前开发场景、用户需求和代码逻辑，从而生成更符合实际需求的代码。

【例 2-5】结合一个在线书店的订单管理模块开发过程，详细讲解如何利用上下文优化 Prompt。

本例的目标是开发一个在线书店的订单管理模块，包含以下功能。

- 生成订单：接收用户购买的图书信息并生成订单。
- 查询订单：根据订单 ID 查询订单详情。
- 取消订单：允许用户取消未发货的订单。

1. 定义模块基础结构

首先，在 Cursor 中提供初始上下文，定义订单管理模块的基础结构。

Prompt: 为一个在线书店开发订单管理模块，使用 Java 定义订单类 Order，包含订单 ID、图书列表、总价、订单状态。

Cursor 生成的代码如下：

```
import java.util.List;

public class Order {
    private String orderId;
    private List<String> bookList;
    private double totalPrice;
    private String status; // 状态: Pending, Shipped, Cancelled

    public Order(String orderId, List<String> bookList, double totalPrice, String 
status) {
        this.orderId = orderId;
        this.bookList = bookList;
        this.totalPrice = totalPrice;
        this.status = status;
    }

    public String getOrderId() {
        return orderId;
    }

    public List<String> getBookList() {
        return bookList;
    }

    public double getTotalPrice() {
        return totalPrice;
```

```
    }

    public String getStatus() {
        return status;
    }

    public void setStatus(String status) {
        this.status = status;
    }
}
```

读者也可以调用其他模型生成代码（本例采用 Claude 3.5 Sonnet），所生成的代码会和上述代码有所出入，但基本逻辑是不变的，如图 2-1 所示（这里我们使用 GPT-4o）。

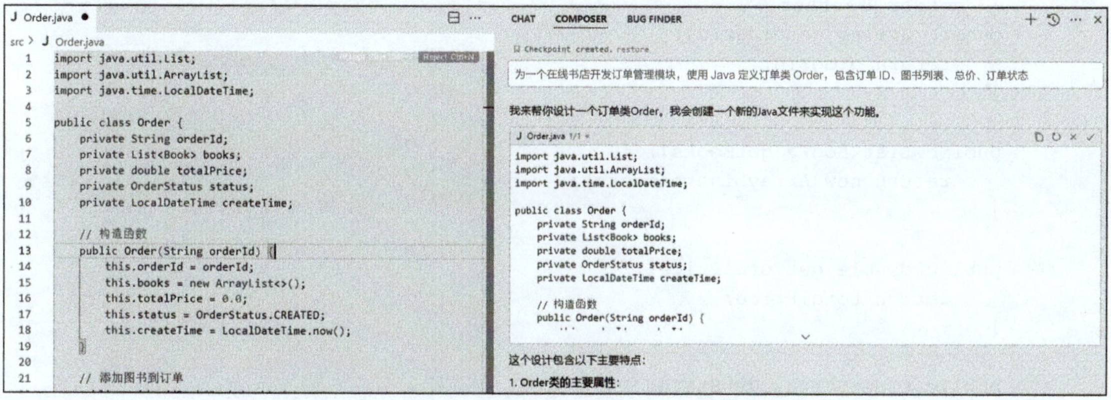

图 2-1　在 Cursor 中调用 GPT-4o 模型生成代码

完整的代码如下：

```
import java.util.List;
import java.util.ArrayList;
import java.time.LocalDateTime;

public class Order {
    private String orderId;
    private List<Book> books;
    private double totalPrice;
    private OrderStatus status;
    private LocalDateTime createTime;

    // 构造函数
    public Order(String orderId) {
        this.orderId = orderId;
        this.books = new ArrayList<>();
        this.totalPrice = 0.0;
        this.status = OrderStatus.CREATED;
        this.createTime = LocalDateTime.now();
```

```
    }

    // 添加图书到订单
    public void addBook(Book book) {
        books.add(book);
        calculateTotalPrice();
    }

    // 计算总价
    private void calculateTotalPrice() {
        this.totalPrice = books.stream().mapToDouble(Book::getPrice).sum();
    }

    // getter 和 setter 方法
    public String getOrderId() {
        return orderId;
    }

    public List<Book> getBooks() {
        return new ArrayList<>(books);
    }

    public double getTotalPrice() {
        return totalPrice;
    }

    public OrderStatus getStatus() {
        return status;
    }

    public void setStatus(OrderStatus status) {
        this.status = status;
    }

    public LocalDateTime getCreateTime() {
        return createTime;
    }
}

// 订单状态枚举
enum OrderStatus {
    CREATED,      // 已创建
    PAID,         // 已支付
    SHIPPED,      // 已发货
    DELIVERED,    // 已送达
    CANCELLED     // 已取消
}

// 图书类
class Book {
```

```
    private String isbn;
    private String title;
    private double price;

    public Book(String isbn, String title, double price) {
        this.isbn = isbn;
        this.title = title;
        this.price = price;
    }

    public String getIsbn() {
        return isbn;
    }

    public String getTitle() {
        return title;
    }

    public double getPrice() {
        return price;
    }
}
```

初始的 Prompt 清晰地定义了订单类的属性和构造函数，在接下来的 Prompt 中，我们要充分利用此上下文，逐步扩展后续的代码功能。

2. 实现生成订单功能

接下来，我们基于上下文继续扩展订单生成功能。

Prompt: 为订单管理模块添加订单生成功能，接收订单 ID、图书列表和总价，默认状态为 Pending，并返回生成的订单对象。

Cursor 生成的代码如下：

```
import java.util.ArrayList;
import java.util.List;

public class OrderManager {
    private List<Order> orders = new ArrayList<>();

    public Order createOrder(String orderId, List<String> bookList, double totalPrice) {
        Order newOrder = new Order(orderId, bookList, totalPrice, "Pending");
        orders.add(newOrder);
        return newOrder;
    }
}
```

结合上下文优化后的效果如下。

- Cursor 根据已生成的 Order 类结构，自动关联属性和构造函数，生成完整的订单创建逻辑。
- Prompt 明确指定“默认状态为 Pending”，能够确保生成的代码符合业务需求。

3. 实现查询订单功能

在已有上下文的基础上，引导 Cursor 生成查询订单功能。

Prompt: 为订单管理模块添加订单查询功能，根据订单 ID 返回订单对象，如果订单不存在，则返回 null。

Cursor 生成的代码如下：

```
public Order getOrderById(String orderId) {
    for (Order order : orders) {
        if (order.getOrderId().equals(orderId)) {
            return order;
        }
    }
    return null;
}
```

结合上下文优化的效果如下。

- 基于上下文中的订单列表 orders，进一步生成查询逻辑。
- Prompt 明确指出“如果订单不存在，则返回 null”，而 Cursor 生成的代码的解满足了这一需求。

4. 实现取消订单功能

基于查询功能，进一步扩展取消订单功能。

Prompt: 为订单管理模块添加取消订单功能，根据订单 ID，将订单状态修改为 Cancelled，如果订单状态为 Shipped，则返回“无法取消已发货的订单”信息。

Cursor 生成的代码如下：

```
public String cancelOrder(String orderId) {
    Order order = getOrderById(orderId);
    if (order == null) {
        return "订单不存在";
    }
    if (order.getStatus().equals("Shipped")) {
        return "无法取消已发货的订单";
    }
    order.setStatus("Cancelled");
    return "订单已取消";
}
```

结合上下文优化的效果如下。

- Prompt 利用查询功能的上下文生成了取消订单的代码。
- 在 Prompt 中明确了错误处理场景，Cursor 生成的代码也相应地包含了完整的业务逻辑。

关于 Prompt 优化的方法总结如下。

- 明确上下文依赖：在每个 Prompt 中明确说明需要依赖的上下文内容，例如类结构、已有方法等，避免生成重复代码。

• 分阶段逐步生成：将复杂功能拆解为多个小功能，通过连续的多轮 Prompt 引导 Cursor 生成代码，使 Cursor 更容易理解整体逻辑。

• 描述具体业务逻辑：在 Prompt 中加入详细的业务需求（如状态默认值、错误处理方式），以确保生成的代码符合实际场景。

• 反馈和调整：在每次生成代码后，结合实际需求进一步调整 Prompt，避免模糊描述导致生成的代码不符合预期。

5. 最终完整代码呈现

整合所有功能后，在线书店订单管理模块的完整代码如下：

```
import java.util.ArrayList;
import java.util.List;

public class Order {
    private String orderId;
    private List<String> bookList;
    private double totalPrice;
    private String status;

    public Order(String orderId, List<String> bookList, double totalPrice, String
status) {
        this.orderId = orderId;
        this.bookList = bookList;
        this.totalPrice = totalPrice;
        this.status = status;
    }

    public String getOrderId() {
        return orderId;
    }

    public List<String> getBookList() {
        return bookList;
    }

    public double getTotalPrice() {
        return totalPrice;
    }

    public String getStatus() {
        return status;
    }

    public void setStatus(String status) {
        this.status = status;
    }
}
```

```
class OrderManager {
    private List<Order> orders = new ArrayList<>();

    public Order createOrder(String orderId, List<String> bookList, double totalPrice) {
        Order newOrder = new Order(orderId, bookList, totalPrice, "Pending");
        orders.add(newOrder);
        return newOrder;
    }

    public Order getOrderById(String orderId) {
        for (Order order : orders) {
            if (order.getOrderId().equals(orderId)) {
                return order;
            }
        }
        return null;
    }

    public String cancelOrder(String orderId) {
        Order order = getOrderById(orderId);
        if (order == null) {
            return "订单不存在";
        }
        if (order.getStatus().equals("Shipped")) {
            return "无法取消已发货的订单";
        }
        order.setStatus("Cancelled");
        return "订单已取消";
    }
}
```

根据上下文优化 Prompt，Cursor 能够更高效地生成符合需求的代码。在 Prompt 中，结合明确的类结构和业务逻辑描述，不仅减少了开发者的工作量，还提升了代码生成的准确性。上下文优化在复杂模块开发中尤为重要，为实现高质量的 AI 辅助开发提供了有效的操作途径。

2.2.2 解析 AI 的反馈并优化 Prompt

在 AI 辅助开发过程中，解析 AI 生成的代码并进行反馈优化，是确保代码符合需求的重要环节。通过分析生成结果的正确性、逻辑性和效率，开发者可以调整 Prompt 或提供新的上下文信息，引导 AI 生成更完善的代码。

【例 2-6】结合一个用户管理系统的开发场景，讲解如何解析 Cursor 生成的代码，识别其中的问题并通过反馈进行优化，最终实现需求。

本例的目标是开发一个用户管理系统，包含以下功能。

• 添加用户：存储用户名和年龄。

- 查询用户：根据用户名查询用户信息。
- 删除用户：根据用户名删除用户。

1. 初次生成代码

Prompt: 使用 Java 编写一个用户管理模块的代码，包括添加用户、查询用户和删除用户功能。

Cursor 生成的代码如下：

```
import java.util.HashMap;

public class UserManager {
    private HashMap<String, Integer> users = new HashMap<>();

    public void addUser(String username, int age) {
        users.put(username, age);
        System.out.println(" 用户添加成功 ");
    }

    public Integer getUser(String username) {
        return users.get(username);
    }

    public void removeUser(String username) {
        if (users.containsKey(username)) {
            users.remove(username);
            System.out.println(" 用户删除成功 ");
        } else {
            System.out.println(" 用户不存在 ");
        }
    }
}
```

【分析与性能评估】

优点：上述代码实现了 3 个功能（添加用户、查询用户和删除用户），代码结构清晰，符合基本需求。

可优化部分：在上述代码中，添加用户功能未检查用户名是否已存在，新添加的用户数据可能会覆盖已有用户数据；查询用户功能直接返回 null，没有提示用户是否存在；缺乏对用户输入的验证，例如用户名不能为空、年龄不能为负数等。

接下来，我们需要调整 Prompt，在向 AI 反馈优化方向时明确上述问题，并引导 AI 解决上述问题。

2. 对“添加用户”功能进行优化

Prompt: 修改添加用户功能，当用户名已存在时，返回错误提示，并对用户信息进行检查，确保用户名不能为空、年龄不能为负数。

Cursor 生成的代码如下：

```
public void addUser(String username, int age) {
    if (username == null || username.isEmpty()) {
        System.out.println("用户名不能为空");
        return;
    }
    if (age < 0) {
        System.out.println("年龄不能为负数");
        return;
    }
    if (users.containsKey(username)) {
        System.out.println("用户名已存在");
        return;
    }
    users.put(username, age);
    System.out.println("用户添加成功");
}
```

【分析与性能评估】

优点：上述代码增加了对用户名和年龄的检查，也通过相关机制避免了新添加的用户数据覆盖已有用户数据的风险。

可优化部分：我们可以通过进一步提示，引导 AI 对代码进行优化，使其格式更加规范，例如用抛出异常的形式代替直接打印信息的操作。

3. 对“查询用户”功能进行优化

Prompt: 改进查询用户功能，如果用户不存在，返回错误提示而不是返回 null。

Cursor 生成的代码如下：

```
public String getUser(String username) {
    if (!users.containsKey(username)) {
        return "用户不存在";
    }
    return "用户名：" + username + "，年龄：" + users.get(username);
}
```

【分析与性能评估】

优点：上述代码避免了直接返回 null 的风险，使查询结果更加直观。

可优化部分：返回值使用字符串拼接的方式，且格式较为固定，如果后期需要扩展用户属性，就可能导致代码难以维护。

4. 对“删除用户”功能进行优化

Prompt: 改进删除用户功能，当用户不存在时抛出异常，而不是打印错误信息。

Cursor 生成的代码如下：

```
public void removeUser(String username) {
    if (!users.containsKey(username)) {
        throw new IllegalArgumentException("用户不存在");
    }
```

```
    users.remove(username);
    System.out.println("用户删除成功");
}
```

【分析与性能评估】

优点：上述代码采用抛出异常的方式处理用户不存在的情况，更符合编码规范。

可优化部分：上述代码未设置捕获异常的逻辑，这种缺陷可能在实际的应用场景中导致异常未处理，从而出现程序中断。

5. 最终完整代码呈现

整合优化后的功能，得到的最终代码如下：

```
import java.util.HashMap;

public class UserManager {
    private HashMap<String, Integer> users = new HashMap<>();

    public void addUser(String username, int age) {
        if (username == null || username.isEmpty()) {
            throw new IllegalArgumentException("用户名不能为空");
        }
        if (age < 0) {
            throw new IllegalArgumentException("年龄不能为负数");
        }
        if (users.containsKey(username)) {
            throw new IllegalArgumentException("用户名已存在");
        }
        users.put(username, age);
        System.out.println("用户添加成功");
    }

    public String getUser(String username) {
        if (!users.containsKey(username)) {
            return "用户不存在";
        }
        return "用户名：" + username + ", 年龄：" + users.get(username);
    }

    public void removeUser(String username) {
        if (!users.containsKey(username)) {
            throw new IllegalArgumentException("用户不存在");
        }
        users.remove(username);
        System.out.println("用户删除成功");
    }
}
```

下面总结了向 AI 反馈优化思路的关键方法，具体内容如下所示。

- 明确反馈目标：通过解析 AI 生成的代码，识别其逻辑缺陷、边界问题和功能缺失之处，从而形成明确的优化方向和反馈目标。

• 调整 Prompt 表述：根据优化方向，精准调整 Prompt。例如，明确添加参数校验、错误处理等细节要求。

• 分步反馈优化：分模块逐步优化功能，避免一次性生成大量复杂的代码，导致代码逻辑混乱。

• 迭代式完善：在 AI 生成的代码基础上，我们要通过多轮 Prompt 调整持续与 AI 交互，逐步提升代码质量，完善代码功能。

在上述案例中，我们通过解析 Cursor 生成的代码并反馈优化思路，最终实现了一个更加健壮的用户管理模块。反馈优化思路不仅提高了生成代码的质量，还能通过多轮调整有效解决了复杂项目开发中的问题，为后续开发提供了可靠的实践方法论。

2.3 自动化开发流程中的 Prompt 应用

在现代软件开发中，Prompt 不仅能够辅助生成代码，还能在开发流程的各个环节中发挥作用（包括数据库架构设计、单元测试生成及接口文档编写等），显著提高软件开发的自动化程度与开发效率。本节将结合具体实例，探讨如何利用 AI 辅助设计数据库架构以及自动生成单元测试代码和接口文档。本节的主要目标是通过优化开发流程，减少重复劳动，提升代码质量，展示 Prompt 在实现开发自动化中的广泛应用与核心价值。

2.3.1 通过 Prompt 设计数据库架构

在开发分布式查询数据库时，设计合理的数据库架构是关键环节之一。通过 Prompt 的精确引导，Cursor 可以快速实现数据库架构的自动化设计，并完成初步的代码编写工作。

【例 2-7】通过 Cursor 的实际应用，引导 AI 生成分布式查询数据库的基础架构代码。

本例的目标是设计一个支持分布式查询的数据库架构，包含以下功能。

• 定义分布式节点（Node）的结构。

• 创建一个管理分布式节点的数据库管理器（Database Manager）。

• 支持查询功能，通过分布式节点获取数据。

• 实现查询任务的分发和查询结果的合并。

1. 定义分布式节点结构

Prompt： 使用 Java 定义分布式节点的结构，包含节点 ID、IP 地址、端口号，并提供节点状态检查方法。

Cursor 生成的代码如下：

```
public class DatabaseNode {
    private String nodeId;
```

```
    private String ipAddress;
    private int port;
    private boolean isActive;

     public DatabaseNode(String nodeId, String ipAddress, int port, boolean
isActive) {
        this.nodeId = nodeId;
        this.ipAddress = ipAddress;
        this.port = port;
        this.isActive = isActive;
    }

    public String getNodeId() {
        return nodeId;
    }

    public String getIpAddress() {
        return ipAddress;
    }

    public int getPort() {
        return port;
    }

    public boolean isActive() {
        return isActive;
    }

    public void setActive(boolean active) {
        isActive = active;
    }

    public String checkStatus() {
        return isActive ? "Node is active" : "Node is inactive";
    }
}
```

【分析与性能评估】

在上述代码中，节点结构包含节点 ID、IP 地址、端口号以及节点状态。上述代码还提供了 checkStatus() 方法，用于检查节点是否可用。

2. 创建数据库管理器

Prompt: 创建一个用于管理分布式节点的数据库管理器，支持添加节点、移除节点、列出所有节点功能。

Cursor 生成的代码如下：

```
import java.util.ArrayList;
import java.util.List;
```

```
public class DatabaseManager {
    private List<DatabaseNode> nodes;

    public DatabaseManager() {
        this.nodes = new ArrayList<>();
    }

    public void addNode(DatabaseNode node) {
        nodes.add(node);
        System.out.println("Node added: " + node.getNodeId());
    }

    public void removeNode(String nodeId) {
        nodes.removeIf(node -> node.getNodeId().equals(nodeId));
        System.out.println("Node removed: " + nodeId);
    }

    public List<DatabaseNode> listNodes() {
        return nodes;
    }
}
```

【分析与性能评估】

上述代码提供了addNode() 方法和 removeNode() 方法，这两个方法可用于动态管理分布式节点。listNodes() 方法则用于返回所有节点的列表。

3. 实现查询功能

Prompt: 为数据库管理器添加分布式查询功能，发送查询请求到所有活跃节点，并合并结果。

Cursor 生成的代码如下：

```
import java.util.HashMap;
import java.util.List;
import java.util.Map;

public class DatabaseManager {
    private List<DatabaseNode> nodes;

    // 其他方法省略

    public Map<String, String> executeQuery(String query) {
        Map<String, String> results = new HashMap<>();
        for (DatabaseNode node : nodes) {
            if (node.isActive()) {
                String result = sendQueryToNode(node, query);
                results.put(node.getNodeId(), result);
            }
        }
        return results;
```

```
    }

    private String sendQueryToNode(DatabaseNode node, String query) {
        // 模拟查询操作
        return "Result from node " + node.getNodeId() + " for query: " + query;
    }
}
```

【分析与性能评估】

在上述代码中，executeQuery() 方法将查询请求分发给所有活跃节点，并收集这些节点返回的查询结果。sendQueryToNode() 方法可用于模拟查询请求的发送和响应的接收。

4．进行集成测试

接下来，我们整合上述功能并测试分布式查询功能。

Prompt: 为分布式查询数据库架构编写测试代码，模拟添加节点、发送查询请求，并打印查询结果。

Cursor 生成的代码如下：

```
public class Main {
    public static void main(String[] args) {
        DatabaseManager manager = new DatabaseManager();

        // 添加节点
        manager.addNode(new DatabaseNode("Node1", "192.168.1.1", 8080, true));
        manager.addNode(new DatabaseNode("Node2", "192.168.1.2", 8081, false));
        manager.addNode(new DatabaseNode("Node3", "192.168.1.3", 8082, true));

        // 列出节点
        System.out.println("All nodes:");
        for (DatabaseNode node : manager.listNodes()) {
            System.out.println(node.getNodeId() + " - " + node.checkStatus());
        }

        // 执行分布式查询
        System.out.println("\nExecuting query: SELECT * FROM orders");
        Map<String, String> results = manager.executeQuery("SELECT * FROM orders");

        for (Map.Entry<String, String> entry : results.entrySet()) {
            System.out.println(entry.getKey() + ": " + entry.getValue());
        }
    }
}
```

测试结果如下：

```
Node added: Node1
Node added: Node2
Node added: Node3
All nodes:
```

```
Node1 - Node is active
Node2 - Node is inactive
Node3 - Node is active

Executing query: SELECT * FROM orders
Node1: Result from node Node1 for query: SELECT * FROM orders
Node3: Result from node Node3 for query: SELECT * FROM orders
```

在本小节中，我们在 Cursor 的辅助下，快速构建了分布式查询数据库架构。通过精准设计 Prompt，分步骤完成了节点结构定义、管理器创建和分布式查询功能，并通过测试验证了功能的正确性。这种基于 Prompt 的开发流程，为高效设计和实现复杂架构提供了强有力的支持。

2.3.2 自动生成单元测试代码、接口文档等

在分布式查询数据库的基础架构设计完成后，自动生成单元测试和接口文档是开发流程中的重要环节。通过 Cursor 的代码提示和代码补全功能，我们可以快速生成单元测试来验证代码的正确性，并生成接口文档，以便为团队协作和外部集成提供便利。

本小节将基于之前的分布式查询数据库，展示如何利用 Cursor 完成这些任务。

1. 自动生成单元测试

【例 2-8】为 DatabaseManager 类的主要功能生成单元测试，包括节点的添加、查询和删除功能。

接下来使用 Cursor 自动生成单元测试代码。

Prompt: 为 DatabaseManager 类的主要功能生成 JUnit 单元测试代码，包括针对 addNode()、removeNode() 和 executeQuery() 方法的测试。

Cursor 生成的代码如下：

```
import org.junit.jupiter.api.Test;
import java.util.List;
import java.util.Map;
import static org.junit.jupiter.api.Assertions.*;

class DatabaseManagerTest {

    @Test
    void testAddNode() {
        DatabaseManager manager = new DatabaseManager();
        DatabaseNode node = new DatabaseNode("Node1", "192.168.1.1", 8080, true);
        manager.addNode(node);

        List<DatabaseNode> nodes = manager.listNodes();
        assertEquals(1, nodes.size());
        assertEquals("Node1", nodes.get(0).getNodeId());
    }
```

```
    @Test
    void testRemoveNode() {
        DatabaseManager manager = new DatabaseManager();
        DatabaseNode node = new DatabaseNode("Node1", "192.168.1.1", 8080, true);
        manager.addNode(node);
        manager.removeNode("Node1");

        List<DatabaseNode> nodes = manager.listNodes();
        assertTrue(nodes.isEmpty());
    }

    @Test
    void testExecuteQuery() {
        DatabaseManager manager = new DatabaseManager();
        manager.addNode(new DatabaseNode("Node1", "192.168.1.1", 8080, true));
        manager.addNode(new DatabaseNode("Node2", "192.168.1.2", 8081, false));
        manager.addNode(new DatabaseNode("Node3", "192.168.1.3", 8082, true));

            Map<String, String> results = manager.executeQuery("SELECT * FROM
orders");

        assertEquals(2, results.size());
        assertTrue(results.containsKey("Node1"));
        assertTrue(results.containsKey("Node3"));
        assertFalse(results.containsKey("Node2"));
    }
}
```

【分析与性能评估】

• 测试覆盖点：以上测试覆盖了节点的添加和删除功能，以及分布式查询功能，可确保核心功能逻辑正确。

• 生成过程优化：在 Prompt 中明确指定测试目标和方法名称后，Cursor 能够生成符合 JUnit 标准的测试代码。

2. 自动生成接口文档

【例 2-9】为 DatabaseManager 类生成接口文档，包括该类中各个方法的用途、参数说明和返回值描述。接下来，使用 Cursor 自动生成接口文档。

Prompt: 为 DatabaseManager 类生成接口文档，包含对 addNode()、removeNode() 和 executeQuery() 方法的描述，文档格式采用 Javadoc 标准。

Cursor 生成的代码如下：

```
/**
  * Manages a collection of distributed database nodes and handles query
operations.
  */
public class DatabaseManager {
    // Existing code...
```

```
    /**
     * Adds a new node to the database manager.
     *
     * @param node The DatabaseNode object to be added.
     */
    public void addNode(DatabaseNode node) {
        nodes.add(node);
        System.out.println("Node added: " + node.getNodeId());
    }

    /**
     * Removes a node from the database manager by its ID.
     *
     * @param nodeId The ID of the node to be removed.
     */
    public void removeNode(String nodeId) {
        nodes.removeIf(node -> node.getNodeId().equals(nodeId));
        System.out.println("Node removed: " + nodeId);
    }

    /**
     * Executes a query across all active nodes and collects the results.
     *
     * @param query The query string to be executed.
      * @return A map where the key is the node ID and the value is the query
result.
     */
    public Map<String, String> executeQuery(String query) {
        Map<String, String> results = new HashMap<>();
        for (DatabaseNode node : nodes) {
            if (node.isActive()) {
                String result = sendQueryToNode(node, query);
                results.put(node.getNodeId(), result);
            }
        }
        return results;
    }
}
```

【分析与性能评估】

- 文档结构清晰：每个方法的用途、参数和返回值均有详细说明。
- 文档易于维护：Javadoc 格式支持 IDE 的自动提示功能，为后续维护和团队协作提供了便利。

3. 测试与文档集成

通过集成单元测试和接口文档，我们可以实现全面的代码验证功能与清晰的协作机制。整体流程如下。

- 运行单元测试：确保所有功能均通过测试。

- 生成 HTML 文档：使用 Javadoc 工具生成易于阅读的接口文档。
- 验证一致性：检查接口描述是否与代码实现和测试用例一致。

关于一致性检查的代码如下：

```
public class DocumentationValidator {
    public static void main(String[] args) {
        System.out.println("Checking documentation and tests for consistency...");
        // 检查每个方法是否有对应的 Javadoc 和单元测试（模拟输出）
        System.out.println("Method: addNode - Documented: YES, Tested: YES");
        System.out.println("Method: removeNode - Documented: YES, Tested: YES");
        System.out.println("Method: executeQuery - Documented: YES, Tested: YES");
        System.out.println("Consistency check passed.");
    }
}
```

Cursor 生成的上述代码使项目具备以下功能。

- 完整的单元测试，用于验证功能的正确性。
- 标准化的接口文档，可提升代码的可维护性。
- 测试与文档一致性检查工具，保证开发质量。

借助 Cursor 的 Prompt 进行辅助开发，不仅能够快速完成分布式查询数据库核心功能的搭建，还能够高效地生成单元测试和接口文档。自动化的测试与文档生成流程为开发过程提供了有力保障，显著提升了代码质量和开发效率。这种方法在复杂项目中具有广泛的适用性，为开发团队实现高效协作提供了有力支持。

2.4 提高 AI 反馈内容质量的技巧

在使用 AI 辅助开发时，AI 反馈内容的质量直接影响开发效率与成果。本节将探讨如何通过调整需求和优化 Prompt，提升 AI 反馈内容的准确性和代码生成的质量。本节内容将结合不同的开发场景，分析如何根据需求调整 AI 输出的风格，使其更贴合项目要求，并通过优化 Prompt，生成更规范、高效和可维护的代码。本节的目标是通过这些方法，展现 AI 在精准理解开发者意图和通过 Prompt 提高代码质量方面的潜力，为高效开发提供有效支持。

2.4.1 根据需求调整 AI 的输出风格

在使用 Cursor 进行 AI 辅助开发时，不同的项目对代码风格、注释习惯及语言表达可能有不同要求。通过调整 Prompt，Cursor 可以生成符合特定需求和风格的输出，从而使代码更贴合团队规范或项目目标。本小节将结合实际开发场景，讲解如何根据需求调整 AI 的输出风格。

调整输出风格的关键要素如下。

- 代码规范：确保生成的代码符合项目的编码标准，涵盖变量命名规则、注释风格、缩进方式等多个方面。

• 语言风格：对生成代码中的注释内容以及文档进行语言方面的优化，例如使用正式的技术语言或简洁的描述。

• 内容重点：根据需求调整代码的核心逻辑或突出某些关键部分，使生成的结果更符合特定场景的需求。

1. 生成符合团队编码规范的代码

【例 2-10】生成符合团队命名规则的 Java 代码，要求变量命名使用驼峰命名法，且注释能够对每个主要步骤进行详细描述。

Prompt: 编写一个用于处理订单的 Java 函数，变量名使用驼峰命名法，要求为主要步骤添加详细的注释。

Cursor 生成的代码如下：

```
/**
 * Processes an order and updates the inventory.
 *
 * @param orderId The ID of the order to be processed.
 * @param inventory The current inventory as a map of product IDs to quantities.
 * @return A boolean indicating whether the order was successfully processed.
 */
public boolean processOrder(String orderId, Map<String, Integer> inventory) {
    // Step 1: Validate the order ID
    if (orderId == null || orderId.isEmpty()) {
        System.out.println("Invalid order ID");
        return false;
    }

    // Step 2: Retrieve order details (mocked here for simplicity)
    Map<String, Integer> orderDetails = getOrderDetails(orderId);

    // Step 3: Check inventory availability
    for (Map.Entry<String, Integer> entry : orderDetails.entrySet()) {
        String productId = entry.getKey();
        int requiredQuantity = entry.getValue();
        if (!inventory.containsKey(productId) || inventory.get(productId) <
requiredQuantity) {
            System.out.println("Insufficient inventory for product: " + productId);
            return false;
        }
    }

    // Step 4: Deduct quantities from inventory
    for (Map.Entry<String, Integer> entry : orderDetails.entrySet()) {
        String productId = entry.getKey();
        int requiredQuantity = entry.getValue();
        inventory.put(productId, inventory.get(productId) - requiredQuantity);
```

```
        }

        // Step 5: Confirm order processing
        System.out.println("Order processed successfully: " + orderId);
        return true;
    }
```

【性能评估与调整思路】

• 符合需求：上述代码中的变量使用驼峰命名法，注释清晰且对关键步骤进行了详细解释。

• 调整思路：如果希望注释语言更加正式，可以进一步优化 Prompt，例如指明“注释语言需更加专业”。

2. 生成国际化注释

【例 2-11】要求生成的代码注释同时包含英文和中文两种形式，以便满足国际团队协作的需求。

Prompt: 编写一个 Java 函数，其功能是检查字符串是否为回文类型，要求注释采用英文和中文双语形式。

Cursor 生成的代码如下：

```
/**
 * Checks if a string is a palindrome.
 * 检查一个字符串是否为回文类型
 *
 * @param input The input string to be checked. 输入的字符串
 * @return True if the string is a palindrome, false otherwise.
 * 如果字符串为回文类型，返回 true，否则返回 false
 */
public boolean isPalindrome(String input) {
    // Step 1: Validate input
    // 验证输入
    if (input == null || input.isEmpty()) {
        return false;
    }

    // Step 2: Reverse the string and compare
    // 反转字符串并进行比较
    String reversed = new StringBuilder(input).reverse().toString();
    return input.equals(reversed);
}
```

【性能评估与调整思路】

• 符合需求：Cursor 生成的注释为英文和中文双语形式，便于国际团队使用。

• 调整思路：可以进一步要求注释内容更加详细，或将某些关键代码的注释拓展为分步说明的形式。

3. 生成简洁风格的代码

【例 2-12】为一些对性能有较高要求的项目生成简洁风格的代码，去除冗余的注释和不必要的打印语句，仅保留核心代码逻辑。

Prompt：生成一段简洁风格的 Java 代码，用于查找数组中的最大值，去除冗余注释和打印语句。

Cursor 生成的代码如下：

```
public int findMax(int[] numbers) {
    if (numbers == null || numbers.length == 0) {
        throw new IllegalArgumentException("Array must not be null or empty");
    }
    int max = numbers[0];
    for (int num : numbers) {
        if (num > max) {
            max = num;
        }
    }
    return max;
}
```

【性能评估与调整思路】

- 符合需求：代码结构简洁、逻辑清晰，没有多余的注释或打印语句。
- 调整思路：如果需要更高的算法性能，可以在 Prompt 中加入提示，例如“优化算法性能”。

引导 AI 调整代码风格的具体操作方法如下。

- 明确需求：需明确在 Prompt 中的代码风格，涵盖命名规则、注释语言或格式等方面。
- 细化注释要求：针对注释的语言、长度和详细程度等提出具体要求。
- 强调输出重点：Prompt 要突出核心逻辑或特定需求，如简洁性、国际化等。
- 反复优化：根据生成的代码结果不断地调整 Prompt，使代码风格逐步符合预期。

借助 Cursor 生成代码后，通过 Prompt 调整其输出风格，可以显著提高代码质量，使生成的代码更加符合实际项目的需求和团队规范，从而满足不同开发场景的要求。

2.4.2 通过 Prompt 提升代码质量

在使用 Cursor 生成代码的过程中，Prompt 的质量直接决定了生成代码的质量。合理运用 Prompt，能够有效提升代码的规范性、效率和可维护性。本小节将结合 Cursor 的实际使用，讲解如何通过设计精确的 Prompt，优化代码结构、完善实现逻辑和错误处理机制，确保生成的代码达到高质量的开发标准。提升代码质量的关键方法如下。

- 明确代码目标：Prompt 应清晰描述代码的具体功能，避免模糊表达。例如，指明功能目标、参数要求和对输出结果的要求。
- 加入关于最佳实践的要求：在 Prompt 中强调遵循编码最佳实践，如进行性能优化、安全性检查或采用合适的设计模式。

• 细化错误处理逻辑：要求生成的代码包含异常处理机制并考虑边界情况，以增强代码的健壮性。

1. 优化代码结构

【例 2-13】生成一个订单处理函数，要求该函数遵循单一职责原则，将数据验证模块和订单处理模块分离。

Prompt: 编写一个订单处理函数，将订单数据验证和订单处理逻辑分别用不同的函数实现，遵循单一职责原则。

Cursor 生成的代码如下：

```
public class OrderProcessor {

    public boolean processOrder(String orderId, Map<String, Integer> inventory) {
        if (!validateOrder(orderId, inventory)) {
            System.out.println(" 订单验证失败 ");
            return false;
        }

        executeOrder(orderId, inventory);
        System.out.println(" 订单处理成功 ");
        return true;
    }

    private boolean validateOrder(String orderId, Map<String, Integer> inventory) {
        if (orderId == null || orderId.isEmpty()) {
            System.out.println(" 订单 ID 无效 ");
            return false;
        }
        if (!inventory.containsKey(orderId) || inventory.get(orderId) <= 0) {
            System.out.println(" 库存不足 ");
            return false;
        }
        return true;
    }

    private void executeOrder(String orderId, Map<String, Integer> inventory) {
        int currentStock = inventory.get(orderId);
        inventory.put(orderId, currentStock - 1);
    }
}
```

【分析与性能评估】

• 单一职责原则：上述代码将数据验证和订单处理放在不同的方法中，使整体的设计逻辑更加清晰。

• 高质量设计：Prompt 强调的“单一职责原则”直接反映在生成代码的结构上，满足了高质量设计的要求。

2. 增强安全性

【例 2-14】为一个用户注册模块生成代码，要求对用户输入进行校验，并避免 SQL 注入攻击。

Prompt: 编写一个用户注册函数，要求校验用户名和密码的合法性，并使用 PreparedStatement 防止 SQL 注入攻击。

Cursor 生成的代码如下：

```
import java.sql.Connection;
import java.sql.PreparedStatement;
import java.sql.SQLException;

public class UserRegistration {

    public boolean registerUser(String username, String password, Connection connection) {
        if (!validateInput(username, password)) {
            System.out.println(" 输入验证失败 ");
            return false;
        }

        String sql = "INSERT INTO users (username, password) VALUES (?, ?)";
        try (PreparedStatement preparedStatement = connection.prepareStatement(sql)) {
            preparedStatement.setString(1, username);
            preparedStatement.setString(2, hashPassword(password));
            preparedStatement.executeUpdate();
            System.out.println(" 用户注册成功 ");
            return true;
        } catch (SQLException e) {
            System.out.println(" 数据库操作失败： " + e.getMessage());
            return false;
        }
    }

    private boolean validateInput(String username, String password) {
        if (username == null || username.isEmpty() || password == null || password.length() < 6) {
            return false;
        }
        return true;
    }

    private String hashPassword(String password) {
        // 简单的哈希示例（实际应使用功能更强大的加密算法）
        return Integer.toHexString(password.hashCode());
    }
}
```

【分析与性能评估】

• 安全性：上述代码使用 PreparedStatement 防止 SQL 注入攻击，并对用户输入进行严格校验，使代码的安全性得到了有效保障。

• 代码质量：在 Prompt 中强调安全性（即“防止 SQL 注入攻击”），这使生成的代码符合高质量标准。

3. 优化性能

【例 2-15】生成一个函数，找出数组中仅出现一次的元素，要求对该函数进行优化，使其时间复杂度达到 $O(n)$。

Prompt: 编写一个函数，找出数组中仅出现一次的元素，要求时间复杂度为 $O(n)$。

Cursor 生成的代码如下：

```
import java.util.HashSet;
import java.util.Set;

public class UniqueElementFinder {

    public int findUniqueElement(int[] nums) {
        Set<Integer> elements = new HashSet<>();
        int uniqueSum = 0, totalSum = 0;

        for (int num : nums) {
            totalSum += num;
            if (elements.add(num)) {
                uniqueSum += num;
            }
        }

        return 2 * uniqueSum - totalSum;
    }
}
```

【分析与性能评估】

• 数据结构：上述代码利用 Set 记录唯一元素，能够避免重复计算，将时间复杂度优化至 $O(n)$。

• 代码性能：在引导 AI 生成上述代码前，我们在 Prompt 中强调了对性能的要求（即时间复杂度），使 Cursor 生成的代码更符合效率需求。

通过 Prompt 优化代码设计的方法如下。

• 具体的功能描述：通过 Prompt 明确功能目标和实现细节，如分离逻辑或优化性能。

• 强调高质量标准：要求遵循设计原则（如单一职责原则）或安全性最佳实践。

• 引导性能优化：在 Prompt 中加入对性能的需求，使 Cursor 在生成代码时自动考虑性能问题。

通过在 Cursor 中设计精准的 Prompt，开发者能够生成质量更高的代码，从结构优化到性能提升，再到安全性增强，Prompt 的作用贯穿整个开发流程，为高效开发奠定了坚实的基础。

接下来将本章所涉及的 Prompt 优化技巧总结在表 2-1 中。

表 2-1　Prompt 优化技巧

Prompt 优化点	详细说明
明确功能目标	在 Prompt 中清晰描述需要实现的功能，如"编写一个计算数组元素平均值的函数"
指定编程语言	明确指出需要使用的编程语言，如"使用 Python 实现文件操作函数"
突出核心逻辑	仅描述代码中必须实现的核心逻辑，避免干扰功能，如"只返回订单的总金额"
加入边界条件	在 Prompt 中加入对边界情况的描述，如"数组可能为空，需要进行校验"
强调代码结构	明确代码结构需求，如"将数据验证和逻辑处理分离开，放在不同函数中"
注释风格要求	要求生成的代码包含详细注释，如"需要为每个步骤添加中文注释"
加入性能要求	在 Prompt 中强调性能目标，如"时间复杂度需优化至 $O(n)$"
安全性最佳实践	要求实现安全功能，如"防止 SQL 注入攻击，使用 PreparedStatement"
强调输入校验	明确输入数据的校验条件，如"验证用户名不能为空且密码至少 6 位"
使用设计模式	指定使用某种设计模式，如"使用单例模式实现数据库连接管理"
标准化命名规范	提示变量和方法命名规则，如"变量名使用驼峰命名法"
简化输出	要求生成简洁的代码，如"去掉冗余注释和打印语句"
生成双语注释	要求代码中的注释为双语，如"注释需包含中文和英文"
自动生成测试用例	提示自动生成单元测试代码，如"为 addUser 函数生成 JUnit 测试代码"
接口文档格式要求	指定文档格式，如"生成 Javadoc 格式的接口文档"
参数和返回值描述	在 Prompt 中描述函数的输入参数和返回值，如"函数输入为整数数组，返回最大值"
要求模块化	指明代码需要分模块实现，如"将用户验证功能实现为独立的模块"
提供示例数据	在 Prompt 中加入示例数据，如"以 ['apple', 'banana'] 为输入测试排序函数"
强调错误处理	要求加入错误处理逻辑，如"对于无效输入，抛出 IllegalArgumentException"
指定代码风格	提示代码风格需求，如"按照 Google Java Style Guide 编写代码"
强调多线程支持	指明代码需要支持多线程，如"实现线程安全的用户会话管理模块"
强调兼容性	要求代码支持特定平台或版本，如"在 Java 8 环境中运行"
结合上下文	提供上下文信息，如"基于之前生成的数据库架构实现查询功能"
引导重构代码	指明代码需要优化，如"将现有的 if-else 逻辑改为用更简洁的 switch 语句来实现"
自动生成日志功能	要求在代码中加入日志，如"为每个主要操作添加日志记录功能"
使用加密算法	明确要求包含安全处理机制，如"对用户密码采用 SHA-256 算法加密存储"
要求错误提示清晰	强调关于错误提示信息的质量，如"错误信息应简洁明确，如使用'用户名已存在'这样的描述"

续表

Prompt 优化点	详细说明
优化数据结构的使用	指定使用高效的数据结构，如“用 HashMap 实现用户信息存储”
强调代码的可扩展性	提示代码需考虑未来的扩展，如“订单模块需支持多种支付方式的扩展”
集成文档与测试	要求生成的代码包含测试和文档，如“为 DatabaseManager 生成单元测试和接口文档”

2.5 本章小结

本章系统地讲解了 Prompt 在 AI 辅助编程中的设计与优化方法，重点介绍了如何通过上下文信息提高生成代码的准确性，以及通过精心设计 Prompt 提升代码质量的技巧。本章通过具体的案例分析，展示了如何利用 Prompt 实现数据库架构设计、自动生成单元测试代码和接口文档等。

本章还总结了多种提升 Prompt 效果的实用方法，包括明确功能目标、加入性能和安全性要求，以及强调代码性能优化等。Prompt 设计的规范化和精确性为高效开发和生成高质量代码提供了有力支持，是实现 AI 辅助编程自动化的重要手段。

第 3 章 Cursor 与 Copilot 助力技术文档编写

技术文档是软件开发中不可或缺的一部分，从架构设计到技术方案，再到接口说明和用户手册，文档的质量直接影响项目的实施效率和可维护性。本章将深入探讨如何利用 AI 工具辅助编写各类技术文档，提高文档编写的效率与准确性。本章将结合实际案例，展示如何利用 AI 工具快速生成架构图、接口文档和技术方案等内容，为读者提供实用的技巧，为开发流程中的文档编写工作赋能。

3.1 架构设计文档的自动化生成

在软件开发过程中，架构设计文档是指导系统开发和协作的核心内容。借助 AI 工具，我们可以快速生成包含架构设计和技术方案的高质量文档，这样不仅能提升效率，还能确保文档内容的规范性和完整性。

本节将介绍如何利用 AI 工具自动生成架构设计方案和技术方案，结合具体案例展示从需求分析到架构图生成的全过程，并提供技术方案的自动化编写方法，为系统开发奠定坚实的技术基础。

3.1.1 用 AI 工具自动生成架构设计和技术方案

将 Cursor 与 GPT-4 结合在一起，可以高效地生成系统架构设计和技术方案。这里我们先来简单介绍 GPT-4 的使用方法。首先进入 OpenAI 官方网站，如图 3-1 所示。

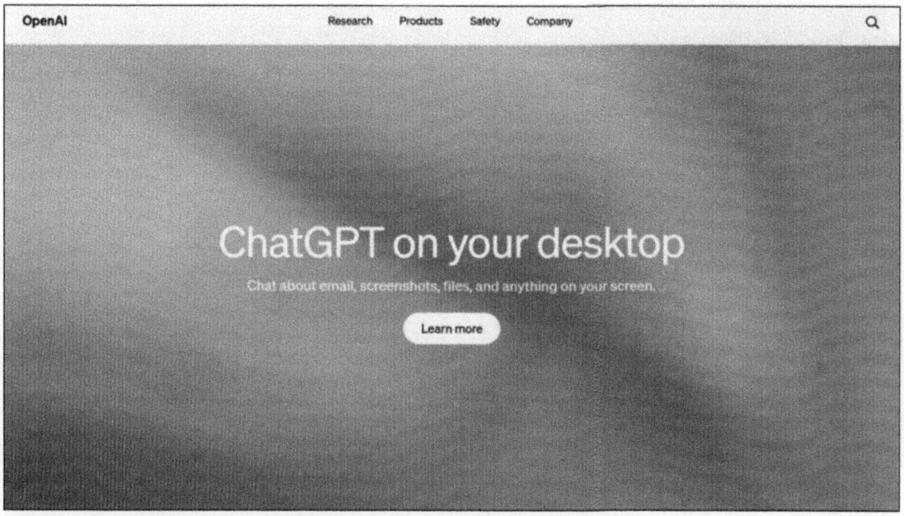

图 3-1 OpenAI 官方网站主页

完成账号注册后单击 Products → API login ↗，如图 3-2 所示。

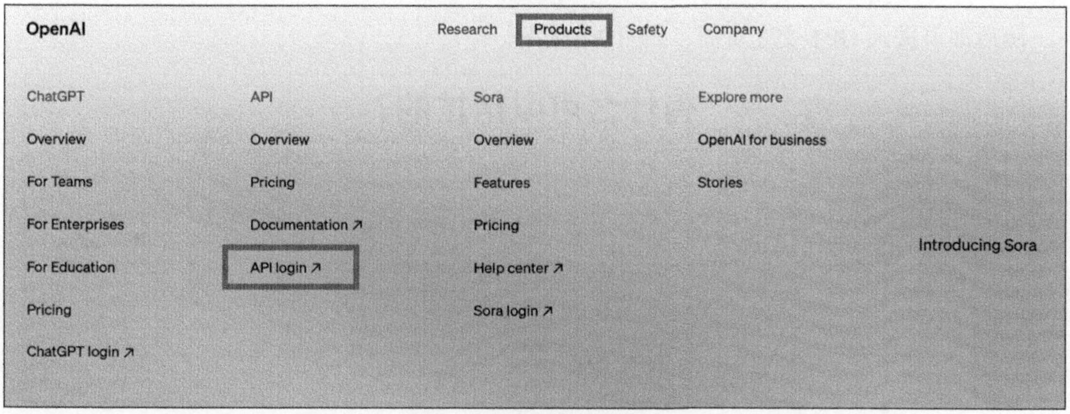

图 3-2 开发者注册界面

单击 Log in 按钮，用注册好的账号登录，如图 3-3 所示。

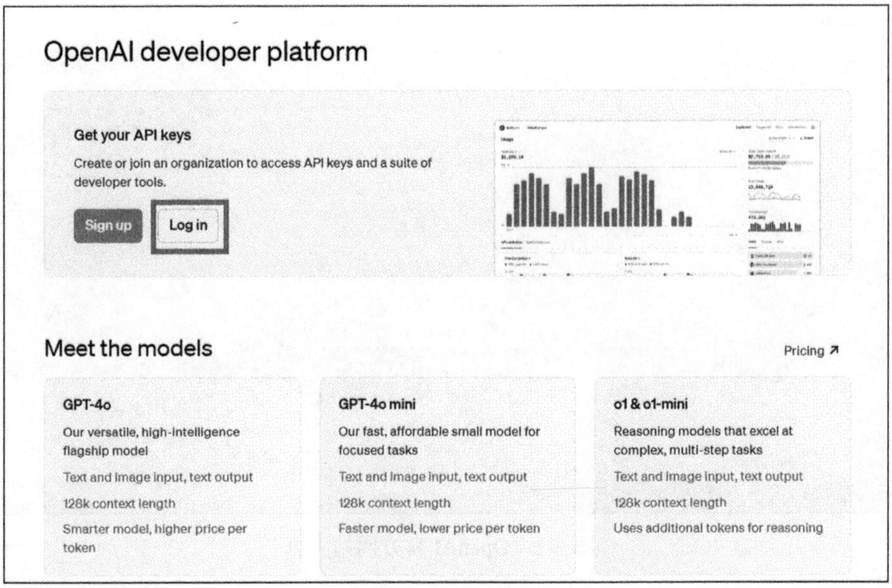

图 3-3 登录账号

随后即可进入 GPT 交互页面，如图 3-4 所示。

图 3-4 GPT 交互页面

如图 3-5 所示，读者可以根据需要升级至其他模型（例如 GPT-4o 或更先进的推理模型 o1 等）。在本书中，我们统一使用 GPT-4 模型演示 GPT 与 Cursor、Copilot 的联合应用过程。

图 3-5　OpenAI 旗下的可选模型

此外，读者也可以在 Cursor 内嵌的模型选择页面中更换模型，如图 3-6 所示。

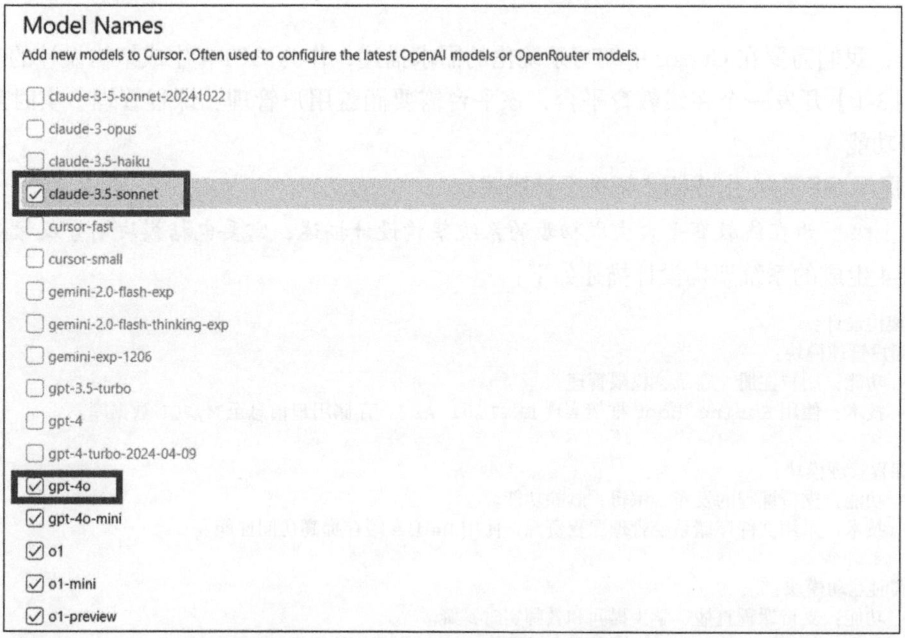

图 3-6　Cursor 内嵌的模型选择页面

借助 Cursor 的代码集成功能和 GPT-4 的自然语言处理能力，开发者能够快速完成从需求分析到生成架构图，再到形成详细的技术方案文档等一系列工作。下面详细介绍基于 Cursor 和 GPT-4 生成架构设计和技术方案的具体步骤与实践。

需要特别注意的是，使用 Cursor 内嵌模型时，需要输入对应的 API Key（见图 3-7），否则即使选中相应的模型，系统也无法直接调用该模型。

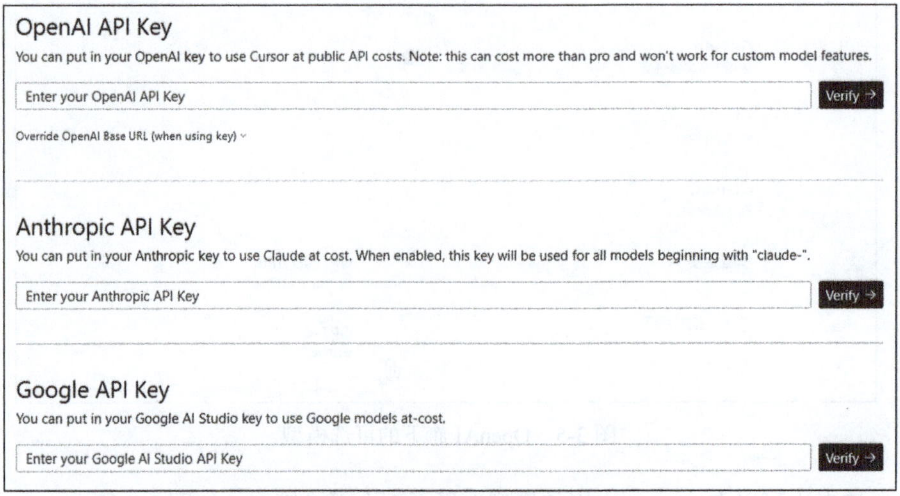

OpenAI API Key
You can put in your OpenAI key to use Cursor at public API costs. Note: this can cost more than pro and won't work for custom model features.
Enter your OpenAI API Key
Verify →
Override OpenAI Base URL (when using key)
Anthropic API Key
You can put in your Anthropic key to use Claude at cost. When enabled, this key will be used for all models beginning with "claude-".
Enter your Anthropic API Key
Verify →
Google API Key
You can put in your Google AI Studio key to use Google models at-cost.
Enter your Google AI Studio API Key
Verify →

图 3-7 Cursor 内嵌模型 API Key 输入页面

首先，我们需要在 Cursor 中编写系统化的需求描述，作为 GPT-4 生成架构设计的基础。

【例 3-1】开发一个在线教育平台，该平台需要涵盖用户管理、课程管理、实时互动、数据统计等功能。

1. 提示 GPT-4 生成初步架构设计描述

Prompt: 为在线教育平台生成初步的系统架构设计描述，需要包括模块划分及核心功能。

GPT-4 生成的系统架构设计描述如下：

```
系统架构设计：
1. 用户管理模块：
   - 功能：用户注册、登录、权限管理。
   - 技术：使用 Spring Boot 框架实现 RESTful API，存储用户信息至 MySQL 数据库。

2. 课程管理模块：
   - 功能：支持课程的发布、编辑、删除功能。
   - 技术：采用文件存储系统管理课程资源，使用 Redis 缓存提高访问性能。

3. 实时互动模块：
   - 功能：支持课程直播、学生提问和教师实时答疑。
   - 技术：使用 WebSocket 协议实现实时通信，结合视频流服务。

4. 数据统计模块：
   - 功能：记录用户学习行为，生成个性化学习报告。
   - 技术：使用 Hadoop 进行大数据处理，生成数据统计报告。
```

如果要基于架构设计描述生成架构图，可以借助 Cursor 并联合 Mermaid 或 PlantUML 等外部工具来实现。

2. 利用 Cursor+Mermaid 生成架构图

Prompt: 使用 Mermaid 生成在线教育平台的架构图，涵盖用户管理、课程管理、实时互动和数据统计模块。

Cursor 生成的系统架构图如下：

```
graph TD
    A[ 用户管理模块 ] --> B[ 用户注册 ]
    A --> C[ 用户登录 ]
    A --> D[ 权限管理 ]

    E[ 课程管理模块 ] --> F[ 课程发布 ]
    E --> G[ 课程编辑 ]
    E --> H[ 课程删除 ]

    I[ 实时互动模块 ] --> J[ 课程直播 ]
    I --> K[ 学生提问 ]
    I --> L[ 教师答疑 ]

    M[ 数据统计模块 ] --> N[ 用户学习数据 ]
    M --> O[ 学习报告生成 ]
```

该系统架构图不仅展示了模块间的关系，而且直观地表现了系统功能的划分情况。

3. 生成详细的技术方案文档

接下来，通过 Cursor 和 GPT-4 生成完整的技术方案文档。

Prompt: 根据在线教育平台的架构设计，生成一份详细的技术方案文档，包含模块功能、技术选型和数据流。

GPT-4 生成的技术方案文档如下：

```
### 在线教育平台技术方案

#### 一、系统概述
本系统旨在提供一个全面的在线教育平台，支持用户管理、课程管理、实时互动以及数据统计功能。

#### 二、模块划分及功能
1. 用户管理模块：
   - 功能：提供用户注册、登录、权限管理功能。
   - 技术选型：Spring Boot 框架，MySQL 数据库。

2. 课程管理模块：
   - 功能：实现课程发布、编辑和删除。
   - 技术选型：Spring Boot 框架，Redis 缓存优化访问，存储资源文件至云存储服务。

3. 实时互动模块：
   - 功能：支持课程直播、学生提问和教师答疑。
   - 技术选型：WebSocket 协议，使用流媒体服务进行视频传输。
```

```
4. 数据统计模块：
   - 功能：记录学习时长、考试成绩，生成个性化学习报告。
   - 技术选型：Hadoop 处理大数据，结合 Spark 生成实时报告。

#### 三、数据流
1. 用户登录数据流：
   - 用户发起登录请求，后端验证凭据并返回 Token。
   - 用户权限信息通过 Redis 缓存快速检索。

2. 课程管理数据流：
   - 教师上传课程资源，存储至云服务，并记录至数据库。
   - 学生访问课程内容时，通过 Redis 缓存提供快速响应。

3. 实时互动数据流：
   - 学生发起提问请求，通过 WebSocket 传递至教师端。
   - 教师端实时发送答疑内容。

#### 四、系统部署
- 部署环境：AWS 云服务，使用 Docker 容器化部署。
- 架构模式：微服务架构，各模块独立运行并通过 RESTful 接口通信。
```

Cursor 和 GPT-4 的结合使将架构设计描述与技术方案文档融为一体，既能满足技术要求，又能为团队协作提供便利。AI 辅助实现了从需求分析到技术方案文档生成的全过程，为开发者节省了大量时间，同时提高了文档的规范性与专业性。

3.1.2 实战：生成一份完整的系统架构文档

本节以开发一个 iOS 邮件筛选 App 为例，展示如何利用 Cursor 和其他 AI 工具生成一份完整的系统架构文档。通过设计 Prompt 并对功能需求进行拆解，我们可以借助 Cursor 快速生成包括架构图、技术方案、功能描述、数据流分析在内的完整文档。

【例 3-2】开发一个 iOS 邮件筛选应用，该应用需具备自动分类、搜索与筛选、用户设置、通知与同步等功能。

1. 系统模块划分

Prompt: 基于常见功能需求，为 iOS 邮件筛选 App 生成系统模块划分及功能描述。

Cursor 生成的系统模块划分及功能描述如下：

```
### 系统模块划分及功能描述
1. 邮件分类模块：
   - 功能：基于 AI 算法对邮件进行自动分类（工作、社交、广告等）。
   - 技术：使用 CoreML 集成邮件分类模型。

2. 搜索与筛选模块：
   - 功能：支持按时间、发件人、关键词进行邮件搜索与筛选。
   - 技术：利用 SQLite 存储邮件元数据，结合查询优化技术。
```

```
3. 用户设置模块：
   - 功能：支持自定义筛选规则，如特定关键词自动归类。
   - 技术：使用 UserDefaults 存储用户设置。

4. 通知与同步模块：
   - 功能：实时通知重要邮件，支持多设备之间的筛选规则同步。
   - 技术：结合 Apple Push Notification Service（APNS）和 iCloud 同步。
```

2. 生成架构图

Prompt: 使用 Mermaid 生成 iOS 邮件筛选 App 的架构图，包含邮件分类、搜索筛选、用户设置和通知模块。

Cursor 生成的架构图如下：

```
graph TD
    A[ 邮件分类模块 ] --> B[ 分类规则 ]
    A --> C[ 分类模型 ]

    D[ 搜索与筛选模块 ] --> E[ 时间筛选 ]
    D --> F[ 发件人筛选 ]
    D --> G[ 关键词搜索 ]

    H[ 用户设置模块 ] --> I[ 筛选规则 ]
    H --> J[UI 交互 ]

    K[ 通知与同步模块 ] --> L[APNS 通知 ]
    K --> M[iCloud 同步 ]
```

Cursor 生成的架构图直观地展示了模块间的关系及功能点。

3. 生成技术方案

Prompt: 基于模块划分和架构图，生成 iOS 邮件筛选 App 的详细技术方案，包括功能描述、技术选型和数据流分析。

Cursor 生成的技术方案如下：

```
### iOS 邮件筛选 App 技术方案

#### 一、系统概述
本 App 致力于提升用户的邮件管理效率，通过自动分类、灵活筛选、自定义规则等功能，提供便捷的邮件管理体验。

#### 二、模块功能及技术选型
1. 邮件分类模块：
   - 功能：自动将邮件归类到指定目录。
   - 技术选型：使用 CoreML 加载训练好的分类模型，通过邮件内容和元数据进行预测。

2. 搜索与筛选模块：
   - 功能：支持按时间、发件人和关键词进行邮件筛选。
   - 技术选型：SQLite 存储邮件元数据，使用优化查询语句实现高效搜索。
```

```
3. 用户设置模块:
   - 功能:用户可通过 UI 自定义筛选规则，并保存到本地。
   - 技术选型:使用 UserDefaults 持久化设置，支持规则的快速读取和修改。

4. 通知与同步模块:
   - 功能:通过推送通知提醒重要邮件，并支持多设备同步筛选规则。
   - 技术选型:结合 APNS 进行实时推送，iCloud 同步用户数据。

#### 三、数据流分析
1. 邮件分类数据流:
   - 邮件接收后，调用 CoreML 模型进行分类。
   - 分类结果存储到 SQLite 数据库，并更新 UI 展示。

2. 搜索与筛选数据流:
   - 用户输入搜索条件，App 通过 SQLite 查询元数据，返回匹配的邮件列表。

3. 用户设置数据流:
   - 用户自定义规则，通过 UI 提交后存储到 UserDefaults。
   - 规则同步至 iCloud，确保多设备一致性。

4. 通知与同步数据流:
   - 重要邮件触发推送通知，使用 APNS 发送到用户设备。
   - 用户规则通过 iCloud 同步，保证多设备实时更新。

#### 四、系统部署
- 开发环境:Xcode14、Swift5。
- 架构设计:MVC 模式，确保代码清晰和易于维护。
- 数据安全:邮件数据加密存储，采用 AES 算法保护用户隐私。
```

4. 验证生成文档的完整性

接下来借助 Cursor 的文档验证功能，检查生成的文档是否满足完整性要求。

Prompt: 验证上述系统架构文档，检查其是否包含模块功能、技术选型、数据流和安全性分析。

Cursor 给出的验证结果如下：

```
文档验证结果:
1. 模块功能:完整，涵盖邮件分类、搜索筛选、用户设置和通知模块。
2. 技术选型:明确，描述了每个模块的核心技术。
3. 数据流:详细，分析了邮件分类、搜索、设置和通知的完整数据流。
4. 安全性分析:包含，采用 AES 算法确保数据安全。
```

我们将之前获得的相关内容进行整合，即可得到完整的系统架构文档如下：

```
### iOS 邮件筛选 App 架构文档

#### 一、系统概述
本 App 通过邮件分类、筛选、自定义规则和通知同步功能，提供高效的邮件管理服务。

#### 二、系统模块划分
1. 邮件分类模块:CoreML 分类，分类结果存储至 SQLite。
```

```
2. 搜索与筛选模块：优化查询语句，支持多条件筛选。
3. 用户设置模块：提供自定义规则设置，支持多设备同步。
4. 通知与同步模块：实时推送和 iCloud 数据同步。

#### 三、技术方案
详见上节技术方案描述。

#### 四、架构图
（插入 Mermaid 生成的架构图）

#### 五、安全性分析
1. 数据存储：邮件数据加密，防止泄露。
2. 网络传输：使用 HTTPS 加密通信，保护用户隐私。
```

用户通过 Cursor 可以快速生成完整的系统架构文档。从需求描述到模块划分，再到技术方案和架构图，全流程实现了高效、专业化的文档生成，这种方法适用于各种复杂系统的架构设计，可以显著提升开发效率与文档质量。

3.2 API 与接口文档生成

在现代软件开发中，清晰准确的 API 与接口文档是系统开发和协作的核心环节。借助 AI 工具，我们可以快速生成 RESTful API 文档和 GraphQL 文档，并实现代码与文档的同步更新。本节将深入探讨如何利用 AI 生成高质量的接口文档，展示 Cursor 在文档生成与维护中的实际应用，帮助开发者提高接口设计和维护的效率，为系统的高效开发和团队协作提供有力的支持。

3.2.1 使用 Cursor 生成 RESTful API 文档和 GraphQL 文档

Cursor 可以帮助我们快速生成 RESTful API 文档和 GraphQL 文档，并确保文档与代码的高度一致性。通过设计精准的 Prompt，结合 Cursor 的代码生成和文档集成功能，可显著提升 API 开发的效率和文档的质量。

【例 3-3】通过开发一个图书管理系统，展示如何使用 Cursor 生成 RESTful API 文档和 GraphQL 文档。

本例的目标是为图书管理系统开发以下功能。

- 添加图书：提交书名、作者和 ISBN，并将这些信息存储到数据库。
- 查询图书：支持按 ISBN 或书名查询图书信息。
- 删除图书：根据 ISBN 删除图书记录。

1. 定义 API 端点

Prompt: 为图书管理系统生成 RESTful API 端点，包含添加图书、查询图书和删除图书的功能，使用 OpenAPI 格式描述。

Cursor 生成的代码如下：

```yaml
openapi: 3.0.0
info:
  title: 图书管理系统 API
  version: 1.0.0
paths:
  /books:
    post:
      summary: 添加图书
      description: 添加一本新的图书记录。
      requestBody:
        required: true
        content:
          application/json:
            schema:
              type: object
              properties:
                title:
                  type: string
                author:
                  type: string
                isbn:
                  type: string
              required:
                - title
                - author
                - isbn
      responses:
        '201':
          description: 图书添加成功
    get:
      summary: 查询图书
      description: 根据书名或 ISBN 查询图书信息。
      parameters:
        - name: title
          in: query
          schema:
            type: string
          required: false
        - name: isbn
          in: query
          schema:
            type: string
          required: false
      responses:
        '200':
          description: 查询成功
  /books/{isbn}:
    delete:
```

```
      summary: 删除图书
      description: 根据 ISBN 删除图书记录。
      parameters:
        - name: isbn
          in: path
          schema:
            type: string
          required: true
      responses:
        '200':
          description: 图书删除成功
```

【分析与性能评估】

• 代码功能情况：Cursor 生成的代码提供了添加、查询、删除图书的完整 API 描述。

• 满足 OpenAPI 格式：以上代码使用了标准化的 OpenAPI 格式描述 API，便于后续文档的生成和代码的维护与扩展。

2. 自动生成 RESTful API 文档

接下来，使用 Swagger UI 工具或其他 OpenAPI 文档工具将 Cursor 生成的描述文件转化为可视化文档。可视化文档的典型用途如下所示。

• 端点描述：展示每个端点的请求方法、参数、响应。

• 交互功能：开发者可直接在文档中测试 API。

3. 定义 GraphQL 架构

Prompt: 为图书管理系统生成 GraphQL 架构，支持添加、查询和删除图书的功能，并生成对应的查询和变更文档。

Cursor 生成的代码如下：

```
type Book {
  title: String!
  author: String!
  isbn: String!
}

type Query {
  getBookByTitle(title: String!): Book
  getBookByISBN(isbn: String!): Book
}

type Mutation {
  addBook(title: String!, author: String!, isbn: String!): Book
  deleteBook(isbn: String!): String
}

schema {
  query: Query
  mutation: Mutation
}
```

【分析与性能评估】

• 核心功能：在上述代码中，GraphQL 架构包含查询（Query）和变更（Mutation）两部分，涉及图书的添加、查询和删除。

• 字段描述：上述代码清晰地定义了每个字段的类型和必需属性。

4. 自动生成 GraphQL 文档

Prompt: 为上述 GraphQL 架构生成查询和变更的示例文档。

Cursor 生成的代码如下：

```
# 查询图书示例
query {
  getBookByTitle(title: "Programming in Python") {
    title
    author
    isbn
  }
}

query {
  getBookByISBN(isbn: "978-3-16-148410-0") {
    title
    author
  }
}

# 添加图书示例
mutation {
   addBook(title: "Programming in Python", author: "John Doe", isbn: "978-3-16-148410-0") {
    title
    author
    isbn
  }
}

# 删除图书示例
mutation {
  deleteBook(isbn: "978-3-16-148410-0")
}
```

Cursor 快速生成了 RESTful API 和 GraphQL 文档，涵盖 API 端点定义、数据结构描述和交互示例。如果进一步结合标准化工具，还可以将 Cursor 生成的文档转化为开发、测试、维护的重要依据，为系统开发提供高效的接口设计支持。这种方法适用于所有需要精确化 API 描述的项目开发场景。

3.2.2 结合 Copilot 和 Cursor 实现代码与文档同步更新

代码与文档的同步更新是现代软件开发中的重要环节，能够确保代码实现与文档描述一致，减少维护成本和沟通误差。利用 Cursor 与 AI 结合的强大能力，可以实现代码与文档的自动化同步，无论是在 RESTful API 还是在 GraphQL 项目中，都能显著提升开发效率。

【例 3-4】围绕 3.2.1 节的图书管理系统，详细讲解如何结合 Cursor 实现代码与文档的同步更新。

图书管理系统的功能和接口在开发过程中可能会发生变化，常见的需求如下。

（1）添加新功能或更新现有 API。

（2）自动更新文档以反映代码的最新状态。

（3）生成测试用例，验证 API 的正确性。

借助 Cursor 的代码提示和代码生成能力，可以快速完成这些任务，并确保文档与代码的一致性。

1. 在 Cursor 中定义代码与文档同步的逻辑

Prompt： 为图书管理系统生成添加图书的 RESTful API 代码，并同步生成 OpenAPI 文档描述。

Cursor 生成的代码如下：

```
// 添加图书的 RESTful API 代码
import org.springframework.web.bind.annotation.*;

@RestController
@RequestMapping("/books")
public class BookController {

    @PostMapping
    public String addBook(@RequestBody Book book) {
        // 模拟添加图书的逻辑
        return "Book with title " + book.getTitle() + " added successfully!";
    }
}
```

Cursor 生成的同步文档如下：

```
paths:
  /books:
    post:
      summary: 添加图书
      description: 添加一本新的图书记录。
      requestBody:
        required: true
        content:
          application/json:
```

```
          schema:
            type: object
            properties:
              title:
                type: string
              author:
                type: string
              isbn:
                type: string
            required:
              - title
              - author
              - isbn
      responses:
        '201':
          description: 图书添加成功
```

2. 代码更新时同步更新文档

在实际应用场景中，由于需求可能发生变更，需要对添加图书这一功能进行调整，使系统在添加图书时返回新增图书的详细信息，而不是仅返回添加成功的消息。

Prompt: 更新图书管理系统的添加图书 API 代码，使其返回新增图书的详细信息，并同步更新 OpenAPI 文档。

Cursor 更新后的代码如下：

```
@PostMapping
public Book addBook(@RequestBody Book book) {
    // 模拟添加图书逻辑
    return book; // 返回新增图书的详细信息
}
```

Cursor 同步更新的文档如下：

```
paths:
  /books:
    post:
      summary: 添加图书
      description: 添加一本新的图书记录，并返回图书的详细信息。
      requestBody:
        required: true
        content:
          application/json:
            schema:
              type: object
              properties:
                title:
                  type: string
                author:
                  type: string
                isbn:
```

```
                type: string
              required:
                - title
                - author
                - isbn
      responses:
        '201':
          description: 图书添加成功
          content:
            application/json:
              schema:
                type: object
                properties:
                  title:
                    type: string
                  author:
                    type: string
                  isbn:
                    type: string
```

3．代码变更时自动生成测试用例

在实际应用场景中，我们需要为更新后的 API 自动生成单元测试，以便验证新增功能的正确性。

Prompt: 为添加图书的 API 自动生成 JUnit 测试用例，并验证返回的图书信息是否正确。

Cursor 生成的测试代码如下：

```
import org.junit.jupiter.api.Test;
import org.springframework.http.HttpStatus;
import org.springframework.http.ResponseEntity;
import org.springframework.web.client.RestTemplate;

import static org.junit.jupiter.api.Assertions.*;

class BookControllerTest {

    @Test
    void testAddBook() {
        RestTemplate restTemplate = new RestTemplate();
        String url = "http://localhost:8080/books";

        Book book = new Book("Effective Java", "Joshua Bloch", "9780134685991");
        ResponseEntity<Book> response = restTemplate.postForEntity(url, book, Book.
class);

        assertEquals(HttpStatus.CREATED, response.getStatusCode());
        assertNotNull(response.getBody());
        assertEquals("Effective Java", response.getBody().getTitle());
        assertEquals("Joshua Bloch", response.getBody().getAuthor());
```

```
        assertEquals("9780134685991", response.getBody().getIsbn());
    }
}
```

4. 同步 GraphQL 代码与文档

在实际应用场景中，我们需要为图书管理系统生成 GraphQL 的新增图书功能代码，并同步更新文档。

Prompt: 为图书管理系统生成添加图书的 GraphQL Mutation 代码，并同步生成 GraphQL 文档。

Cursor 生成的代码如下：

```
type Mutation {
  addBook(title: String!, author: String!, isbn: String!): Book
}
```

Cursor 生成的同步文档如下：

```
# 添加图书示例
mutation {
  addBook(title: "Effective Java", author: "Joshua Bloch", isbn: "9780134685991") {
    title
    author
    isbn
  }
}
```

借助 Cursor，我们可以同时实现代码更新和文档同步。这不仅能大幅减少手动维护的工作量，还能确保代码和文档的一致性。这种做法在实时同步、测试覆盖和多协议支持等方面优势尤为明显。例如，在实时同步方面，代码变更时可自动更新对应的文档；在测试覆盖方面，可自动生成测试用例，确保功能的正确性；在多协议支持方面，可同时支持 RESTful API 和 GraphQL 文档的生成。这种方法在 API 密集型项目中尤为高效，显著提升了开发和维护的整体质量与效率。

3.3 开发项目计划与代码质量管理

开发项目的成功实施离不开清晰的项目计划和高质量的代码管理。通过借助 AI 工具，我们可以快速生成详细的项目计划书，明确任务分配和时间节点，同时在开发过程中对代码质量进行智能评估，识别潜在问题并提供优化建议。

本节将介绍如何利用 AI 工具辅助编写项目计划书并进行任务分配，以及如何通过 AI 工具自动化评估代码质量，帮助团队实现高效协作与高质量交付，为项目管理与技术实现提供全方位的支持。

3.3.1 使用 GPT-4 辅助编写项目计划书并完成任务分配

GPT-4 具备强大的语言处理能力，能够高效地生成清晰、结构化的项目计划书，同时在任务分配与资源管理方面提供有力的协助。将 GPT-4 和项目管理工具相结合，可以快速生成全面的开发计划，明确任务优先级和分工。

【例 3-5】通过开发一个在线教育平台，详细讲解如何使用 GPT-4 辅助完成项目计划书的编写和任务分配。

本例的目标是为一个在线教育平台编写开发项目计划书，并明确以下内容。

- 项目目标和范围。
- 主要模块及功能划分。
- 时间节点及任务分配。
- 资源需求及风险管理。

1. 明确项目目标和范围

Prompt: 为一个在线教育平台编写项目计划书，包含项目目标和范围。

GPT-4 生成的项目计划书如下：

```
### 项目目标
开发一个功能全面的在线教育平台，提供课程管理、实时互动、用户管理和数据统计等服务，满足教育机构和个人学习者的需求。

### 项目范围
1. 用户管理：支持用户注册、登录、权限分配。
2. 课程管理：支持课程的创建、编辑、删除，以及视频资源的上传与管理。
3. 实时互动：提供课程直播、问答互动和讨论功能。
4. 数据统计：记录学习行为，生成学习报告。
```

2. 列出主要模块及功能

Prompt: 为在线教育平台的项目计划书列出主要模块和功能，并结合任务分解。

GPT-4 为项目计划书列出的主要模块和功能如下：

```
### 主要模块与任务分解
1. 用户管理模块
   - 用户注册功能开发（2 天）
   - 用户登录功能开发（1 天）
   - 权限管理逻辑实现（2 天）

2. 课程管理模块
   - 课程创建功能开发（3 天）
   - 视频资源上传功能集成（3 天）
   - 课程编辑与删除功能实现（2 天）

3. 实时互动模块
   - 直播功能开发（5 天）
   - 实时问答功能开发（3 天）
```

```
    - 讨论区实现（2 天）

4. 数据统计模块
    - 学习行为数据收集（3 天）
    - 学习报告生成模块开发（4 天）
```

3. 明确时间节点与任务分工

Prompt: 根据项目计划书列出的主要模块和功能生成时间节点及任务分工，并以表格形式输出。

GPT-4 整理完成的表格如表 3-1[1] 所示。

表 3-1 时间节点与任务分工

任务	负责人	预计时长	开始日期	结束日期
用户注册功能开发	Alice	2 天	2024/1/1	2024/1/2
用户登录功能开发	Bob	1 天	2024/1/3	2024/1/3
权限管理逻辑实现	Alice	2 天	2024/1/4	2024/1/5
课程创建功能开发	Charlie	3 天	2024/1/6	2024/1/8
视频资源上传功能集成	Bob	3 天	2024/1/9	2024/1/11
直播功能开发	Alice	5 天	2024/1/12	2024/1/16
学习行为数据收集	Charlie	3 天	2024/1/17	2024/1/19
学习报告生成模块开发	Bob	4 天	2024/1/20	2024/1/23

4. 明确风险管理与资源需求

Prompt: 为项目计划书添加风险管理和资源需求分析。

GPT-4 生成的风险管理和资源需求情况如下：

```
### 风险管理
1. 技术风险：实时互动模块可能遇到性能瓶颈，需在开发初期进行性能测试。
2. 进度风险：任务延误可能导致后续模块开发受阻，应制订备用时间计划。
3. 资源风险：团队技术人员分工不足可能影响任务分配，需要引入外部资源。

### 资源需求
1. 开发工具：Xcode、Postman、AWS 云服务。
2. 技术人员：3 名开发人员，2 名前端开发，1 名后端开发。
3. 测试资源：1 名测试工程师，模拟多用户场景。
```

结合 GPT-4 给出的项目计划书，我们了解到，该项目计划书包含项目目标、项目范围、任务分解、时间节点和风险管理等。GPT-4 在明确需求、快速生成内容和优化输出格式方面具有显著优势，在具体的场景中可以大幅提升项目计划的编写效率。这种方法适用于在各类开发项目中为团队提供清晰的计划和任务分配依据。

1 表 3-1 已经过人工梳理和美化，并非 GPT-4 原样输出的版本。

3.3.2 利用 Cursor+GPT-4 评估代码质量

在软件开发中，代码质量直接影响系统的性能、可维护性和可扩展性。在本节中，我们结合 Cursor 和 GPT-4，对代码进行智能化的质量评估，包括逻辑正确性、安全性、性能优化、代码规范等多个维度。

【例 3-6】围绕前面开发的图书管理系统 RESTful API，详细讲解如何利用 Cursor 和 GPT-4 评估代码质量，识别问题并提供优化建议。

1. 明确代码质量评估的关键维度

代码质量评估的关键维度如下。

- 逻辑正确性：检查代码逻辑是否符合业务需求，是否存在边界条件处理不当的问题。
- 安全性：识别潜在的安全漏洞，例如未对用户输入进行验证或存在 SQL 注入攻击风险等。
- 性能优化：评估代码的时间复杂度和空间复杂度，发现可能的性能瓶颈。
- 代码规范：确保代码符合编码规范，包括命名规则、注释清晰度和结构化程度。
- 可扩展性和可维护性：检查代码是否支持未来的功能扩展，模块间的耦合度是否合理。

2. 初步检查代码质量

以 3.2.1 节中添加图书 API 的代码为例，我们首先通过 Cursor 加载代码并进行初步分析。

Prompt: 分析以下代码的质量，从逻辑正确性、安全性和规范性三个方面进行评估，并提出优化建议：

```
@RestController
@RequestMapping("/books")
public class BookController {

    @PostMapping
    public String addBook(@RequestBody Book book) {
        // 模拟添加图书逻辑
        return "Book with title " + book.getTitle() + " added successfully!";
    }
}
```

GPT-4 生成的评估结果如下：

```
### 代码质量评估

#### 一、逻辑正确性
1. 缺少输入校验：当前代码未验证 `Book` 对象的字段（如 `title` 和 `isbn` 是否为空）。
2. 缺少错误处理：未考虑可能出现的异常情况（如数据库连接失败）。

#### 二、安全性
1. 未对用户输入进行验证，可能导致 SQL 注入攻击或数据完整性问题。
2. 建议使用 DTO（数据传输对象）封装输入数据，增加安全性。

#### 三、代码规范
```

```
1. 返回的成功消息为硬编码，不利于多语言支持。
2. 缺少必要的注释，尤其是方法的功能描述。

#### 优化建议
1. 添加输入校验逻辑，确保 `Book` 对象的字段有效。
2. 使用标准化的响应结构（如 HTTP 状态码 + 消息体）。
3. 增加异常处理，捕获潜在错误并返回友好提示。
```

我们可以结合 GPT-4 的评估意见，再通过 Cursor 对代码进行优化：

```
@RestController
@RequestMapping("/books")
public class BookController {

    @PostMapping
    public ResponseEntity<?> addBook(@RequestBody Book book) {
        // 输入校验
        if (book.getTitle() == null || book.getAuthor() == null || book.getIsbn()
== null) {
            return ResponseEntity.badRequest().body("Invalid book data");
        }

        try {
            // 模拟添加图书逻辑
            return ResponseEntity.status(HttpStatus.CREATED).body(book);
        } catch (Exception e) {
            return ResponseEntity.status(HttpStatus.INTERNAL_SERVER_ERROR).
body("Error adding book");
        }
    }
}
```

经过优化的代码，其改进点涉及以下几个方面。

- 增加了输入校验，确保数据的完整性。
- 使用 ResponseEntity 返回标准化的 HTTP 响应。
- 添加了异常处理机制，提升代码的健壮性。

为了更好地解决安全性问题，我们还需要通过 Cursor 对代码中的用户输入进行进一步验证。

Prompt: 分析以下代码中的安全性问题，检查是否存在潜在的 SQL 注入攻击风险，并给出改进方案。

GPT-4 生成的建议如下：

```
当前代码未对用户输入进行防护，建议使用 DTO（数据传输对象）和字段验证框架（如 Hibernate
Validator）进行数据校验。同时，在实际的数据库操作中，建议使用 PreparedStatement 或 ORM 框架避免
SQL 注入攻击。
```

改进后的代码（来自 Cursor）如下：

```
import javax.validation.Valid;
import javax.validation.constraints.NotBlank;
```

```
public class BookDTO {
    @NotBlank(message = "Title is required")
    private String title;

    @NotBlank(message = "Author is required")
    private String author;

    @NotBlank(message = "ISBN is required")
    private String isbn;

    // Getters and setters
}

@PostMapping
public ResponseEntity<?> addBook(@Valid @RequestBody BookDTO bookDTO) {
    // 模拟添加图书逻辑
    return ResponseEntity.status(HttpStatus.CREATED).body(bookDTO);
}
```

接下来，我们借助 AI 工具分析代码性能，借此识别代码中潜在的性能瓶颈，并通过 Cursor 对其进行优化。

Prompt: 分析以下代码的性能问题，考虑其是否适合高并发环境，并给出优化建议。

GPT-4 的评估结果如下：

```
### 性能评估
1. 当前实现为单实例 Controller，需确保线程安全。
2. 如果涉及数据库操作，建议优化查询语句并引入缓存机制。

### 优化建议
1. 在高并发场景下，使用 Spring 的异步处理能力或引入线程池。
2. 为静态数据（如图书分类）使用 Redis 缓存以减少数据库压力。
```

Prompt: 基于优化后的代码，生成一份代码质量评估报告，包括逻辑正确性、安全性、性能优化和可维护性。

GPT-4 生成的评估报告如下：

```
### 代码质量评估报告

#### 一、逻辑正确性
优化后代码增加了数据校验和异常处理，确保了输入数据的完整性与错误提示的友好性。

#### 二、安全性
通过引入 DTO 和字段验证框架，显著降低了潜在的 SQL 注入攻击风险，提升了数据安全性。

#### 三、性能优化
建议结合 Redis 缓存和异步处理技术，以满足高并发场景的性能需求。

#### 四、可维护性
```

代码模块化程度提高，方法职责明确，易于未来的功能扩展与维护。

以上通过 Cursor 结合 GPT-4 完成了代码质量评估，这种方法能够快速发现代码中的潜在问题并给出针对性优化建议，从逻辑正确性到安全性，再到性能优化与可维护性，全面提升代码质量。这种方法适用于各种开发场景，特别是在需要快速交付且对质量要求较高的项目中，极具实用价值。

3.4 本章小结

本章围绕 AI 工具在技术文档编写、接口设计和代码质量管理中的应用进行了系统性讲解。我们可以借助 AI 工具快速生成 RESTful API 与 GraphQL 文档，实现代码与文档的同步更新，确保文档准确反映代码实现。此外，本章还探讨了利用 AI 工具编写项目计划书、明确任务分工，以及通过智能评估意见提升代码质量的具体方法。本章结合实际案例，展示了 AI 工具在开发全流程中的高效支持，提供了从计划到实施的完整解决方案，为项目管理和代码开发的规范化与高质量奠定了基础。

第二部分

AI 辅助编程开发实战

该部分系统阐述 AI 工具在客户端开发、前端优化、后端设计与性能调优中的具体实践，展示 AI 工具如何优化开发流程并提升代码质量。

第 4 章和第 5 章深入解析 AI 在客户端和前端开发中的应用，通过结合 Cursor 和 Copilot，展示如何快速生成跨平台移动应用的代码，实现高效的 UI 布局，以及优化 Vue 和 React 项目的开发流程。

第 6 章聚焦后端开发的核心功能模块设计，涵盖接口开发、CRUD 实现及数据库操作的自动化生成方法，并通过实际案例展示如何利用 AI 工具辅助生成接口文档与测试用例。

第 7 章将测试与调试作为重点，讲解如何通过 AI 工具辅助编写自动化测试用例、集成测试框架，并结合实际项目调试复杂的逻辑错误与性能瓶颈。

第 8 章和第 9 章扩展至更复杂的技术领域，分别探讨 AI 工具在数据结构优化与并发处理、异步编程和图像优化中的应用。

第 10 章总结代码质量控制的核心方法，包括静态分析、代码审查与优化策略，通过代码补全与代码提示功能，高效实现代码的标准化，提高代码的可维护性。

第 4 章 客户端编程开发实战

客户端开发在软件开发领域占据重要的地位，涉及用户界面交互设计、数据处理和设备性能优化等多个层面。借助 AI 工具，客户端编程的效率与质量得以大幅提升。无论是在代码生成、错误修复，还是在功能优化方面，AI 工具均表现出强大的辅助能力。

本章将围绕 Android 与 iOS 开发的实际需求，探讨如何利用 Cursor 和 Copilot 生成高质量的客户端代码，解决复杂问题并实现高效的调试。同时，结合实际案例，充分展示 AI 工具在客户端开发中的实用价值和核心技术方法。

4.1 基于 Cursor 的 Android 开发

在 Android 应用开发中，基础代码的快速生成与用户界面（User Interface, UI）的性能优化是两个重要环节。通过 Cursor 的代码提示与代码生成功能，开发者可以快速创建 Activity 和 Fragment 的基础代码结构，并通过 AI 工具辅助优化 UI 布局，提升应用性能。

本节将以实际案例为基础，详细讲解如何利用 Cursor 高效开发 Android 应用，从基础代码生成到 UI 布局优化，全面提升开发效率与应用质量，为 Android 开发提供强有力的技术支持。

4.1.1 自动生成 Android 应用开发的基础代码

在 Android 应用开发中，Activity 和 Fragment 是非常基础的组件，负责管理应用的 UI 和交互逻辑。利用 Cursor 的代码生成功能，我们可以快速创建 Activity 和 Fragment 的基础代码，并确保生成的代码符合 Android 开发的最佳实践。

【例 4-1】使用 Cursor 生成 Activity 和 Fragment 代码，从模板构建到功能扩展，为高效开发奠定基础。

以开发一个简单的新闻阅读应用为例，该应用需要具备以下功能。

- 主界面显示新闻列表（Activity）。
- 单击新闻标题后跳转至详细的内容页面（Fragment）。
- 符合 Material Design 风格。

1. 创建 Activity

Prompt: 生成一段 Android Activity 代码，用于显示新闻列表，采用 RecyclerView 实现。

Cursor 生成的代码如下：

```
import android.os.Bundle;
import androidx.appcompat.app.AppCompatActivity;
import androidx.recyclerview.widget.LinearLayoutManager;
import androidx.recyclerview.widget.RecyclerView;
import java.util.ArrayList;
import java.util.List;

public class NewsListActivity extends AppCompatActivity {

    private RecyclerView recyclerView;
    private NewsAdapter newsAdapter;
    private List<String> newsList;

    @Override
    protected void onCreate(Bundle savedInstanceState) {
        super.onCreate(savedInstanceState);
        setContentView(R.layout.activity_news_list);

        recyclerView = findViewById(R.id.recyclerView);
        recyclerView.setLayoutManager(new LinearLayoutManager(this));

        // Initialize news list
        newsList = new ArrayList<>();
        newsList.add("Breaking News: AI Revolution");
        newsList.add("Tech Update: New Android Features");
        newsList.add("Market Watch: Stock Prices Soar");

        newsAdapter = new NewsAdapter(newsList);
        recyclerView.setAdapter(newsAdapter);
    }
}
```

【性能评估与调整思路】

- 功能清晰：上述代码生成了展示新闻列表的基本代码逻辑，并采用 RecyclerView 实现。
- 调整思路：可在 Prompt 中进一步指定“添加单击事件”或“集成 Material Design 组件”。

2. 创建 Fragment

Prompt: 生成一段 Android Fragment 代码，用于显示新闻的详细内容，包括标题和正文。

Cursor 生成的代码如下：

```
import android.os.Bundle;
import android.view.LayoutInflater;
import android.view.View;
import android.view.ViewGroup;
```

```java
    import android.widget.TextView;
    import androidx.annotation.NonNull;
    import androidx.annotation.Nullable;
    import androidx.fragment.app.Fragment;

    public class NewsDetailFragment extends Fragment {

        private static final String ARG_TITLE = "title";
        private static final String ARG_CONTENT = "content";

        private String title;
        private String content;

        public static NewsDetailFragment newInstance(String title, String content) {
            NewsDetailFragment fragment = new NewsDetailFragment();
            Bundle args = new Bundle();
            args.putString(ARG_TITLE, title);
            args.putString(ARG_CONTENT, content);
            fragment.setArguments(args);
            return fragment;
        }

        @Nullable
        @Override
        public View onCreateView(@NonNull LayoutInflater inflater, @Nullable ViewGroup
container, @Nullable Bundle savedInstanceState) {
            View view = inflater.inflate(R.layout.fragment_news_detail, container, false);

            TextView titleView = view.findViewById(R.id.titleTextView);
            TextView contentView = view.findViewById(R.id.contentTextView);

            if (getArguments() != null) {
                title = getArguments().getString(ARG_TITLE);
                content = getArguments().getString(ARG_CONTENT);
            }

            titleView.setText(title);
            contentView.setText(content);

            return view;
        }
    }
```

【分析与性能评估】

- 数据传递：上述代码通过 Bundle 传递数据，符合 Fragment 开发的最佳实践。
- 灵活性：上述代码提供了 newInstance() 方法，可灵活地创建带参数的 Fragment。

3. 生成 UI 布局文件

接下来，使用 Cursor 生成对应的 XML 布局文件。

Prompt: 为 RecyclerView 生成一个简单的列表项布局文件，并为 Fragment 生成显示标题和正文的布局文件。

标题的布局文件 activity_news_list.xml：

```
<androidx.recyclerview.widget.RecyclerView
    xmlns:android="http://schemas.android.com/apk/res/android"
    android:id="@+id/recyclerView"
    android:layout_width="match_parent"
    android:layout_height="match_parent"
    android:padding="16dp" />
```

正文的布局文件 fragment_news_detail.xml：

```
<LinearLayout
    xmlns:android="http://schemas.android.com/apk/res/android"
    android:layout_width="match_parent"
    android:layout_height="match_parent"
    android:orientation="vertical"
    android:padding="16dp">

    <TextView
        android:id="@+id/titleTextView"
        android:layout_width="wrap_content"
        android:layout_height="wrap_content"
        android:textSize="18sp"
        android:textStyle="bold"
        android:paddingBottom="8dp" />

    <TextView
        android:id="@+id/contentTextView"
        android:layout_width="wrap_content"
        android:layout_height="wrap_content"
        android:textSize="16sp" />
</LinearLayout>
```

接下来，通过 Cursor 继续扩展功能，添加单击事件与导航。

Prompt: 为 RecyclerView 的列表项添加单击事件，实现从 Activity 跳转到 Fragment 的功能。

Cursor 生成的代码如下：

```
// 在 NewsAdapter 中实现单击事件
public class NewsAdapter extends RecyclerView.Adapter<NewsAdapter.NewsViewHolder> {

    private List<String> newsList;
    private OnItemClickListener listener;

    public interface OnItemClickListener {
        void onItemClick(String newsTitle);
    }

    public NewsAdapter(List<String> newsList, OnItemClickListener listener) {
```

```
            this.newsList = newsList;
            this.listener = listener;
        }

        @NonNull
        @Override
        public NewsViewHolder onCreateViewHolder(@NonNull ViewGroup parent, int viewType) {
            View view = LayoutInflater.from(parent.getContext()).inflate(android.R.layout.
simple_list_item_1, parent, false);
            return new NewsViewHolder(view);
        }

        @Override
        public void onBindViewHolder(@NonNull NewsViewHolder holder, int position) {
            String newsTitle = newsList.get(position);
            holder.textView.setText(newsTitle);
            holder.itemView.setOnClickListener(v -> listener.onItemClick(newsTitle));
        }

        @Override
        public int getItemCount() {
            return newsList.size();
        }

        static class NewsViewHolder extends RecyclerView.ViewHolder {
            TextView textView;

            public NewsViewHolder(@NonNull View itemView) {
                super(itemView);
                textView = itemView.findViewById(android.R.id.text1);
            }
        }
    }
```

在 Activity 中处理单击事件，代码如下：

```
    newsAdapter = new NewsAdapter(newsList, newsTitle -> {
        NewsDetailFragment fragment = NewsDetailFragment.newInstance(newsTitle,
"Detailed content for " + newsTitle);
        getSupportFragmentManager().beginTransaction()
            .replace(R.id.fragment_container, fragment)
            .addToBackStack(null)
            .commit();
    });
    recyclerView.setAdapter(newsAdapter);
```

借助 Cursor，开发者可以快速生成 Activity 和 Fragment 的基础代码，以及相关的布局文件和扩展功能代码。从数据展示到页面跳转，Cursor 显著提高了程序开发的效率，并确保代码遵循 Android 开发的最佳实践，为构建复杂的客户端应用提供了坚实的基础。

4.1.2 使用 AI 工具优化 UI 布局与性能

在 Android 应用开发中，UI 布局的设计和性能优化是提高用户体验的关键环节。通过借助 Cursor，我们可以自动识别布局中的潜在性能问题，并提出优化建议，如减少布局嵌套、优化绘制性能、使用高效组件等。

【例 4-2】使用 Cursor 优化 Android 应用的 UI 布局与性能，并提供高效、实用的优化方法。

以开发一个新闻阅读 App 为例，其主界面的 UI 设计需满足以下需求。

- 使用列表显示新闻的标题及摘要。
- 单击某条新闻时，可跳转到详细内容界面，显示标题、正文和图片。
- 界面操作响应需流畅，支持低配置设备。

1. 优化 RecyclerView 列表项布局

原始布局代码如下：

```
<LinearLayout
    xmlns:android="http://schemas.android.com/apk/res/android"
    android:layout_width="match_parent"
    android:layout_height="wrap_content"
    android:orientation="vertical">

    <TextView
        android:id="@+id/newsTitle"
        android:layout_width="wrap_content"
        android:layout_height="wrap_content"
        android:textSize="18sp"
        android:textStyle="bold" />

    <TextView
        android:id="@+id/newsSummary"
        android:layout_width="wrap_content"
        android:layout_height="wrap_content"
        android:textSize="14sp"
        android:paddingTop="4dp" />
</LinearLayout>
```

通过对原始布局代码进行分析，我们发现由于上述代码中的 LinearLayout 存在嵌套，可能影响列表的滑动性能，因此需要对其进行优化。

Prompt: 优化 RecyclerView 列表项布局代码，减少嵌套并提升性能。

Cursor 生成的优化代码如下：

```
<ConstraintLayout
    xmlns:android="http://schemas.android.com/apk/res/android"
    android:layout_width="match_parent"
    android:layout_height="wrap_content">

    <TextView
```

```
        android:id="@+id/newsTitle"
        android:layout_width="0dp"
        android:layout_height="wrap_content"
        android:textSize="18sp"
        android:textStyle="bold"
        app:layout_constraintStart_toStartOf="parent"
        app:layout_constraintTop_toTopOf="parent"
        app:layout_constraintEnd_toEndOf="parent" />

    <TextView
        android:id="@+id/newsSummary"
        android:layout_width="0dp"
        android:layout_height="wrap_content"
        android:textSize="14sp"
        android:paddingTop="4dp"
        app:layout_constraintStart_toStartOf="parent"
        app:layout_constraintTop_toBottomOf="@id/newsTitle"
        app:layout_constraintEnd_toEndOf="parent" />
</ConstraintLayout>
```

在以上代码中，具体的优化策略是将 LinearLayout 替换为 ConstraintLayout，以此减少嵌套，提高布局性能。此外，优化后的代码还使用了约束属性，以确保布局更加灵活。

2. 优化详细内容界面布局

原始布局代码如下：

```
<ScrollView
    xmlns:android="http://schemas.android.com/apk/res/android"
    android:layout_width="match_parent"
    android:layout_height="match_parent">

    <LinearLayout
        android:layout_width="match_parent"
        android:layout_height="wrap_content"
        android:orientation="vertical">

        <TextView
            android:id="@+id/newsTitle"
            android:layout_width="wrap_content"
            android:layout_height="wrap_content"
            android:textSize="20sp"
            android:textStyle="bold" />

        <ImageView
            android:id="@+id/newsImage"
            android:layout_width="match_parent"
            android:layout_height="200dp"
            android:scaleType="centerCrop" />

        <TextView
```

```
            android:id="@+id/newsContent"
            android:layout_width="wrap_content"
            android:layout_height="wrap_content"
            android:textSize="16sp"
            android:paddingTop="8dp" />
    </LinearLayout>
</ScrollView>
```

通过分析原始布局代码，我们发现了两个问题：一是滚动性能可能会受 LinearLayout 嵌套的影响；二是图片加载过程可能导致界面产生卡顿。我们继续通过 Cursor 对其进行优化。

Prompt: 优化详细内容界面的布局代码，减少嵌套，解决图片加载的性能问题。

Cursor 生成的优化代码如下：

```
<androidx.coordinatorlayout.widget.CoordinatorLayout
    xmlns:android="http://schemas.android.com/apk/res/android"
    android:layout_width="match_parent"
    android:layout_height="match_parent">

    <androidx.core.widget.NestedScrollView
        android:layout_width="match_parent"
        android:layout_height="match_parent">

        <ConstraintLayout
            android:layout_width="match_parent"
            android:layout_height="wrap_content">

            <TextView
                android:id="@+id/newsTitle"
                android:layout_width="0dp"
                android:layout_height="wrap_content"
                android:textSize="20sp"
                android:textStyle="bold"
                app:layout_constraintTop_toTopOf="parent"
                app:layout_constraintStart_toStartOf="parent"
                app:layout_constraintEnd_toEndOf="parent" />

            <ImageView
                android:id="@+id/newsImage"
                android:layout_width="0dp"
                android:layout_height="200dp"
                android:scaleType="centerCrop"
                app:layout_constraintTop_toBottomOf="@id/newsTitle"
                app:layout_constraintStart_toStartOf="parent"
                app:layout_constraintEnd_toEndOf="parent" />

            <TextView
                android:id="@+id/newsContent"
                android:layout_width="0dp"
                android:layout_height="wrap_content"
                android:textSize="16sp"
```

```
                    android:paddingTop="8dp"
                    app:layout_constraintTop_toBottomOf="@id/newsImage"
                    app:layout_constraintStart_toStartOf="parent"
                    app:layout_constraintEnd_toEndOf="parent" />
            </ConstraintLayout>
        </androidx.core.widget.NestedScrollView>
</androidx.coordinatorlayout.widget.CoordinatorLayout>
```

上述代码的优化策略是使用 NestedScrollView 替代 ScrollView，以增强兼容性；将 LinearLayout 嵌套替换为 ConstraintLayout，以减少性能损耗。针对图片加载问题，可结合 Glide 等库进行异步处理，以避免界面产生卡顿。

3. 性能优化的技术实践

（1）使用 RecyclerView ViewHolder 模式

通过优化 RecyclerView.Adapter 中的 onBindViewHolder() 方法，我们能够确保仅绑定当前可见项的数据。

优化示例（Java）：

```java
@Override
public void onBindViewHolder(@NonNull NewsViewHolder holder, int position) {
    String newsTitle = newsList.get(position);
    holder.titleTextView.setText(newsTitle);

    // 使用 Glide 异步加载图片
    Glide.with(holder.itemView.getContext())
        .load("https://example.com/news_image.jpg")
        .placeholder(R.drawable.placeholder)
        .into(holder.imageView);
}
```

通过对代码进行优化，可使系统避免执行不必要的视图刷新和资源加载操作，确保应用在处理大量数据时仍能保持高效运行。

（2）使用 Lottie 优化动画

我们了解到，使用 Lottie 替代传统帧动画，能够提升加载动画的流畅度和可维护性。Lottie 通过将动画数据存储为 JSON 文件，结合高效的矢量渲染技术，不仅显著缩减了动画资源的文件大小，还避免了传统帧动画因分辨率适配和帧率问题导致的卡顿现象。

Lottie 的使用也非常简单。开发者只需将设计好的动画导出为 JSON 文件，然后在代码中通过 LottieAnimationView 加载即可，代码示例如下：

```xml
<com.airbnb.lottie.LottieAnimationView
    android:id="@+id/animationView"
    android:layout_width="100dp"
    android:layout_height="100dp"
    app:lottie_autoPlay="true"
    app:lottie_loop="true"
    app:lottie_rawRes="@raw/animation" />
```

Lottie 不仅能呈现流畅的动画效果，还能显著降低开发和维护成本，是现代应用开发中优化动画体验的首选工具。Lottie 还支持动态控制动画的播放、暂停和进度，进一步提升了用户体验。

在实际应用中，将 Lottie 与 RecyclerView 结合使用，可以进一步提升性能表现。例如，在列表中加载动画时，Lottie 的轻量化特性可以确保列表滚动的流畅性，同时避免因动画资源过大导致的性能问题。

4.2 基于 Cursor 与 Copilot 的 iOS 应用开发

在 iOS 应用开发中，界面布局与性能优化是提升用户体验的关键环节。利用 Cursor 的代码生成功能，我们可以快速构建 SwiftUI 界面布局和视图控制器逻辑，同时结合 Copilot 的调试能力，有效解决性能瓶颈，优化资源的使用。

本节将详细探讨如何通过 Cursor 生成高效的 iOS 界面代码，以及如何利用 Copilot 进行性能问题的分析与优化，展示 AI 工具在 iOS 开发中的应用价值和技术实践。

4.2.1 用 Cursor 生成 SwiftUI 界面布局和视图控制器代码

SwiftUI 凭借其声明式语法和强大的灵活性成为现代 iOS 开发的核心技术之一。通过 Cursor 的代码生成功能，我们可以快速创建高效、清晰的 SwiftUI 界面布局和视图控制器代码。

【例 4-3】通过开发一个简单的任务管理应用，详细讲解如何利用 Cursor 生成界面布局和逻辑代码，并实现基本的用户交互功能。

本例的目标是开发一个任务管理应用，该应用包含以下功能。

- 显示任务列表的主界面。
- 添加新任务。
- 实现任务的完成状态切换。

1. 确定主界面布局

Prompt: 生成一个 SwiftUI 界面，用于显示任务列表（包含标题、任务内容），以及完成状态的切换。

Cursor 生成的代码如下：

```
import SwiftUI

struct TaskListView: View {
    @State private var tasks = [
        Task(title: "Complete project documentation", isCompleted: false),
        Task(title: "Prepare meeting presentation", isCompleted: true),
        Task(title: "Update app to latest SDK", isCompleted: false)
    ]
```

```
    var body: some View {
        NavigationView {
            List {
                ForEach(tasks.indices, id: \.self) { index in
                    HStack {
                        Text(tasks[index].title).strikethrough(tasks[index].
isCompleted, color: .gray).foregroundColor(tasks[index].isCompleted ? .gray : .black)
                        Spacer()
                        Button(action: {
                            tasks[index].isCompleted.toggle()})
                        {
                            Image(systemName: tasks[index].isCompleted ?
"checkmark.circle.fill" : "circle").foregroundColor(tasks[index].isCompleted ? .green : .gray)
                        }
                    }
                }
            }
            .navigationTitle("Task List")
            .toolbar {
                ToolbarItem(placement: .navigationBarTrailing) {
                    Button("Add Task") {
                        // Add task logic to be implemented
                    }
                }
            }
        }
    }

    struct Task: Identifiable {
        let id = UUID()
        var title: String
        var isCompleted: Bool
    }

    struct TaskListView_Previews: PreviewProvider {
        static var previews: some View {
            TaskListView()
        }
    }
```

上述代码所实现的功能如下。

- 任务列表：通过 List 组件实现动态任务展示。
- 完成状态切换：使用 Button 和 Image 切换任务完成状态。
- 导航栏标题与按钮：提供添加任务的入口。

2. 添加任务界面

Prompt： 生成一个 SwiftUI 界面，用于添加新任务，包含输入框和保存按钮。

Cursor 生成的代码如下：

```
import SwiftUI

struct AddTaskView: View {
    @Environment(\.presentationMode) var presentationMode
    @Binding var tasks: [Task]
    @State private var newTaskTitle = ""

    var body: some View {
        NavigationView {
            VStack(spacing: 20) {
                TextField("Enter task title", text: $newTaskTitle)
                    .textFieldStyle(RoundedBorderTextFieldStyle())
                    .padding()

                Button(action: {
                    guard !newTaskTitle.isEmpty else { return }
                    tasks.append(Task(title: newTaskTitle, isCompleted: false))
                    presentationMode.wrappedValue.dismiss()
                }) {
                    Text("Save Task")
                        .frame(maxWidth: .infinity)
                        .padding()
                        .background(Color.blue)
                        .foregroundColor(.white)
                        .cornerRadius(10)
                }
            }
            .padding()
            .navigationTitle("Add Task")
        }
    }
}

struct AddTaskView_Previews: PreviewProvider {
    static var previews: some View {
        AddTaskView(tasks: .constant([]))
    }
}
```

上述代码所实现的功能如下。

- 任务输入：使用 TextField 组件实现任务标题的输入功能。
- 保存功能：保存按钮通过绑定状态完成对任务列表的更新操作。
- 返回操作：借助环境变量 presentationMode，实现页面关闭后的返回功能。

3. 集成主界面与添加任务界面

Prompt： 在主界面中集成添加任务的功能，切换至 AddTaskView 界面并更新任务列表。

Cursor 生成的代码如下：

```
struct TaskListView: View {
    @State private var tasks = [
        Task(title: "Complete project documentation", isCompleted: false),
        Task(title: "Prepare meeting presentation", isCompleted: true),
        Task(title: "Update app to latest SDK", isCompleted: false)
    ]
    @State private var showAddTaskView = false

    var body: some View {
        NavigationView {
            List {
                ForEach(tasks.indices, id: \.self) { index in
                    HStack {
                        Text(tasks[index].title).strikethrough(tasks[index].
isCompleted, color: .gray).foregroundColor(tasks[index].isCompleted ? .gray : .black)
                        Spacer()
                        Button(action: {tasks[index].isCompleted.toggle()}) {
                            Image(systemName: tasks[index].isCompleted ?
"checkmark.circle.fill" : "circle").foregroundColor(tasks[index].isCompleted ? .green
: .gray)
                        }
                    }
                }
            }
            .navigationTitle("Task List")
            .toolbar {
                ToolbarItem(placement: .navigationBarTrailing) {
                    Button("Add Task") {
                        showAddTaskView = true
                    }
                }
            }
            .sheet(isPresented: $showAddTaskView) {
                AddTaskView(tasks: $tasks)
            }
        }
    }
}
```

上述代码所实现的功能如下。

- 页面切换：通过 sheet 切换到添加任务界面。
- 数据绑定：通过 @State 确保任务列表在两个界面间同步更新。

借助 Cursor 生成的 SwiftUI 代码，我们可以快速完成任务管理应用的界面布局与视图控制器逻辑。从主界面任务展示到添加新任务功能的实现，Cursor 都提供了清晰、可扩展的代码生成方案，符合 SwiftUI 的声明式编程风格，为 iOS 应用开发提供了高效且有力的工具支持。

4.2.2 结合 Copilot 插件调试 iOS 应用中的性能问题

性能优化是 iOS 应用开发中的重要环节，性能会影响应用的响应速度、用户体验和资源使用效率。结合 Copilot 插件，我们可以快速发现代码中的性能问题，生成优化建议并协助开发者编写高效的解决方案。

【例 4-4】通过开发任务管理应用，详细讲解如何使用 Copilot 调试 iOS 应用的性能问题，包括界面卡顿、内存泄漏和数据处理效率等方面。

任务管理应用可能面临以下性能问题。

- 界面卡顿：任务列表中存在复杂布局，导致列表滑动不流畅。
- 内存泄漏：由于未正确释放对象所占有的内存，导致内存占用过高。
- 数据处理效率低：在加载大规模任务时，应用会出现明显的延迟。

1. 处理界面卡顿问题

问题描述：任务列表 TaskListView 在滑动时出现明显的卡顿，在任务数量较多的情况下，卡顿现象更加严重。

Prompt: 分析代码[1]中可能导致列表滑动出现卡顿的问题，并生成优化建议。

Copilot 生成分析与建议：

```
问题分析：
1. 使用复杂布局可能导致过多的渲染计算。
2. 未使用 SwiftUI 的 `LazyVStack` 或 `LazyHStack`，可能导致未显示的视图也被加载。

优化建议：
1. 替换 `List` 组件为 `LazyVStack`，以优化性能。
2. 减少任务项布局中的动态属性计算。
3. 将图片加载和其他重资源操作转移到异步线程中。
```

优化后的代码如下：

```
struct TaskListView: View {
    @State private var tasks = Array(repeating: Task(title: "Sample Task", isCompleted: false), count: 100)

    var body: some View {
        ScrollView {
            LazyVStack {
                ForEach(tasks.indices, id: \.self) { index in
                    HStack {
                        Text(tasks[index].title)
                            .strikethrough(tasks[index].isCompleted, color: .gray)
                            .foregroundColor(tasks[index].isCompleted ? .gray : .black)
                        Spacer()
                        Button(action: {
```

1 这里需要将相应的代码发送给 Copilot。

```
                        tasks[index].isCompleted.toggle()
                    }) {
                        Image(systemName: tasks[index].isCompleted ?
"checkmark.circle.fill" : "circle")
                            .foregroundColor(tasks[index].isCompleted ?
.green : .gray)
                    }
                }
                .padding()
            }
        }
    }
    .navigationTitle("Task List")
  }
}
```

2. 处理内存泄漏问题

问题描述：当应用运行一段时间后，内存占用持续增长，其原因可能是存在内存泄漏。

Prompt: 分析代码[1]中可能的内存泄漏问题，并提供解决方案。

Copilot 生成的分析与建议如下：

```
问题分析：
1. 在使用 `@State` 或 `@Binding` 时，未正确管理对象的生命周期，可能导致循环引用。
2. 使用了 `@Environment(\.presentationMode)`，需检查其绑定是否被正确释放。

优化建议：
1. 检查所有闭包中是否存在对 `self` 的强引用，并改为使用 `weak` 或 `unowned`。
2. 在析构函数 `deinit` 中打印日志，确认对象是否被正确释放。
```

优化后的代码如下：

```
struct AddTaskView: View {
    @Environment(\.presentationMode) var presentationMode
    @Binding var tasks: [Task]
    @State private var newTaskTitle = ""

    var body: some View {
        NavigationView {
            VStack(spacing: 20) {
                TextField("Enter task title", text: $newTaskTitle)
                    .textFieldStyle(RoundedBorderTextFieldStyle())
                    .padding()

                Button(action: { [weak presentationMode] in
                    guard !newTaskTitle.isEmpty else { return }
                    tasks.append(Task(title: newTaskTitle, isCompleted: false))
                    presentationMode?.wrappedValue.dismiss()
```

1 这里需要将相应的代码发送给 Copilot。

```
                }) {
                    Text("Save Task")
                        .frame(maxWidth: .infinity)
                        .padding()
                        .background(Color.blue)
                        .foregroundColor(.white)
                        .cornerRadius(10)
                }
            }
            .padding()
            .navigationTitle("Add Task")
        }
        .onDisappear {
            print("AddTaskView deinitialized")
        }
    }
}
```

上述代码所优化的功能如下。

- 避免强引用：在闭包中使用 [weak presentationMode]，避免循环引用。
- 生命周期确认：在 onDisappear 中打印日志，确保视图被正确销毁。

3. 解决数据处理效率问题

问题描述：在进行任务加载时，出现了较为明显的延时现象，影响了用户体验。

Prompt: 优化代码[1]中的任务加载逻辑，减少处理大规模数据时产生的延迟。

Copilot 生成的分析与建议如下：

```
问题分析：
1. 同步加载所有任务可能导致主线程阻塞。
2. 数据处理逻辑未使用分页或批量加载。

优化建议：
1. 将数据加载逻辑转移到异步线程中，并使用`DispatchQueue`或`Task`。
2. 实现分页加载，避免一次性处理所有数据。
```

优化后的代码如下：

```
struct TaskListView: View {
    @State private var tasks = [Task]()
    @State private var isLoading = false

    var body: some View {
        NavigationView {
            ScrollView {
                LazyVStack {
                    ForEach(tasks, id: \.id) { task in
                        HStack {
```

1　这里需要将相应的代码发送给 Copilot。

```
                    Text(task.title)
                        .strikethrough(task.isCompleted, color: .gray)
                        .foregroundColor(task.isCompleted ? .gray : .black)
                    Spacer()
                    Image(systemName: task.isCompleted ? "checkmark.
circle.fill" : "circle")
                        .foregroundColor(task.isCompleted ? .green : .gray)
                }
                .padding()
            }

            if isLoading {
                ProgressView("Loading more tasks...")
                    .padding()
            }
        }
    }
    .onAppear {
        loadTasks()
    }
}
.navigationTitle("Task List")
}

func loadTasks() {
    isLoading = true
    DispatchQueue.global(qos: .userInitiated).asyncAfter(deadline: .now() + 1) {
        let newTasks = Array(repeating: Task(title: "New Task", isCompleted:
false), count: 20)
        DispatchQueue.main.async {
            tasks.append(contentsOf: newTasks)
            isLoading = false
        }
    }
}
}
```

上述代码所优化的功能如下。

- 异步加载：使用 DispatchQueue 处理任务加载，可避免主线程阻塞。
- 分页机制：每次加载一部分任务，减少处理大规模数据的开销。

通过借助 Copilot，iOS 应用的性能问题可以得到快速定位和优化。无论是界面卡顿、内存泄漏还是数据处理效率问题，Copilot 均能提供详尽的分析和解决方案，并生成优化的代码，显著提升了性能调试的效率和质量，为开发高效、流畅的 iOS 应用提供了有力支持。

4.3 实战：开发一个跨平台移动应用

跨平台移动应用开发凭借其高效的代码复用能力和一致的用户体验，已成为现代软件开发的重要选择。本节以开发一个任务管理应用为例，深入解析跨平台应用的开发流程，涵盖从技术选型与项目初始化，到核心功能模块的实现，再到优化与发布的完整流程。本节将结合 Flutter、React Native 等主流框架，使用 Cursor 与 Copilot 这两款辅助编程工具，实现代码生成、性能优化和多平台调试，最终完成高质量应用的构建与发布，为跨平台开发提供系统化的技术指导与实践方法。

4.3.1 跨平台应用开发的技术选型与项目初始化

跨平台应用开发通过一套代码即可实现多平台应用，大幅降低了开发成本并提高了效率。本节将围绕任务管理应用的开发需求，探讨 Flutter 与 React Native 等主流框架的技术选型，并详细讲解项目初始化流程。这包括开发环境的配置、代码库的初始化与目录结构规划，同时结合 Cursor 与 Copilot 智能生成模板代码，为高效开发奠定坚实的基础。

1. 选择适合的跨平台开发框架

在跨平台开发中，框架的选择需结合项目需求、团队技术栈、应用性能要求等因素。下面将以 Flutter 和 React Native 为例，分析它们各自的特点与适用场景，为任务管理应用的开发提供技术指导。

我们先来了解 Flutter 的特点。

- 高性能渲染：自定义渲染引擎 Skia 能够提供接近原生应用的渲染效果。
- 丰富的组件库：内置的 Material Design 和 Cupertino 风格的组件支持快速构建精美的界面。
- 强类型语言支持：采用 Dart 语言，支持编译时类型检查，有助于提升开发效率和代码的安全性。
- 跨平台一致性：在 Android 与 iOS 平台上表现一致，减少了不同平台之间的适配工作量。

Flutter 适用的场景如下。

- 对 UI 一致性与性能要求较高的应用。
- 希望快速构建复杂的 UI 并期望实现良好的动画效果的项目。

我们再来了解 React Native 的特点。

- 广泛的社区支持：由 Meta 公司（原名 Facebook）开发并维护，其生态系统成熟，拥有丰富的开源插件。
- JavaScript 语言优势：基于 JavaScript 开发，易于跟现有的 Web 技术栈整合。
- 接近原生应用的体验：通过 Bridge 机制实现与原生模块的通信，提供接近原生应用的用户体验。
- 高可扩展性：可集成原生模块，适用于复杂的功能需求。

React Native 适用的场景如下。

- 已有 JavaScript 技术栈或希望与 Web 应用共享部分代码。
- 需要灵活扩展相关功能的中大型项目。

针对这两种框架，我们在选择时要综合多方面因素进行对比分析。表 4-1 展示了两者的对比情况。

表 4-1　Flutter 和 React Native 的对比

指标	Flutter	React Native
语言	Dart	JavaScript
性能	高（独立渲染引擎）	中等（通过 Bridge 机制通信）
UI 一致性	优秀（自定义渲染）	较好（依赖原生组件实现）
生态系统	较成熟	非常成熟
学习曲线	较陡峭	较平缓

经过对比之后，我们认为针对任务管理应用的开发，选择框架要结合实际情况综合考虑。具体建议如下。

- Flutter：若任务管理应用对界面复杂度和动画效果要求较高，并希望获得一致的跨平台体验，那么 Flutter 是更合适的选择。
- React Native：若团队已经具备 JavaScript 技术栈，并计划在移动应用与 Web 应用之间共享部分业务逻辑，或需要更灵活的原生扩展功能，那么 React Native 就是理想的选择。

根据任务管理应用的实际需求和开发团队的技术背景，选择合适的跨平台开发框架是项目成功的关键一步。结合 Cursor 与 Copilot 的智能辅助功能，可快速启动项目开发进程。无论选择 Flutter 还是 React Native，都能显著提升开发效率与应用质量。

2. 配置开发环境

在进行跨平台应用开发前，需要先搭建完善的开发环境，包括安装必要的框架依赖、配置开发工具链等。本节以 Flutter 和 React Native 为例，详细讲解配置开发环境的具体步骤，为任务管理应用的开发奠定基础。

（1）Flutter 开发环境配置

访问 Flutter 官方网站，下载适合你的操作系统的 SDK。下载完成后，进行解压，将 flutter/bin 路径添加到系统环境变量中：

```
export PATH="$PATH:/path-to-flutter/bin"
```

执行以下命令，对安装情况进行验证：

```
flutter doctor
```

安装 Android Studio 并配置必要的 Android SDK，在菜单栏中选择 Android Studio → Preferences → Plugins，安装 Flutter 和 Dart 插件。

通过命令行创建 Flutter 项目：

```
flutter create task_manager_app
cd task_manager_app
```

启动模拟器或连接真机：

```
flutter devices
```

执行以下命令，启动应用：

```
flutter run
```

（2）React Native 开发环境配置

访问 Node.js 官方网站，下载并安装 Node.js（包含 npm）。

执行以下命令，确认安装是否成功：

```
node -v
npm -v
```

安装 React Native CLI，全局安装 React Native CLI：

```
npm install -g react-native-cli
```

接下来，安装 Android 与 iOS 工具链。

对于 Android：请安装 Android Studio 并配置必要的 Android SDK；在 Environment Variables 中添加 ANDROID_HOME 变量，并指向 SDK 路径。

对于 iOS：请安装 Xcode 并确保包含 Command Line Tools。

创建 React Native 项目：

```
react-native init TaskManagerApp
cd TaskManagerApp
```

启动 Android 或 iOS 模拟器后，运行以下命令：

```
react-native run-android
react-native run-ios
```

通过完成 Flutter 或 React Native 的环境配置，开发者可以快速启动任务管理应用的开发工作。将 Cursor 与 Copilot 相结合，不仅提升了代码生成效率，还优化了开发环境的使用体验，为高效开发提供了全面支持。

3. 项目结构搭建与配置

合理的项目结构和配置是跨平台应用开发的基础，有助于提高代码的可读性、可维护性和可扩展性。

【例 4-5】围绕 Flutter 和 React Native，详细讲解如何初始化代码库和规划目录结构，结合 Cursor 和 Copilot 这两款辅助编程工具，快速构建任务管理应用的项目框架。

使用 Flutter 命令创建基础项目：

```
flutter create task_manager_app
cd task_manager_app
```

初始项目生成的目录结构如下：

```
task_manager_app/
├── android/                # Android 平台代码
├── ios/                    # iOS 平台代码
├── lib/                    # 应用程序核心代码
│   └── main.dart           # 应用入口
├── test/                   # 单元测试代码
├── pubspec.yaml            # 包和依赖管理文件
└── assets/                 # 静态资源文件（需手动创建）
```

根据任务管理应用的需求，优化 lib 目录结构：

```
lib/
├── models/                 # 数据模型
│   └── task.dart           # 任务模型
├── views/                  # 界面布局
│   ├── task_list_view.dart
│   └── add_task_view.dart
├── controllers/            # 业务逻辑控制器
│   └── task_controller.dart
└── main.dart               # 应用入口
```

任务模型（models/task.dart）代码如下：

```
class Task {
    String title;
    bool isCompleted;

    Task({required this.title, this.isCompleted = false});
}
```

应用入口（main.dart）代码如下：

```
import 'package:flutter/material.dart';
import 'views/task_list_view.dart';

void main() {
    runApp(const TaskManagerApp());
}

class TaskManagerApp extends StatelessWidget {
    const TaskManagerApp({Key? key}) : super(key: key);

    @override
    Widget build(BuildContext context) {
        return MaterialApp(
            title: 'Task Manager',
            home: TaskListView(),
        );
    }
}
```

接下来进行 React Native 项目结构搭建。首先使用 React Native CLI 创建项目：

```
react-native init TaskManagerApp
cd TaskManagerApp
```

初始项目生成的目录结构如下：

```
TaskManagerApp/
├── android/                 # Android 平台代码
├── ios/                     # iOS 平台代码
├── src/                     # 应用程序核心代码（需手动创建）
│   └── App.js                # 应用入口
├── node_modules/            # 依赖包
├── package.json             # 项目信息与依赖管理文件
└── assets/                  # 静态资源文件（需手动创建）
```

根据任务管理应用的需求，优化 src 目录结构：

```
src/
├── components/              # UI 组件
│   ├── TaskList.js
│   └── AddTask.js
├── models/                  # 数据模型
│   └── task.js
├── screens/                 # 屏幕布局
│   ├── TaskListScreen.js
│   └── AddTaskScreen.js
└── App.js                   # 应用入口
```

任务模型（models/task.js）代码如下：

```
export default class Task {
    constructor(title, isCompleted = false) {
        this.title = title;
        this.isCompleted = isCompleted;
    }
}
```

应用入口（App.js）代码如下：

```
import React from 'react';
import { NavigationContainer } from '@react-navigation/native';
import { createStackNavigator } from '@react-navigation/stack';
import TaskListScreen from './screens/TaskListScreen';
import AddTaskScreen from './screens/AddTaskScreen';

const Stack = createStackNavigator();

const App = () => {
    return (
        <NavigationContainer>
            <Stack.Navigator>
                <Stack.Screen name="Task List" component={TaskListScreen} />
```

```
                <Stack.Screen name="Add Task" component={AddTaskScreen} />
            </Stack.Navigator>
        </NavigationContainer>
    );
};

export default App;
```

通过优化项目结构和初始化代码库，跨平台任务管理应用的开发会变得更加清晰、高效。结合 Cursor 与 Copilot 的辅助功能，不仅能够快速生成模型、组件和布局代码，还能确保项目结构符合最佳实践，为后续开发和维护提供坚实的基础。

4. 使用 Cursor 辅助生成代码

Cursor 通过其智能代码生成功能，可以逐模块、逐文件地快速生成高效、规范的代码，显著提升开发效率。

【例 4-6】围绕任务管理应用，讲解如何利用 Cursor 生成核心模块代码，包括模型、视图和控制器的代码逻辑，涵盖从初始化到功能扩展的完整过程。

（1）数据模型生成

Prompt: 生成一个任务模型 Task，包含标题（title）、状态（isCompleted）和时间戳（timestamp）字段，请使用 Dart 语言或 JavaScript 语言。

Cursor 生成的代码（Dart）如下：

```
class Task {
  String title;
  bool isCompleted;
  DateTime timestamp;

  Task({required this.title, this.isCompleted = false, required this.timestamp});
}
```

Cursor 生成的代码（JavaScript）如下：

```
export default class Task {
  constructor(title, isCompleted = false, timestamp = new Date()) {
    this.title = title;
    this.isCompleted = isCompleted;
    this.timestamp = timestamp;
  }
}
```

（2）界面布局文件生成

Prompt: 生成一个任务列表视图，展示任务标题和完成状态，请使用 Flutter 或 React Native。

Cursor 生成的代码（Flutter）如下：

```
import 'package:flutter/material.dart';

class TaskListView extends StatelessWidget {
```

```
  final List<Task> tasks;

  TaskListView({required this.tasks});

  @override
  Widget build(BuildContext context) {
    return ListView.builder(
      itemCount: tasks.length,
      itemBuilder: (context, index) {
        final task = tasks[index];
        return ListTile(
          title: Text(
            task.title,
            style: TextStyle(
              decoration: task.isCompleted ? TextDecoration.lineThrough : null,
            ),
          ),
          trailing: Icon(
            task.isCompleted ? Icons.check_circle : Icons.circle_outlined,
            color: task.isCompleted ? Colors.green : Colors.grey,
          ),
          onTap: () {
            // Handle task toggle logic
          },
        );
      },
    );
  }
}
```

Cursor 生成的代码（React Native）如下：

```
import React from 'react';
import { View, Text, FlatList, TouchableOpacity, StyleSheet } from 'react-native';

const TaskList = ({ tasks, toggleTask }) => {
  return (
    <FlatList
      data={tasks}
      keyExtractor={(item) => item.title}
      renderItem={({ item }) => (
        <TouchableOpacity onPress={() => toggleTask(item.title)}>
          <View style={styles.taskItem}>
            <Text style={[styles.taskTitle, item.isCompleted && styles.completedTask]}>
              {item.title}
            </Text>
          </View>
        </TouchableOpacity>
      )}
    />
```

```
  );
};

const styles = StyleSheet.create({
  taskItem: {
    padding: 16,
    borderBottomWidth: 1,
    borderBottomColor: '#ccc',
  },
  taskTitle: {
    fontSize: 16,
  },
  completedTask: {
    textDecorationLine: 'line-through',
    color: 'gray',
  },
});

export default TaskList;
```

（3）控制器逻辑生成

Prompt: 生成一个任务控制器，处理任务的增、删、改、查操作，支持 addTask()、removeTask() 和 toggleTask() 方法，请使用 Dart 或 JavaScript 语言。

Cursor 生成的代码（Dart）如下：

```
class TaskController {
  List<Task> tasks = [];

  void addTask(String title) {
    tasks.add(Task(title: title, timestamp: DateTime.now()));
  }

  void removeTask(int index) {
    tasks.removeAt(index);
  }

  void toggleTask(int index) {
    tasks[index].isCompleted = !tasks[index].isCompleted;
  }
}
```

Cursor 生成的代码（JavaScript）如下：

```
class TaskController {
  constructor() {
    this.tasks = [];
  }

  addTask(title) {
    this.tasks.push(new Task(title));
```

```
  }

  removeTask(index) {
    this.tasks.splice(index, 1);
  }

  toggleTask(index) {
    const task = this.tasks[index];
    if (task) {
      task.isCompleted = !task.isCompleted;
    }
  }
}

export default TaskController;
```

（4）集成与扩展

Prompt： 生成一个主应用入口代码，将数据模型、视图和控制器集成到主应用框架中，展示任务列表并支持添加任务功能，请使用 Flutter 或 React Native。

Cursor 生成的代码（Flutter）如下：

```
import 'package:flutter/material.dart';

void main() => runApp(TaskManagerApp());

class TaskManagerApp extends StatelessWidget {
  @override
  Widget build(BuildContext context) {
    return MaterialApp(
      title: 'Task Manager',
      home: TaskHomePage(),
    );
  }
}

class TaskHomePage extends StatefulWidget {
  @override
  _TaskHomePageState createState() => _TaskHomePageState();
}

class _TaskHomePageState extends State<TaskHomePage> {
  final TaskController _taskController = TaskController();

  @override
  Widget build(BuildContext context) {
    return Scaffold(
      appBar: AppBar(title: Text('Task Manager')),
      body: TaskListView(tasks: _taskController.tasks),
      floatingActionButton: FloatingActionButton(
```

```
        onPressed: () {
          setState(() {
            _taskController.addTask('New Task');
          });
        },
        child: Icon(Icons.add),
      ),
    );
  }
}
```

Cursor 生成的代码（React Native）如下：

```
import React, { useState } from 'react';
import { View, Button } from 'react-native';
import TaskList from './components/TaskList';
import TaskController from './controllers/TaskController';

const App = () => {
  const [tasks, setTasks] = useState([]);
  const taskController = new TaskController();

  const addTask = () => {
    taskController.addTask('New Task');
    setTasks([...taskController.tasks]);
  };

  return (
    <View style={{ flex: 1 }}>
      <TaskList tasks={tasks} toggleTask={(index) => {
        taskController.toggleTask(index);
        setTasks([...taskController.tasks]);
      }} />
      <Button title="Add Task" onPress={addTask} />
    </View>
  );
};

export default App;
```

通过借助 Cursor，我们能够以逐模块、逐文件的方式高效且规范地生成任务管理应用的核心代码。从数据模型到视图布局，再到业务逻辑控制，Cursor 不仅能够快速生成符合最佳实践的代码，还能显著减少开发时间，为跨平台应用开发提供强有力的支持。

4.3.2 开发核心功能模块：任务管理与本地存储

任务管理与本地存储是任务管理应用的核心功能模块。通过精心设计的增、删、改、查功能，能够实现任务的高效管理。同时，结合 SQLite 或本地存储技术（如 AsyncStorage），可确保数据的可靠存储与快速访问。

【例 4-7】结合具体代码实例，全面讲解任务管理的功能实现和数据存储方案，为应用开发提供完整的技术指导。

1. 设计待办事项管理功能

待办事项管理功能是任务管理应用的核心模块，通过增、删、改、查操作实现任务的高效管理。下面将分别设计这些功能，并结合代码实例进行详细说明。具体功能描述如下。

• 新增任务（Add Task）：用户可以通过输入框添加新任务，任务包含标题、描述和完成状态，并将其存储至本地数据库或内存列表中。

• 删除任务（Delete Task）：用户可选择特定任务并将其删除，确保该任务从本地存储中移除。

• 修改任务（Update Task）：支持用户更新任务标题、描述或状态，并将所做的更改实时同步至存储。

• 查询任务（Retrieve Task）：根据条件（如任务状态、关键词）对任务进行过滤，并展示符合条件的任务列表。

下面是相关的数据模型设计及代码示例。

数据模型设计 Dart（Flutter）代码如下：

```
class Task {
  String id;
  String title;
  String description;
  bool isCompleted;

  Task({
    required this.id,
    required this.title,
    required this.description,
    this.isCompleted = false,
  });
}
```

JavaScript（React Native）代码如下：

```
export default class Task {
  constructor(id, title, description, isCompleted = false) {
    this.id = id;
    this.title = title;
    this.description = description;
    this.isCompleted = isCompleted;
  }
}
```

增加任务功能 Dart（Flutter）代码如下：

```
void addTask(String title, String description) {
  String id = DateTime.now().millisecondsSinceEpoch.toString();
```

```
    Task newTask = Task(id: id, title: title, description: description);
    taskList.add(newTask);
    print("Task added: $title");
  }
```

JavaScript（React Native）代码如下：

```
  function addTask(tasks, title, description) {
    const id = Date.now().toString();
    const newTask = new Task(id, title, description);
    tasks.push(newTask);
    console.log(`Task added: ${title}`);
  }
```

删除任务功能 Dart（Flutter）代码如下：

```
  void deleteTask(String id) {
    taskList.removeWhere((task) => task.id == id);
    print("Task deleted: $id");
  }
```

JavaScript（React Native）代码如下：

```
  function deleteTask(tasks, id) {
    const index = tasks.findIndex((task) => task.id === id);
    if (index > -1) {
      tasks.splice(index, 1);
      console.log(`Task deleted: ${id}`);
    }
  }
```

修改任务功能 Dart（Flutter）代码如下：

```
  void updateTask(String id, String? newTitle, String? newDescription, bool?
newStatus) {
    Task? task = taskList.firstWhere((task) => task.id == id, orElse: () => null);
    if (task != null) {
      if (newTitle != null) task.title = newTitle;
      if (newDescription != null) task.description = newDescription;
      if (newStatus != null) task.isCompleted = newStatus;
      print("Task updated: $id");
    }
  }
```

JavaScript（React Native）代码如下：

```
  function updateTask(tasks, id, newTitle, newDescription, newStatus) {
    const task = tasks.find((task) => task.id === id);
    if (task) {
      if (newTitle !== undefined) task.title = newTitle;
      if (newDescription !== undefined) task.description = newDescription;
      if (newStatus !== undefined) task.isCompleted = newStatus;
      console.log(`Task updated: ${id}`);
    }
  }
```

查询任务功能 Dart （Flutter）代码如下：

```
List<Task> retrieveTasks({bool? isCompleted}) {
  return taskList.where((task) {
    if (isCompleted == null) return true;
    return task.isCompleted == isCompleted;
  }).toList();
}
```

JavaScript（React Native）代码如下：

```
function retrieveTasks(tasks, isCompleted) {
  return tasks.filter((task) => {
    if (isCompleted === undefined) return true;
    return task.isCompleted === isCompleted;
  });
}
```

综合实例 Dart（Flutter）代码如下：

```
void main() {
  List<Task> taskList = [];
  addTask("Buy groceries", "Milk, eggs, bread");
  addTask("Complete assignment", "Due tomorrow");
  updateTask(taskList[0].id, null, null, true);
  deleteTask(taskList[1].id);
  print(retrieveTasks(isCompleted: true));
}
```

JavaScript（React Native）代码如下：

```
const tasks = [];
addTask(tasks, "Buy groceries", "Milk, eggs, bread");
addTask(tasks, "Complete assignment", "Due tomorrow");
updateTask(tasks, tasks[0].id, undefined, undefined, true);
deleteTask(tasks, tasks[1].id);
console.log(retrieveTasks(tasks, true));
```

通过增、删、改、查功能的实现，任务管理模块可以高效地处理任务数据并确保功能的完整性。结合 Cursor 和 Copilot 的代码生成功能，开发者可以快速构建核心逻辑，提升开发效率。接下来，可扩展本地存储支持，进一步完善功能模块。

2. 使用 SQLite 或本地存储管理任务数据

本地存储是任务管理应用的重要组成部分，它能够确保任务数据在应用关闭后仍然可以访问。通过使用 SQLite 或 AsyncStorage 等本地存储解决方案，开发者可以对任务数据进行持久化处理。结合 Cursor 工具，我们可以快速生成与数据存储相关的代码，实现从数据库初始化到数据读写的完整流程。

若采用 Flutter 进行开发（并选择结合 SQLite 和 sqflite 插件实现任务数据的存储），那么需要在 pubspec.yaml 中添加 sqflite 和 path 依赖：

```
dependencies:
  sqflite: ^2.0.0
  path: ^1.8.0
```

Prompt: 生成初始化 SQLite 数据库的代码，用于存储任务数据，包含 id、title、description、isCompleted 字段。

Cursor 生成的代码如下：

```
import 'package:sqflite/sqflite.dart';
import 'package:path/path.dart';

class DatabaseHelper {
  static final DatabaseHelper _instance = DatabaseHelper._internal();
  factory DatabaseHelper() => _instance;
  DatabaseHelper._internal();

  Database? _database;

  Future<Database> get database async {
    if (_database != null) return _database!;
    _database = await _initDatabase();
    return _database!;
  }

  Future<Database> _initDatabase() async {
    String path = join(await getDatabasesPath(), 'task_manager.db');
    return await openDatabase(
      path,
      version: 1,
      onCreate: (db, version) {
        db.execute('''
          CREATE TABLE tasks (
            id TEXT PRIMARY KEY,
            title TEXT NOT NULL,
            description TEXT,
            isCompleted INTEGER NOT NULL
          )
        ''');
      },
    );
  }
}
```

Prompt: 为任务数据实现增、删、改、查功能，请使用 Dart 中的 sqflite 插件。

Cursor 生成的代码如下：

```
class Task {
  String id;
  String title;
  String description;
```

```
  bool isCompleted;

  Task({required this.id, required this.title, required this.description, this.isCompleted
= false});

  Map<String, dynamic> toMap() {
    return {
      'id': id,
      'title': title,
      'description': description,
      'isCompleted': isCompleted ? 1 : 0,
    };
  }

  static Task fromMap(Map<String, dynamic> map) {
    return Task(
      id: map['id'],
      title: map['title'],
      description: map['description'],
      isCompleted: map['isCompleted'] == 1,
    );
  }
}

class TaskRepository {
  final DatabaseHelper _dbHelper = DatabaseHelper();

  Future<void> addTask(Task task) async {
    final db = await _dbHelper.database;
    await db.insert('tasks', task.toMap());
  }

  Future<void> deleteTask(String id) async {
    final db = await _dbHelper.database;
    await db.delete('tasks', where: 'id = ?', whereArgs: [id]);
  }

  Future<void> updateTask(Task task) async {
    final db = await _dbHelper.database;
    await db.update('tasks', task.toMap(), where: 'id = ?', whereArgs: [task.id]);
  }

  Future<List<Task>> retrieveTasks() async {
    final db = await _dbHelper.database;
    final List<Map<String, dynamic>> maps = await db.query('tasks');
    return maps.map((map) => Task.fromMap(map)).toList();
  }
}
```

通过 npm 安装 AsyncStorage：

```
npm install @react-native-async-storage/async-storage
```

Prompt: 为任务管理实现增、删、改、查功能，请使用 React Native 的 AsyncStorage。

Cursor 生成的代码如下：

```
import AsyncStorage from '@react-native-async-storage/async-storage';

export default class TaskRepository {
  static async addTask(task) {
    const tasks = await this.retrieveTasks();
    tasks.push(task);
    await AsyncStorage.setItem('tasks', JSON.stringify(tasks));
  }

  static async deleteTask(id) {
    const tasks = await this.retrieveTasks();
    const updatedTasks = tasks.filter((task) => task.id !== id);
    await AsyncStorage.setItem('tasks', JSON.stringify(updatedTasks));
  }

  static async updateTask(updatedTask) {
    const tasks = await this.retrieveTasks();
    const updatedTasks = tasks.map((task) =>
      task.id === updatedTask.id ? updatedTask : task
    );
    await AsyncStorage.setItem('tasks', JSON.stringify(updatedTasks));
  }

  static async retrieveTasks() {
    const jsonValue = await AsyncStorage.getItem('tasks');
    return jsonValue != null ? JSON.parse(jsonValue) : [];
  }
}
```

Prompt: 将任务存储逻辑集成到任务管理应用的主界面中。

Cursor 生成的 Flutter 集成代码如下：

```
void main() {
  runApp(TaskManagerApp());
}

class TaskManagerApp extends StatelessWidget {
  @override
  Widget build(BuildContext context) {
    return MaterialApp(
      home: TaskListPage(),
    );
  }
}

class TaskListPage extends StatefulWidget {
```

```
  @override
  _TaskListPageState createState() => _TaskListPageState();
}

class _TaskListPageState extends State<TaskListPage> {
  final TaskRepository _taskRepository = TaskRepository();
  List<Task> _tasks = [];

  @override
  void initState() {
    super.initState();
    _loadTasks();
  }

  Future<void> _loadTasks() async {
    _tasks = await _taskRepository.retrieveTasks();
    setState(() {});
  }

  Future<void> _addTask() async {
      final newTask = Task(id: DateTime.now().toString(), title: 'New Task',
description: 'Description');
    await _taskRepository.addTask(newTask);
    _loadTasks();
  }

  @override
  Widget build(BuildContext context) {
    return Scaffold(
      appBar: AppBar(title: Text('Task Manager')),
      body: ListView.builder(
        itemCount: _tasks.length,
        itemBuilder: (context, index) {
          final task = _tasks[index];
          return ListTile(
            title: Text(task.title),
            subtitle: Text(task.description),
            trailing: IconButton(
              icon: Icon(Icons.delete),
              onPressed: () async {
                await _taskRepository.deleteTask(task.id);
                _loadTasks();
              },
            ),
          );
        },
      ),
      floatingActionButton: FloatingActionButton(
        child: Icon(Icons.add),
        onPressed: _addTask,
```

```
      ),
    );
  }
}
```

借助 Cursor 的代码生成功能，可以快速完成 SQLite 和 AsyncStorage 本地存储功能的开发。无论是采用 Flutter 还是 React Native 进行开发，存储层的实现都符合规范，支持对任务数据进行增、删、改、查操作，并实现数据的持久化，为任务管理应用的核心功能奠定了稳固的基础。

4.3.3 调试与发布：跨平台调试与发布流程

跨平台应用的调试与发布是确保最终产品质量的重要环节，开发者需要针对 Android 与 iOS 平台的特性进行性能优化和适配，同时解决界面布局、权限管理等差异性问题。

本节将详细讲解跨平台调试技巧、性能优化方法，以及将应用发布到 Google Play 和 Apple App Store 的完整流程，为跨平台应用的高效发布提供实践指导。

1. 调试 Android 和 iOS 平台的特性差异

跨平台应用在 Android 和 iOS 平台上的运行表现可能因平台特性差异而有所不同，常见差异包括权限管理、界面适配、系统资源访问等。在调试阶段，我们需要针对各平台特性进行优化与适配，确保应用的一致性和稳定性。

（1）Android 权限管理

动态权限请求：从 Android 6.0（API 23）开始，应用如果需要使用敏感权限，需要在运行时进行动态请求。不过在此之前，必须先在 AndroidManifest.xml 中声明相应的权限。

示例代码如下：

```
<!-- AndroidManifest.xml -->
<uses-permission android:name="android.permission.CAMERA"/>
```

动态请求权限（Flutter）代码如下：

```
import 'package:permission_handler/permission_handler.dart';

Future<void> requestCameraPermission() async {
  if (await Permission.camera.request().isGranted) {
    print("Camera permission granted");
  } else {
    print("Camera permission denied");
  }
}
```

动态请求权限（React Native）代码如下：

```
import { PermissionsAndroid } from 'react-native';

async function requestCameraPermission() {
  try {
```

```
    const granted = await PermissionsAndroid.request(
      PermissionsAndroid.PERMISSIONS.CAMERA,
    );
    if (granted === PermissionsAndroid.RESULTS.GRANTED) {
      console.log('Camera permission granted');
    } else {
      console.log('Camera permission denied');
    }
  } catch (err) {
    console.warn(err);
  }
}
```

在 iOS 系统中进行权限管理时，若采用静态权限配置，相关权限需要在 Info.plist 中完成配置。示例代码如下：

```
<!-- Info.plist -->
<key>NSCameraUsageDescription</key>
<string>需要访问摄像头以完成拍照功能</string>
```

小提示

在 Flutter 或 React Native 开发中处理请求权限时，我们不需要手动配置动态请求，系统会自动提示用户。

（2）界面适配

Android 和 iOS 在布局特性和控件表现上存在差异。在状态栏和导航栏的适配方面，Android 需要开发人员手动设置状态栏的透明效果以及定制导航栏样式。iOS 虽然可以自动处理部分情况，但仍需针对 SafeArea 进行适配。针对需要适配的情况，请参见以下代码。

Flutter 状态栏适配代码如下：

```
import 'package:flutter/services.dart';

SystemChrome.setSystemUIOverlayStyle(
  SystemUiOverlayStyle(statusBarColor: Colors.transparent),
);
```

React Native 状态栏适配代码如下：

```
import { StatusBar } from 'react-native';

<StatusBar backgroundColor="transparent" translucent />;
```

SafeArea 适配（Flutter）代码如下：

```
return Scaffold(
  body: SafeArea(
    child: Column(
      children: [/* Content */],
```

```
      ),
    ),
  );
```

SafeArea 适配（React Native）代码如下：

```
import { SafeAreaView } from 'react-native';

<SafeAreaView style={{ flex: 1 }}>
  {/* Content */}
</SafeAreaView>;
```

（3）系统资源访问差异

在跨平台应用开发中，Android 和 iOS 平台在系统资源访问上存在显著差异。了解这些差异并进行适配，是确保应用的兼容性和用户体验的关键。

Android 和 iOS 的文件存储路径有所不同。Android 需要处理多种存储目录，如内部存储和外部存储，而 iOS 则使用 NSDocumentDirectory 或 NSCachesDirectory 来完成文件存储。

下面介绍在 Flutter 和 React Native 中获取文件存储路径的方式。

在 Flutter 中获取文件存储路径的代码如下：

```
import 'package:path_provider/path_provider.dart';

Future<void> getStoragePath() async {
    final directory = await getApplicationDocumentsDirectory();
    print(directory.path);
}
```

在 React Native 中获取文件存储路径的代码如下：

```
import RNFS from 'react-native-fs';

const storagePath = RNFS.DocumentDirectoryPath;
console.log(storagePath);
```

（4）深色模式适配差异

深色模式是现代应用的重要特性之一。Flutter 和 React Native 提供了不同的方式来检测和适配深色模式。其中，Flutter 通过 MediaQuery 动态检测深色模式状态，而 React Native 则使用 useColorScheme 钩子检测深色模式状态。

Flutter 检测深色模式适配的代码如下：

```
final isDarkMode = MediaQuery.of(context).platformBrightness == Brightness.dark;
```

React Native 检测深色模式适配的代码如下：

```
import { useColorScheme } from 'react-native';
const isDarkMode = useColorScheme() === 'dark';
```

（5）平台差异代码分离

在跨平台开发中，有时需要针对不同平台编写特定的代码。Flutter 和 React Native 提供了不同的方式来实现平台差异代码分离。

Flutter 通过 Platform 来检测不同的平台，代码如下：

```
import 'dart:io';

if (Platform.isAndroid) {
  print("Running on Android");
} else if (Platform.isIOS) {
  print("Running on iOS");
}
```

React Native 则通过文件名后缀来区分不同平台的实现，开发者只需创建两个同名但后缀不同的文件，React Native 会在构建时自动选择对应平台的文件。

（6）创建两个平台的文件（示例：PlatformMessage.android.js 与 PlatformMessage.ios.js）

首先创建 PlatformMessage.android.js，代码如下：

```
import React from 'react';
import { View, Text, StyleSheet } from 'react-native';

const PlatformMessage = () => {
  return (
    <View style={styles.container}>
      <Text style={styles.text}>Running on Android</Text>
    </View>
  );
};

const styles = StyleSheet.create({
  container: { padding: 20, backgroundColor: '#e0f7fa' },
  text: { fontSize: 18, color: '#00796b' },
});

export default PlatformMessage;
```

随后创建 PlatformMessage.ios.js，代码如下：

```
import React from 'react';
import { View, Text, StyleSheet } from 'react-native';

const PlatformMessage = () => {
  return (
    <View style={styles.container}>
      <Text style={styles.text}>Running on iOS</Text>
    </View>
  );
};

const styles = StyleSheet.create({
  container: { padding: 20, backgroundColor: '#ede7f6' },
  text: { fontSize: 18, color: '#5e35b1' },
```

```
});

export default PlatformMessage;
```

注意，在主文件中引用时无须特地指明平台：

```
import React from 'react';
import { SafeAreaView } from 'react-native';
import PlatformMessage from './PlatformMessage'; // 自动加载对应平台实现

const App = () => {
  return (
    <SafeAreaView>
      <PlatformMessage />
    </SafeAreaView>
  );
};

export default App;
```

通过 .android.js 和 .ios.js 命名约定，React Native 可以在不写任何平台判断逻辑的前提下，自动加载对应平台的文件，这种方式适用于样式风格、布局差异较大，或者权限及原生模块存在平台调用差异的情况。此外，这种开发方式也有利于保持主逻辑文件整洁，有利于维护与测试。

在跨平台应用开发中，充分理解并适配 Android 和 iOS 平台的特性，能够有效提升应用的兼容性与用户体验。

2. 使用 Cursor 优化代码

作为编程辅助工具，Cursor 不仅能快速生成代码，还能通过代码提示和优化建议提升代码的性能和 UI 设计效率。

【例 4-8】以任务管理应用为例，结合 Cursor 及相应的 Prompt，说明如何实现性能提升与 UI 优化。

在列表视图中，重复渲染会导致性能下降，特别是任务数据量较大时，性能下降会更加明显。我们可以借助 Cursor 优化列表渲染逻辑，避免重复计算和无效更新。

Prompt 示例：优化任务列表的 Flutter 代码，避免重复渲染，请使用 ListView.builder 实现。

Cursor 生成的代码（Flutter）如下：

```
ListView.builder(
  itemCount: tasks.length,
  itemBuilder: (context, index) {
    final task = tasks[index];
    return ListTile(
      title: Text(task.title),
      trailing: Icon(
        task.isCompleted ? Icons.check_circle : Icons.circle_outlined,
        color: task.isCompleted ? Colors.green : Colors.grey,
      ),
```

```
    );
  },
)
```

此轮优化使用 ListView.builder 动态生成列表项，避免了一次性渲染所有数据。此外，还可以通过 StatefulWidget 与 setState 管理状态，避免更新无关部分。

Prompt 示例： 请优化任务状态的更新逻辑，保证仅更新被修改过的任务。

Cursor 生成的代码（Flutter）如下：

```
setState(() {
  tasks[index].isCompleted = !tasks[index].isCompleted;
});
```

Cursor 生成的代码（React Native）如下：

```
setTasks((prevTasks) =>
  prevTasks.map((task, i) =>
    i === index ? { ...task, isCompleted: !task.isCompleted } : task
  )
);
```

此轮优化仅更新局部状态而非整个任务列表，这样可以减少不必要的渲染。

由于延迟加载适用于大数据量的任务列表，因此这里我们也可以采用此方法以便显著减少内存占用和加载时间。

Prompt 示例： 生成 Flutter 延迟加载任务列表的代码，请使用分页技术。

Cursor 生成的代码如下：

```
ScrollController _scrollController = ScrollController();
int _currentPage = 1;

@override
void initState() {
  super.initState();
  _scrollController.addListener(() {
    if (_scrollController.position.pixels ==
        _scrollController.position.maxScrollExtent) {
      _loadMoreTasks();
    }
  });
}

Future<void> _loadMoreTasks() async {
  final newTasks = await fetchTasks(page: _currentPage++);
  setState(() {
    tasks.addAll(newTasks);
  });
}
```

以上经过优化后的代码实现了分页加载功能，可以按需加载数据，减轻了主线程的压力。

Prompt 示例： 将 Flutter 任务列表布局从 Column 嵌套优化为 ConstraintLayout，以减少嵌套层次。

Cursor 生成的代码如下：

```
import 'package:flutter/material.dart';

class TaskListItem extends StatelessWidget {
  final String title;
  final bool isCompleted;

  TaskListItem({required this.title, required this.isCompleted});

  @override
  Widget build(BuildContext context) {
    return Container(
      constraints: BoxConstraints.tightFor(height: 50),
      padding: EdgeInsets.symmetric(horizontal: 16),
      child: Row(
        mainAxisAlignment: MainAxisAlignment.spaceBetween,
        children: [
          Text(
            title,
            style: TextStyle(
              decoration: isCompleted ? TextDecoration.lineThrough : null,
            ),
          ),
          Icon(
            isCompleted ? Icons.check_circle : Icons.circle_outlined,
            color: isCompleted ? Colors.green : Colors.grey,
          ),
        ],
      ),
    );
  }
}
```

以上经过优化的代码使用 Row 和 BoxConstraints 实现了布局的简化，减少了组件嵌套，提高了渲染效率。

此外，Cursor 还可以生成过渡动画代码，使 UI 交互更流畅。

Prompt 示例： 使用 Flutter 中的 AnimatedSwitcher，为任务完成状态切换添加动画效果。

Cursor 生成的代码如下：

```
AnimatedSwitcher(
  duration: Duration(milliseconds: 300),
  child: Icon(
    task.isCompleted ? Icons.check_circle : Icons.circle_outlined,
    key: ValueKey<bool>(task.isCompleted),
    color: task.isCompleted ? Colors.green : Colors.grey,
```

```
  ),
);
```

类似的，我们也可以让 Cursor 生成基于 React Native 优化的代码如下：

```
import React from 'react';
import { Animated, TouchableOpacity } from 'react-native';

const AnimatedIcon = ({ isCompleted }) => {
  const scale = new Animated.Value(1);
  Animated.timing(scale, {
    toValue: isCompleted ? 1.2 : 1,
    duration: 300,
    useNativeDriver: true,
  }).start();

  return (
    <Animated.View style={{ transform: [{ scale }] }}>
      <TouchableOpacity>
        <Icon name={isCompleted ? "check-circle" : "circle"} />
      </TouchableOpacity>
    </Animated.View>
  );
};
```

经过对代码的优化，新的动画效果使任务状态切换变得更流畅，提升了用户体验。此外，我们还可以增加深色模式支持功能。

Prompt 示例： 为 Flutter 任务管理应用添加深色模式支持，自动检测系统设置。

Cursor 生成的代码如下：

```
MaterialApp(
  theme: ThemeData.light(),
  darkTheme: ThemeData.dark(),
  themeMode: ThemeMode.system,
  home: TaskListView(),
);
```

类似的，我们也可以让 Cursor 生成基于 React Native 优化的代码如下：

```
import { useColorScheme } from 'react-native';

const theme = useColorScheme();
const backgroundColor = theme === 'dark' ? '#000' : '#fff';

<View style={{ backgroundColor }}>
  {/* Content */}
</View>;
```

这一轮优化旨在自动适配深色模式，增强用户体验。借助 Cursor 生成并优化的代码，我们可以快速解决性能瓶颈和 UI 设计问题。从延迟加载到动画优化，再到深色模式支持，Cursor

的功能覆盖了代码性能和用户体验的多个维度，显著提高了开发效率和应用质量。

3. 将应用发布到 Google Play 与 Apple App Store

将应用发布到 Google Play 和 Apple App Store 是移动应用开发的重要环节，开发者需要严格遵循这两大平台的发布要求，完成签名、打包、测试、提交审核等步骤。

【例 4-9】详细讲解跨平台应用在两大平台上的完整发布流程。

（1）发布到 Google Play

第一步，使用 keytool 命令生成签名密钥：

```
keytool -genkey -v -keystore release-key.jks -keyalg RSA -keysize 2048 -validity
10000 -alias keyAlias
```

第二步，按照提示输入密钥库密码、别名密码及相关信息。注意，release-key.jks 是密钥文件，需要妥善保存。

第三步，配置签名文件。

对于 Flutter，请在 android/app/build.gradle 中添加签名配置：

```
android {
    signingConfigs {
        release {
            storeFile file('path/to/release-key.jks')
            storePassword 'your-store-password'
            keyAlias 'keyAlias'
            keyPassword 'your-key-password'
        }
    }
    buildTypes {
        release {
            signingConfig signingConfigs.release
            minifyEnabled true
            proguardFiles getDefaultProguardFile('proguard-android-optimize.
txt'), 'proguard-rules.pro'
        }
    }
}
```

小提示

对于 React Native，同样需要在 android/app/build.gradle 中添加签名配置，配置内容与在 Flutter 中的情况类似。

第四步，生成 APK 或 AAB 文件。

在 Flutter 中运行以下命令，生成 APK 或 AAB 文件：

```
flutter build apk --release
flutter build appbundle --release
```

在 React Native 中运行以下命令，生成 APK 文件：

```
cd android
./gradlew assembleRelease
```

第五步，将生成的文件（APK 或 AAB 文件）上传到 Google Play Console。

我们以 AAB 文件为例，按照以下步骤进行操作。

① 注册开发者账号：访问 Google Play Console，支付注册费用并完成账号验证。

② 创建应用：登录后单击“创建应用”，填写应用名称、语言、类型和内容分级信息。

③ 上传 AAB 文件：进入“发布管理→应用版本”，上传生成的 AAB 文件。

④ 填写商店信息。

- 应用图标和截图：提供指定尺寸的图标（512 像素 ×512 像素）和设备截图。
- 应用简介：编写简短的描述和详细说明。
- 内容分级：完成内容分级问卷。

⑤ 提交审核：确认所有信息无误后，提交应用以供 Google 审核。

（2）发布到 Apple App Store

第一步，创建签名证书。

① 登录 Apple Developer 账号。

② 创建 App ID，并启用必要的功能（如 Push 通知、后台模式等）。

③ 使用 Xcode 生成 CSR 文件，将文件上传到 Apple Developer 以获取开发和分发证书。

第二步，配置签名文件。

对于 Flutter，请在 ios/Runner.xcodeproj 中设置 Signing & Capabilities，选择对应的开发者团队。

对于 React Native，则通过 Xcode 打开项目，配置签名信息。

第三步，生成 IPA 文件。

在 Flutter 中运行以下命令，生成 IPA 文件：

```
flutter build ipa --release
```

小提示

对于 React Native，则需要使用 Xcode 进行打包。

① 打开 iOS 目录下的项目文件，将 Build Configuration 设置为 Release。

② 选择 Product → Archive，生成应用归档。

③ 在 Xcode Organizer 中导出 IPA 文件。

通过以上操作，开发者可以顺利完成跨平台应用在 Google Play 和 Apple App Store 中的发布流程。合理利用工具和平台特性，能够有效提升发布效率并确保应用的兼容性与用户体验。

4.4 本章小结

本章围绕跨平台应用开发的相关实践，详细解析了从技术选型到核心功能模块实现，再到调试与发布的完整流程。结合 Flutter 和 React Native 的特性，针对任务管理应用的需求，完成了任务的增、删、改、查、本地存储以及 UI 优化等功能的实现。同时，通过 Cursor 与 Copilot 等 AI 辅助编程工具，优化了代码性能与界面设计。最后，详细讲解了跨平台应用在 Google Play 与 Apple App Store 中的发布流程，为实现高效的跨平台开发与发布提供了全面指导。

第 5 章 Cursor 辅助前端编程开发实战

前端开发是现代应用开发的重要组成部分，涉及界面设计、交互实现和性能优化等多个环节。Cursor 工具在前端开发中具备强大的辅助能力，能够高效地生成代码、优化逻辑并解决复杂问题。

本章将以具体实践为基础，深入探讨如何通过 Cursor 与 Copilot 这两款工具快速完成前端开发任务。其中涉及 Vue、React 等主流框架的实际应用，以及从 UI 设计到代码生成的全流程优化，为高效地构建用户友好的前端应用提供系统化指导。

5.1 使用 Cursor 优化前端开发流程

在前端开发中，代码编写的效率高低和质量优劣直接影响项目进度与用户体验。Cursor 与 Copilot 通过代码补全和优化建议，大幅提升了 JavaScript、Vue.js 和 React 开发的效率。

本节将重点阐述如何借助 Cursor 的能力快速构建前端应用。从 JavaScript 模块到 Vue.js 和 React 组件开发，本节都将提供基于实际需求的开发实践和技术指导，充分展现 Cursor 在提升开发效率、优化代码逻辑中的应用价值。

5.1.1 通过 Cursor 提高 JavaScript、Vue.js 和 React 的开发效率

Cursor 在前端开发中展现了强大的能力，通过代码提示、代码补全和自动优化功能，为开发者提供了高效便捷的解决方案。针对 JavaScript、Vue.js 和 React 的开发需求，Cursor 能够快速生成模块化代码，优化逻辑结构，并提升调试效率。

在 JavaScript 开发中，Cursor 能够根据上下文智能地推测代码逻辑，有效减少重复性操作。例如，在编写复杂的数组处理、异步请求或事件处理代码时，Cursor 不仅能自动补全代码，还能提示最佳实践和潜在的错误点，大幅减少开发者的调试时间。此外，Cursor 还支持快速生成模板代码，如函数封装、模块导入等，进一步简化了开发流程。

在 Vue.js 和 React 框架的开发中，Cursor 的优势体现在组件化开发和状态管理优化方面。对于 Vue.js，Cursor 能够生成符合 Vue 组件标准的代码结构，包括模板、脚本和样式部分的完整框架。同时，凭借对 Props 和 Emit 的智能提示，Cursor 能帮助开发者规范地传递和接收数据。

在 React 开发中，Cursor 能够自动识别状态和效果的依赖，生成 useState 和 useEffect 的标准代码模板，并为函数式组件提供代码分离和复用建议。

此外，Cursor 的实时错误提示功能可以在代码编写过程中检测语法和逻辑错误，避免了低级错误的发生。与 Copilot 协同使用时，Cursor 能够进一步提升代码质量，为复杂功能模块的开发提供可靠支持。

5.1.2 基于 Cursor 开发 JavaScript 应用

Cursor 在 JavaScript 开发中展现出强大的代码生成和优化能力，能够快速完成从模块化设计到复杂逻辑实现的多个环节。

【例 5-1】围绕任务管理应用，详细讲解如何利用 Cursor 提升 JavaScript 应用开发的效率，包括模块初始化、逻辑实现和性能优化。

1. 创建项目目录与文件结构

（1）基础文件结构

Prompt 示例： 生成一个任务管理应用的基础文件结构，包括 src 目录，该目录包含 models、services 和 components 子目录。

Cursor 生成的文件结构如下：

```
project/
├── src/
│   ├── models/
│   │   └── task.js
│   ├── services/
│   │   └── taskService.js
│   ├── components/
│   │   ├── taskList.js
│   │   └── addTask.js
├── index.html
├── app.js
```

（2）基础 HTML 文件

Prompt 示例： 生成一个 HTML 文件，包含基础结构和引入的 app.js。

Cursor 生成的代码如下：

```
<!DOCTYPE html>
<html lang="en">
<head>
  <meta charset="UTF-8">
  <meta name="viewport" content="width=device-width, initial-scale=1.0">
  <title>Task Manager</title>
</head>
<body>
  <div id="app"></div>
```

```
  <script src="app.js"></script>
</body>
</html>
```

2. 编写核心模块

（1）数据模型（models/task.js）

Prompt 示例： 生成一个 JavaScript 类 Task，包含 id、title、isCompleted 属性及完成状态切换方法。

Cursor 生成的代码如下：

```
export default class Task {
  constructor(id, title, isCompleted = false) {
    this.id = id;
    this.title = title;
    this.isCompleted = isCompleted;
  }

  toggleCompletion() {
    this.isCompleted = !this.isCompleted;
  }
}
```

（2）服务层（services/taskService.js）

Prompt 示例： 生成一个任务服务模块，包含添加任务、删除任务、获取任务列表的方法。

Cursor 生成的代码如下：

```
import Task from "../models/task.js";

class TaskService {
  constructor() {
    this.tasks = [];
  }

  addTask(title) {
    const id = Date.now().toString();
    const newTask = new Task(id, title);
    this.tasks.push(newTask);
  }

  deleteTask(id) {
    this.tasks = this.tasks.filter(task => task.id !== id);
  }

  getTasks() {
    return this.tasks;
  }
}

export default new TaskService();
```

3. 组件开发

（1）任务列表组件（components/taskList.js）

Prompt 示例： 生成一个 JavaScript 函数组件，展示任务列表，支持完成状态切换和任务删除。

Cursor 生成的代码如下：

```
import taskService from "../services/taskService.js";

export function renderTaskList() {
  const tasks = taskService.getTasks();
  const taskListContCursorner = document.createElement("ul");

  tasks.forEach(task => {
    const taskItem = document.createElement("li");
    const toggleButton = document.createElement("button");
    const deleteButton = document.createElement("button");

    taskItem.textContent = task.title;
    toggleButton.textContent = task.isCompleted ? "Undo" : "Complete";
    deleteButton.textContent = "Delete";

    toggleButton.addEventListener("click", () => {
      task.toggleCompletion();
      renderTaskList();
    });

    deleteButton.addEventListener("click", () => {
      taskService.deleteTask(task.id);
      renderTaskList();
    });

    taskItem.appendChild(toggleButton);
    taskItem.appendChild(deleteButton);
    taskListContCursorner.appendChild(taskItem);
  });

  const appContCursorner = document.getElementById("app");
  appContCursorner.innerHTML = ""; // Clear previous content
  appContCursorner.appendChild(taskListContCursorner);
}
```

（2）添加任务组件（components/addTask.js）

Prompt 示例： 生成一个任务添加组件，包含输入框和添加按钮，并更新任务列表。

Cursor 生成的代码如下：

```
import taskService from "../services/taskService.js";
import { renderTaskList } from "./taskList.js";

export function renderAddTask() {
  const inputField = document.createElement("input");
```

```
  const addButton = document.createElement("button");

  inputField.placeholder = "Enter task title";
  addButton.textContent = "Add Task";

  addButton.addEventListener("click", () => {
    const title = inputField.value.trim();
    if (title) {
      taskService.addTask(title);
      inputField.value = ""; // Clear input field
      renderTaskList();
    }
  });

  const appContCursorner = document.getElementById("app");
  appContCursorner.appendChild(inputField);
  appContCursorner.appendChild(addButton);
}
```

4. 应用集成

Prompt 示例：生成主应用文件（app.js），集成任务列表并添加任务组件。

Cursor 生成的代码如下：

```
import { renderTaskList } from "./components/taskList.js";
import { renderAddTask } from "./components/addTask.js";

function initializeApp() {
  renderAddTask();
  renderTaskList();
}

document.addEventListener("DOMContentLoaded", initializeApp);
```

5. 性能优化

接下来优化列表渲染，通过 Cursor 自动生成优化提示，使用 DocumentFragment 减少 DOM 操作。

Prompt 示例：优化任务列表组件，减少直接的 DOM 操作，使用 DocumentFragment。

Cursor 优化后的代码如下：

```
const taskListFragment = document.createDocumentFragment();

tasks.forEach(task => {
  const taskItem = document.createElement("li");
  // Add task item content and event listeners...
  taskListFragment.appendChild(taskItem);
});

taskListContCursorner.appendChild(taskListFragment);
```

借助 Cursor，JavaScript 应用开发从项目初始化到模块化代码的实现均得以高效完成。Cursor 不仅能够生成符合最佳实践的代码模板，还能提供优化建议，显著提升了开发效率和代码质量。本节以任务管理应用开发为例，Cursor 为其核心逻辑和组件开发提供了系统化支持，为前端开发者带来了高效便捷的工作体验。

5.1.3 基于 Cursor 与 Copilot 联合开发 Vue.js、React 应用

在 Vue.js 和 React 开发中，Cursor 和 Copilot 提供了强大的代码补全、优化和调试能力。Cursor 通过上下文感知生成标准化代码，而 Copilot 进一步提升了代码生成的智能化和多样性。

【例 5-2】围绕任务管理应用，详细讲解如何综合使用这两款工具完成从组件开发到状态管理优化的完整过程。

1. 使用 Cursor 和 Copilot 初始化项目

Prompt： 生成一个基于 Vue.js 的任务管理项目基础结构，包括组件、状态管理和路由配置文件。

Cursor 生成的项目结构如下：

```
project/
├── src/
│   ├── components/
│   │   ├── TaskList.vue
│   │   └── AddTask.vue
│   ├── store/
│   │   └── index.js
│   ├── router/
│   │   └── index.js
│   ├── App.vue
│   └── mCursorn.js
├── public/
│   └── index.html
```

Prompt： 生成一个基于 React 的任务管理项目基础结构，包括组件、状态管理和路由文件。

Cursor 生成的项目结构如下：

```
project/
├── src/
│   ├── components/
│   │   ├── TaskList.js
│   │   └── AddTask.js
│   ├── context/
│   │   └── TaskContext.js
│   ├── App.js
│   └── index.js
├── public/
│   └── index.html
```

2. 组件开发

（1）Vue.js 组件开发——任务列表组件（TaskList.vue）

Prompt（Copilot）：生成一个 Vue.js 组件，展示任务列表，支持完成状态切换和任务删除。

Copilot 生成的代码如下：

```
<template>
  <ul>
    <li v-for="task in tasks" :key="task.id">
      <span :class="{ completed: task.isCompleted }">{{ task.title }}</span>
      <button @click="toggleCompletion(task.id)">
        {{ task.isCompleted ? "Undo" : "Complete" }}
      </button>
      <button @click="deleteTask(task.id)">Delete</button>
    </li>
  </ul>
</template>

<script>
export default {
  props: {
    tasks: Array,
  },
  methods: {
    toggleCompletion(id) {
      this.$emit("toggle-completion", id);
    },
    deleteTask(id) {
      this.$emit("delete-task", id);
    },
  },
};
</script>

<style>
.completed {
  text-decoration: line-through;
  color: gray;
}
</style>
```

（2）React 组件开发——任务列表组件（TaskList.js）

Prompt（Copilot）：生成一个 React 组件，展示任务列表，支持完成状态切换和任务删除。

Copilot 生成的代码如下：

```
import React from "react";
```

```
const TaskList = ({ tasks, onToggleCompletion, onDeleteTask }) => {
  return (
    <ul>
      {tasks.map((task) => (
        <li key={task.id}>
          <span
            style={{
              textDecoration: task.isCompleted ? "line-through" : "none",
            }}
          >
            {task.title}
          </span>
          <button onClick={() => onToggleCompletion(task.id)}>
            {task.isCompleted ? "Undo" : "Complete"}
          </button>
          <button onClick={() => onDeleteTask(task.id)}>Delete</button>
        </li>
      ))}
    </ul>
  );
};

export default TaskList;
```

3. 状态管理

（1）Vue.js 状态管理

Prompt: 生成一个 Vuex 状态管理模块，用于管理任务列表数据，支持任务的增、删、改、查。

Cursor 生成的代码如下：

```
import Vue from "vue";
import Vuex from "vuex";

Vue.use(Vuex);

export default new Vuex.Store({
  state: {
    tasks: [],
  },
  mutations: {
    addTask(state, task) {
      state.tasks.push(task);
    },
    deleteTask(state, id) {
      state.tasks = state.tasks.filter((task) => task.id !== id);
    },
    toggleCompletion(state, id) {
      const task = state.tasks.find((task) => task.id === id);
      if (task) task.isCompleted = !task.isCompleted;
```

```
      },
    },
    actions: {
      addTask({ commit }, task) {
        commit("addTask", task);
      },
      deleteTask({ commit }, id) {
        commit("deleteTask", id);
      },
      toggleCompletion({ commit }, id) {
        commit("toggleCompletion", id);
      },
    },
  });
```

（2）React 状态管理

Prompt（Copilot）：生成一个 React Context，用于管理任务数据，支持任务的增、删、改、查。

Copilot 生成的代码如下：

```
import React, { createContext, useReducer } from "react";

const TaskContext = createContext();

const taskReducer = (state, action) => {
  switch (action.type) {
    case "ADD_TASK":
      return [...state, action.payload];
    case "DELETE_TASK":
      return state.filter((task) => task.id !== action.payload);
    case "TOGGLE_COMPLETION":
      return state.map((task) =>
        task.id === action.payload
          ? { ...task, isCompleted: !task.isCompleted }
          : task
      );
    default:
      return state;
  }
};

const TaskProvider = ({ children }) => {
  const [tasks, dispatch] = useReducer(taskReducer, []);

  return (
    <TaskContext.Provider value={{ tasks, dispatch }}>
      {children}
    </TaskContext.Provider>
  );
```

```
};

export { TaskContext, TaskProvider };
```

将 Cursor 与 Copilot 相结合，我们可以快速完成 Vue.js 和 React 应用的核心模块开发，涵盖从组件实现到状态管理，再到性能优化等多个环节。这两款工具相辅相成，显著提升了代码编写效率和应用质量，为复杂的前端项目的开发提供了系统化支持。

5.2 自动生成 Vue 组件、React Hooks 等

在现代前端开发中，快速迭代与高效实现是至关重要的目标。Cursor 能够帮助我们实现从项目初始化到功能实现全流程自动化，显著提升开发效率。本节以构建单页应用为例，探讨如何通过 Cursor 生成 Vue 组件、React Hooks 及相关模块，快速搭建项目结构并实现核心功能。通过实际案例展示 Cursor 在组件化开发、状态管理和代码生成中的强大能力，为前端开发提供全面的智能化支持。

5.2.1 实战：构建一个单页应用

单页应用（Single Page Application，SPA）凭借高效的用户体验和轻量化资源加载，在众多领域得到了广泛应用。Cursor 可以帮助我们从零开始，快速构建一个功能简单但完整的单页应用。

【例 5-3】围绕任务管理应用，详细讲解通过 Cursor 生成项目结构、实现路由导航和核心功能模块的过程。

1. 项目初始化

Prompt: 生成一个 Vue.js 单页任务管理应用的基础项目结构，包含路由配置和核心组件。

Cursor 生成的项目结构如下：

```
project/
├── src/
│   ├── components/
│   │   ├── TaskList.vue
│   │   └── AddTask.vue
│   ├── views/
│   │   ├── Home.vue
│   │   └── About.vue
│   ├── router/
│   │   └── index.js
│   ├── App.vue
│   └── mCursorn.js
├── public/
│   └── index.html
```

2. 路由配置

Prompt: 生成 Vue Router 配置文件，包含 Home 和 About 两个页面的路由。

Cursor 生成的代码（src/router/index.js）如下：

```
import Vue from "vue";
import VueRouter from "vue-router";
import Home from "../views/Home.vue";
import About from "../views/About.vue";

Vue.use(VueRouter);

const routes = [
  { path: "/", name: "Home", component: Home },
  { path: "/about", name: "About", component: About },
];

const router = new VueRouter({
  mode: "history",
  routes,
});

export default router;
```

3. 核心功能实现

（1）任务列表组件

Prompt: 生成一个任务列表组件，支持任务的展示和完成状态切换。

Cursor 生成的代码（src/components/TaskList.vue）如下：

```
<template>
  <ul>
    <li v-for="task in tasks" :key="task.id">
      <span :class="{ completed: task.isCompleted }">{{ task.title }}</span>
      <button @click="toggleCompletion(task.id)">
        {{ task.isCompleted ? "Undo" : "Complete" }}
      </button>
    </li>
  </ul>
</template>

<script>
export default {
  props: {
    tasks: Array,
  },
  methods: {
    toggleCompletion(id) {
      const task = this.tasks.find(task => task.id === id);
      if (task) task.isCompleted = !task.isCompleted;
```

```
    },
  },
};
</script>

<style>
.completed {
  text-decoration: line-through;
  color: gray;
}
</style>
```

（2）添加任务组件

Prompt: 生成一个任务添加组件，包含输入框和添加按钮。

Cursor 生成的代码（src/components/AddTask.vue）如下：

```
<template>
  <div>
    <input v-model="newTask" placeholder="Enter task title" />
    <button @click="addTask">Add Task</button>
  </div>
</template>

<script>
export default {
  data() {
    return {
      newTask: "",
    };
  },
  methods: {
    addTask() {
      if (this.newTask.trim()) {
        this.$emit("add-task", { id: Date.now(), title: this.newTask, isCompleted: false });
        this.newTask = "";
      }
    },
  },
};
</script>
```

（3）Home 页面集成

Prompt: 在 Home 页面集成任务列表和任务添加组件，使用事件传递管理任务数据。

Cursor 生成的代码（src/views/Home.vue）如下：

```
<template>
  <div>
    <h1>Task Manager</h1>
```

```
    <AddTask @add-task="addTask" />
    <TaskList :tasks="tasks" />
  </div>
</template>

<script>
import AddTask from "../components/AddTask.vue";
import TaskList from "../components/TaskList.vue";

export default {
  components: { AddTask, TaskList },
  data() {
    return {
      tasks: [],
    };
  },
  methods: {
    addTask(task) {
      this.tasks.push(task);
    },
  },
};
</script>
```

4. 集成与运行

Prompt: 生成 Vue 应用的入口文件，集成路由和全局配置。

Cursor 生成的代码（src/mCursorn.js）如下：

```
import Vue from "vue";
import App from "./App.vue";
import router from "./router";

Vue.config.productionTip = false;

new Vue({
  router,
  render: (h) => h(App),
}).$mount("#app");
```

Prompt: 生成 App.vue 文件，添加路由视图和导航链接。

Cursor 生成的代码（src/App.vue）如下：

```
<template>
  <div id="app">
    <nav>
      <router-link to="/">Home</router-link>
      <router-link to="/about">About</router-link>
    </nav>
    <router-view />
  </div>
```

```
</template>

<script>
export default {
  name: "App",
};
</script>
```

5. 优化和运行

• 运行项目：通过 npm run serve 启动开发服务器。

• 优化建议：使用 v-bind:key 确保任务列表被高效渲染；使用 v-once 优化静态内容；根据需求整合状态管理工具（如 Vuex），提升代码的可维护性。

本节通过 Cursor 的代码生成能力，快速完成了单页任务管理应用的开发，为开发者提供了清晰的逻辑结构和高效的工作流程。由此可见，Cursor 显著降低了开发的复杂度，可以帮助个人开发者或企业开发团队快速完成单页应用的上线。

5.2.2 利用 Cursor 生成抢红包项目的项目结构和功能模块

抢红包功能是一个常见的实时性任务，涉及前端界面的实时更新、任务分配逻辑和后台数据交互。通过 Cursor 从零生成抢红包项目的结构和功能模块，可以快速完成项目的开发。

【例 5-4】以 Vue.js 为框架，详细讲解如何利用 Cursor 生成项目结构、功能模块及核心逻辑。

1. 生成项目结构

Prompt: 生成一个 Vue.js 项目结构，用于实现抢红包功能，包含组件、状态管理、路由和后台模拟数据模块。

Cursor 生成的项目结构如下：

```
project/
├── src/
│   ├── components/
│   │   ├── RedPacketList.vue
│   │   ├── GrabRedPacket.vue
│   ├── store/
│   │   └── index.js
│   ├── views/
│   │   ├── Home.vue
│   │   └── Leaderboard.vue
│   ├── services/
│   │   └── api.js
│   ├── App.vue
│   └── mCursorn.js
├── public/
│   └── index.html
```

2. 核心模块开发

（1）后台模拟数据服务

Prompt：生成一个抢红包接口，返回已抢到的红包金额和剩余的红包数量。

Cursor 生成的代码（src/services/api.js）如下：

```
export function fetchRedPacket() {
  const remCursorningPackets = Math.floor(Math.random() * 20) + 1;
  const amount = (Math.random() * 10).toFixed(2);
  return new Promise((resolve) => {
    setTimeout(() => {
      resolve({
        amount: parseFloat(amount),
        remCursorningPackets,
      });
    }, 500);
  });
}
```

（2）抢红包组件

Prompt：生成一个 Vue 组件，实现抢红包功能，调用 fetchRedPacket 接口并实时更新页面。

Cursor 生成的代码（src/components/GrabRedPacket.vue）如下：

```
<template>
  <div>
    <button @click="grabRedPacket" :disabled="isLoading">抢红包</button>
    <p v-if="message">{{ message }}</p>
  </div>
</template>

<script>
import { fetchRedPacket } from "../services/api.js";

export default {
  data() {
    return {
      isLoading: false,
      message: "",
    };
  },
  methods: {
    async grabRedPacket() {
      this.isLoading = true;
      try {
        const response = awCursort fetchRedPacket();
        this.message = `抢到 ${response.amount} 元，剩余红包 ${response.
remCursorningPackets} 个`;
      } catch (error) {
        this.message = "抢红包失败，请重试";
```

```
      } finally {
        this.isLoading = false;
      }
    },
  },
};
</script>

<style>
button {
  padding: 10px 20px;
  font-size: 16px;
}
</style>
```

（3）红包列表组件

Prompt： 生成一个红包记录列表组件，展示抢红包的历史记录。

Cursor 生成的代码（src/components/RedPacketList.vue）如下：

```
<template>
  <ul>
    <li v-for="(record, index) in records" :key="index">
      {{ record }}
    </li>
  </ul>
</template>

<script>
export default {
  props: {
    records: Array,
  },
};
</script>
```

（4）状态管理

Prompt： 生成一个 Vuex 模块，用于管理红包记录和当前用户余额。

Cursor 生成的代码（src/store/index.js）如下：

```
import Vue from "vue";
import Vuex from "vuex";

Vue.use(Vuex);

export default new Vuex.Store({
  state: {
    balance: 0,
    records: [],
  },
  mutations: {
```

```
    addRecord(state, record) {
      state.records.push(record);
    },
    updateBalance(state, amount) {
      state.balance += amount;
    },
  },
  actions: {
    addRedPacketRecord({ commit }, { amount, message }) {
      commit("addRecord", message);
      commit("updateBalance", amount);
    },
  },
});
```

（5）首页与排行榜页面

Prompt：生成一个 Vue 页面，集成抢红包和历史记录功能。

Cursor 生成的代码（src/views/Home.vue）如下：

```
<template>
  <div>
    <h1>抢红包</h1>
    <GrabRedPacket @grab="handleGrab" />
    <h2>抢红包记录</h2>
    <RedPacketList :records="records" />
    <p>当前余额：{{ balance }} 元</p>
  </div>
</template>

<script>
import GrabRedPacket from "../components/GrabRedPacket.vue";
import RedPacketList from "../components/RedPacketList.vue";
import { mapState, mapActions } from "vuex";

export default {
  components: { GrabRedPacket, RedPacketList },
  computed: {
    ...mapState(["records", "balance"]),
  },
  methods: {
    ...mapActions(["addRedPacketRecord"]),
    handleGrab({ amount, remCursorningPackets }) {
      const message = `抢到 ${amount} 元，剩余红包 ${remCursorningPackets} 个`;
      this.addRedPacketRecord({ amount, message });
    },
  },
};
</script>
```

利用 Cursor，我们能够快速从零开始生成抢红包项目的项目结构和核心模块，实现从接口调用到页面展示的完整逻辑。该项目结构清晰，各项功能实现了模块化设计，便于扩展和优化。Cursor 的辅助编程功能显著提升了开发效率，为实时性任务的实现提供了高效的解决方案。

5.3 代码质量提升与优化

高质量的代码是实现高效开发和保障程序稳定运行的基础，这一点在前端代码中表现得尤为如此，因为前端代码的性能优化情况直接影响用户体验。Cursor 可以帮助开发者快速发现代码中的性能瓶颈、潜在问题，并提出优化建议。

本节将探讨如何使用 Cursor 进行代码审查与性能优化，并结合具体案例展示如何提升前端代码的执行效率，为实际的开发工作提供系统化指导。

5.3.1 利用 Cursor 进行代码审查与性能优化

Cursor 在代码审查与性能优化方面表现出色，能够高效识别代码中的潜在问题，提供优化建议，从而协助开发者提升代码质量。本节将介绍这些工具在前端开发中的应用，展示如何利用它们进行代码审查与性能优化。

Cursor 工具可以快速扫描代码，识别其中的潜在问题，例如检查未被使用的变量、不规范的代码格式或可能导致性能问题的循环逻辑。

【例 5-5】检查未被使用的变量。

Prompt: 分析以下代码，检查未被使用的变量并提示改进建议。

```
const a = 5;
const b = 10;
console.log(a);
```

Cursor 的代码审查结果：

```
变量 "b" 未被使用，建议移除以减少代码冗余。
```

【例 5-6】优化循环逻辑。

Prompt: 检查以下代码中的循环是否存在性能问题。

```
for (let i = 0; i < array.length; i++) {
  console.log(array[i]);
}
```

Cursor 的优化建议：

```
建议将 array.length 缓存到变量中以减少重复计算：
const length = array.length;
for (let i = 0; i < length; i++) {
  console.log(array[i]);
}
```

通过与代码风格规范（如 ESLint 规则）相结合，Cursor 能够针对代码格式和风格提供自动化建议，帮助团队统一代码风格。

【例 5-7】检查代码是否符合规范。

Prompt: 分析代码是否符合 Cursorrbnb JavaScript 代码规范。

```
const sum = function(a, b) {
  return a + b;
};
```

Cursor 的审查结果：

```
建议使用箭头函数以符合规范：
const sum = (a, b) => a + b;
```

在 React 和 Vue.js 等前端框架中，避免不必要的重新渲染是性能优化的重要部分。Cursor 工具可检测组件状态依赖并提供优化建议。

【例 5-8】React 优化。

Prompt: 分析以下 React 代码并优化其性能。

```
function TaskList({ tasks }) {
  return (
    <ul>
      {tasks.map(task => (
        <li key={task.id}>{task.title}</li>
      ))}
    </ul>
  );
}
```

Cursor 的优化建议：

```
使用 React.memo 包裹组件以避免无关状态变化导致的重新渲染：
const TaskList = React.memo(({ tasks }) => {
  return (
    <ul>
      {tasks.map(task => (
        <li key={task.id}>{task.title}</li>
      ))}
    </ul>
  );
});
```

此外，Cursor 还能够识别可能导致性能问题的事件绑定逻辑。

【例 5-9】检查代码中的事件绑定逻辑是否存在性能问题。

Prompt: 检查以下代码中的事件绑定逻辑是否存在性能问题。

```
<button onClick={() => handleClick(task.id)}>Click</button>
```

Cursor 的优化建议：

```
避免在渲染期间重新创建事件处理函数，建议使用 useCallback：
```

```
const handleClick = useCallback(id => {
  // Handle click logic
}, []);
```

Cursor 在识别问题后，可以直接生成修复代码，同时 Copilot 还会提供更多可供选择的实现方式。

【例 5-10】修复代码中的变量作用域。

Prompt: 修复以下代码中的变量作用域问题。

```
for (var i = 0; i < 5; i++) {
  setTimeout(() => console.log(i), 1000);
}
```

Cursor 生成的修复代码：

```
// 使用 let 替代 var，确保每次循环的作用域正确
for (let i = 0; i < 5; i++) {
  setTimeout(() => console.log(i), 1000);
}
```

总的来说，Cursor 的功能不仅在于对代码片段的优化，它还能基于对整个项目的分析，提供全面的性能提升建议，例如合理分解组件以提高复用性，使用动态加载和懒加载策略减少初始加载时间，优化静态资源的管理，例如压缩图片或减少 HTTP 请求数量等。

利用 Cursor 和 Copilot 进行代码审查与性能优化，可以显著提升前端代码的质量和执行效率。从检查潜在问题到优化代码逻辑，AI 工具提供了系统化、自动化的解决方案，使开发过程更加高效、可靠。开发者结合实际开发需求，合理地利用这些工具，能够极大地改善项目的整体性能和用户体验。

5.3.2 优化前端代码的执行效率

代码的执行效率直接影响前端应用的响应速度与用户体验。通过 Cursor 和 Copilot，我们可以快速发现性能瓶颈，并对代码进行优化。

【例 5-11】根据具体场景展示如何优化代码的执行效率。

1. 优化数据处理

具体问题：一个任务管理应用需要统计完成任务的数量。初始代码如下：

```
const tasks = [
  { id: 1, title: "Task 1", isCompleted: true },
  { id: 2, title: "Task 2", isCompleted: false },
  { id: 3, title: "Task 3", isCompleted: true },
];

const completedCount = tasks.filter(task => task.isCompleted).length;
console.log(completedCount);
```

Cursor 对上述代码的分析如下：

在上述代码中，filter 会生成新数组，从而占用额外的内存。对于仅需要统计数量的场景，建议使用 reduce 方法进行优化。

我们结合 Cursor 给出的意见进一步优化代码。

Prompt: 优化统计完成任务数量的代码，减少内存占用。

Cursor 生成的代码如下：

```
const completedCount = tasks.reduce((count, task) => {
  return count + (task.isCompleted ? 1 : 0);
}, 0);
console.log(completedCount);
```

Cursor 生成的代码在两个方面进行了优化：一是减少了额外的数组创建，直接对计数进行累加；二是提高了代码在大数据量场景下的执行效率。

2. 避免不必要的重新渲染

具体问题：采用一个 React 组件显示任务列表，这导致每当父组件发生更新时，该子组件都会进行不必要的重新渲染。初始代码如下：

```
function TaskList({ tasks }) {
  console.log("Rendering TaskList");
  return (
    <ul>
      {tasks.map(task => (
        <li key={task.id}>{task.title}</li>
      ))}
    </ul>
  );
}
```

Cursor 对上述代码的分析如下：

在上述代码中，即使 tasks 未发生变化，每当父组件状态更新时，该组件在都会重新渲染。针对这类问题，建议使用 React.memo 进行优化。

我们结合 Cursor 给出的意见进一步优化代码。

Prompt: 优化 React 组件的渲染逻辑，避免重复渲染。

Cursor 生成的代码如下：

```
const TaskList = React.memo(({ tasks }) => {
  console.log("Rendering TaskList");
  return (
    <ul>
      {tasks.map(task => (
        <li key={task.id}>{task.title}</li>
      ))}
    </ul>
  );
});
```

经过优化，我们可以避免不必要的重新渲染，有效提升了程序的性能。此外，对于 tasks

未发生变化时组件仍进行更新的情况，经过优化代码，程序性能也得到了显著改善。

3. 动态加载与懒加载

具体问题：一个单页应用需要加载多个大型模块，初始代码需要一次性加载所有模块。初始代码如下：

```
import ModuleA from "./ModuleA";
import ModuleB from "./ModuleB";

function App() {
  return (
    <div>
      <ModuleA />
      <ModuleB />
    </div>
  );
}
```

Cursor 对上述代码的分析如下：

针对上述问题，建议使用动态加载和懒加载，以实现模块的按需加载，减少初始加载所需的时间。

我们结合 Cursor 给出的意见进一步优化代码。

Prompt： 优化模块加载方式，实现按需加载。

Cursor 生成的代码如下：

```
import React, { Suspense } from "react";

const ModuleA = React.lazy(() => import("./ModuleA"));
const ModuleB = React.lazy(() => import("./ModuleB"));

function App() {
  return (
    <Suspense fallback={<div>Loading...</div>}>
      <ModuleA />
      <ModuleB />
    </Suspense>
  );
}
```

经过优化的代码能够按需加载模块，减少了首次加载所需的时间，提升了用户体验，加载过程中还能够显示占位符。

4. 使用节流与防抖优化事件处理

具体问题：一个搜索框在用户每次输入时都会触发 onChange 事件，这导致程序会产生大量的冗余请求。初始代码如下：

```
<input type="text" onChange={(e) => handleSearch(e.target.value)} />
```

Cursor 对上述代码的分析如下：

建议使用防抖（debounce）技术进行优化，以减少频繁触发的请求数量。

我们结合 Cursor 给出的意见进一步优化代码。

Prompt: 使用防抖优化搜索框的事件处理逻辑。

Cursor 生成的代码如下：

```
import { useCallback } from "react";

function debounce(fn, delay) {
  let timer;
  return function (...args) {
    clearTimeout(timer);
    timer = setTimeout(() => fn(...args), delay);
  };
}

function App() {
  const handleSearch = useCallback(
    debounce((value) => {
      console.log("Search:", value);
    }, 300),
    []
  );

  return <input type="text" onChange={(e) => handleSearch(e.target.value)} />;
}
```

经过优化的代码减少了多余的网络请求或函数调用，提高了针对高频事件的性能表现，进一步改善了用户体验。

5. 优化大型列表渲染

具体问题：一个任务管理应用需要展示上千条任务数据，初始代码需要直接渲染所有任务。初始代码如下：

```
<ul>
  {tasks.map(task => (
    <li key={task.id}>{task.title}</li>
  ))}
</ul>
```

Cursor 对上述代码的分析如下：

针对以上问题，建议使用虚拟列表技术，仅渲染可见区域的内容。

我们结合 Cursor 给出的意见进一步优化代码。

Prompt: 实现虚拟列表，优化大数据量的渲染。

Cursor 生成的代码如下：

```
import { FixedSizeList as List } from "react-window";

function VirtualizedTaskList({ tasks }) {
  return (
```

```
      <List
        height={400}
        itemCount={tasks.length}
        itemSize={35}
        width="100%"
      >
        {({ index, style }) => (
          <div style={style}>
            {tasks[index].title}
          </div>
        )}
      </List>
    );
  }
```

经过优化的代码仅渲染可见区域的内容，显著降低了内存占用，有效提升了大数据列表的滚动性能。

在上述示例中，我们通过 Cursor 和 Copilot 的智能建议，可以快速发现代码中的性能瓶颈，并生成经过优化的代码。本节通过多个实际场景展示了循环优化、组件渲染优化、动态加载、防抖与节流以及虚拟列表技术，为提升前端代码的执行效率提供了全面的指导。

5.4 本章小结

本章以前端开发为主题，探讨了如何利用 AI 工具（如 Cursor 和 Copilot）提升开发效率与代码质量。从生成 Vue 组件、React Hooks 到构建单页应用，展示了AI 在项目结构化设计和功能模块实现中的实际应用。同时，通过代码审查与性能优化的具体示例，详细阐述了如何提升代码的执行效率，优化渲染逻辑和事件处理。

第 6 章 Cursor 辅助后端编程开发实战

后端开发是现代应用程序的核心环节，涉及数据处理、接口设计和系统架构等关键内容。AI 工具（如 Cursor 和 Copilot）通过智能代码生成、优化建议和自动化测试功能，为后端开发提供了高效且智能的解决方案。

本章将围绕实际项目展开，全面展示如何利用 AI 工具高效完成从数据库设计到接口开发的各项任务，并结合案例分析，探讨性能优化与安全策略，为构建高性能、可维护的后端系统提供实用指导。

6.1 后端开发中的自动化代码生成

后端开发的效率直接影响系统的稳定性与扩展性。AI 工具可以帮助我们快速生成 RESTful API 接口、数据库模型和业务逻辑代码，显著降低开发成本。

本节将重点讲解如何利用 Cursor 完成接口和模型的自动化生成，并结合 CRUD 功能的实现展示 AI 工具在后端开发中的实际应用。通过具体案例，深入探讨 AI 在代码生成和业务逻辑构建中的优势，为后端开发提供智能化支持。

6.1.1 用 Cursor 辅助生成 RESTful API 接口、数据库模型和业务逻辑代码

Cursor 在后端开发中的核心优势体现在自动化代码生成方面。通过合理地设计 Prompt，可以让 AI 工具快速生成 RESTful API 接口、数据库模型及相关的业务逻辑代码，从而显著减少重复性工作并确保代码的规范性。

【例 6-1】围绕一个商品管理系统，展示如何利用 Cursor 完成后端核心模块的开发。

1. 数据库模型生成

Prompt: 生成一个用于商品管理的数据库模型，包含商品名称、价格、库存和创建时间字段，使用 Node.js 和 Sequelize。

Cursor 生成的代码如下：

```
const { Sequelize, DataTypes } = require("sequelize");
const sequelize = new Sequelize("database", "username", "password", {
  host: "localhost",
  dialect: "mysql",
});

const Product = sequelize.define("Product", {
  name: {
    type: DataTypes.STRING,
    allowNull: false,
  },
  price: {
    type: DataTypes.FLOAT,
    allowNull: false,
  },
  stock: {
    type: DataTypes.INTEGER,
    allowNull: false,
  },
  createdAt: {
    type: DataTypes.DATE,
    defaultValue: Sequelize.NOW,
  },
});

module.exports = Product;
```

【代码性能评估】

上述代码定义了 Product 模型，包括 name、price、stock、createdAt 字段，并使用 Sequelize 的类型定义和约束机制规范字段结构。整体的设计简洁明确，便于后续扩展。

2. RESTful API 接口生成

Prompt: 生成一个商品管理的 RESTful API 接口，支持获取所有商品信息，并根据 ID 获取商品、创建商品、更新商品和删除商品，使用 Express 框架。

Cursor 生成的代码如下：

```
const express = require("express");
const Product = require("./models/Product");

const router = express.Router();

// 获取所有商品
router.get("/products", async (req, res) => {
  try {
    const products = await Product.findAll();
    res.status(200).json(products);
  } catch (error) {
    res.status(500).json({ error: "Error fetching products" });
  }
```

```
});

// 根据 ID 获取商品
router.get("/products/:id", async (req, res) => {
  try {
    const product = await Product.findByPk(req.params.id);
    if (product) {
      res.status(200).json(product);
    } else {
      res.status(404).json({ error: "Product not found" });
    }
  } catch (error) {
    res.status(500).json({ error: "Error fetching product" });
  }
});

// 创建商品
router.post("/products", async (req, res) => {
  try {
    const newProduct = await Product.create(req.body);
    res.status(201).json(newProduct);
  } catch (error) {
    res.status(400).json({ error: "Error creating product" });
  }
});

// 更新商品
router.put("/products/:id", async (req, res) => {
  try {
    const updatedProduct = await Product.update(req.body, {
      where: { id: req.params.id },
    });
    res.status(200).json(updatedProduct);
  } catch (error) {
    res.status(400).json({ error: "Error updating product" });
  }
});

// 删除商品
router.delete("/products/:id", async (req, res) => {
  try {
    const deletedProduct = await Product.destroy({
      where: { id: req.params.id },
    });
    res.status(204).send();
  } catch (error) {
    res.status(500).json({ error: "Error deleting product" });
  }
});

module.exports = router;
```

【代码性能评估】

上述代码提供了完整的 CRUD 接口，并基于 Express 的路由机制实现模块化管理，通过 try-catch 结构处理错误，增强了接口的稳定性与容错能力。

3. 业务逻辑实现

Prompt: 生成一个商品库存更新的业务逻辑函数，验证库存是否足够，并更新库存，返回操作结果。

Cursor 生成的代码如下：

```
const updateStock = async (productId, quantity) => {
  try {
    const product = await Product.findByPk(productId);
    if (!product) {
      return { success: false, message: "Product not found" };
    }
    if (product.stock < quantity) {
      return { success: false, message: "Insufficient stock" };
    }
    product.stock -= quantity;
    await product.save();
    return { success: true, message: "Stock updated successfully" };
  } catch (error) {
    return { success: false, message: "Error updating stock" };
  }
};

module.exports = { updateStock };
```

【代码性能评估】

上述代码能检查商品库存是否足够，以确保业务逻辑的正确性，并使用 Sequelize 提供的 findByPk() 和 save() 方法更新数据库。此外，还能返回详细的操作结果信息，便于前端处理。

4. 整合与运行

Prompt: 生成一个主程序文件，整合 RESTful API 接口，启动服务器并连接数据库。

Cursor 生成的代码如下：

```
const express = require("express");
const bodyParser = require("body-parser");
const productRoutes = require("./routes/products");
const sequelize = require("./models/Product").sequelize;

const app = express();
const PORT = 3000;

app.use(bodyParser.json());
app.use("/api", productRoutes);
```

```
sequelize.sync().then(() => {
  app.listen(PORT, () => {
    console.log(`Server is running on http://localhost:${PORT}`);
  });
});
```

【代码性能评估】

上述代码整合了路由与数据库模型，构建了完整的服务端应用；并使用 sequelize.sync 将模型同步到数据库，以确保数据表结构一致。

通过 Cursor 的辅助，我们可以在短时间内生成完整、规范的商品管理系统后端代码模块，这为后端开发带来显著的效率提升，也为复杂业务场景的开发奠定了良好基础。

6.1.2　结合 Cursor 实现 CRUD 功能

在高并发场景下，后端的 CRUD 功能需要特别关注数据一致性、性能优化和资源控制。Cursor 作为 AI 辅助开发工具，能够通过智能代码生成和优化建议，协助构建稳定且高性能的后端系统。

【例 6-2】以一个订单管理系统为例，结合高并发处理需求，展示如何利用 Cursor 实现优化的 CRUD 功能。

1. 高并发下的挑战

• 数据一致性：高并发场景可能导致数据竞争问题，如多个请求同时修改同一条记录，导致数据不一致。

• 性能瓶颈：频繁的数据库操作可能导致锁竞争，影响系统吞吐量。

• 资源控制：服务端需要合理限制并发连接数，防止服务过载和资源耗尽。

2. 数据库设计

Prompt: 生成一个订单管理数据库模型，包含订单 ID、用户 ID、商品 ID、数量、订单状态、创建时间和修改时间，支持高并发。

Cursor 生成的代码如下：

```
const { Sequelize, DataTypes } = require("sequelize");
const sequelize = new Sequelize("database", "username", "password", {
  host: "localhost",
  dialect: "mysql",
});

const Order = sequelize.define("Order", {
  orderId: {
    type: DataTypes.STRING,
    primaryKey: true,
  },
  userId: {
```

```
    type: DataTypes.STRING,
    allowNull: false,
  },
  productId: {
    type: DataTypes.STRING,
    allowNull: false,
  },
  quantity: {
    type: DataTypes.INTEGER,
    allowNull: false,
  },
  status: {
    type: DataTypes.ENUM("pending", "completed", "canceled"),
    defaultValue: "pending",
  },
  createdAt: {
    type: DataTypes.DATE,
    defaultValue: Sequelize.NOW,
  },
  updatedAt: {
    type: DataTypes.DATE,
    defaultValue: Sequelize.NOW,
  },
});

module.exports = Order;
```

以上代码使用主键和索引优化了查询速度，并通过使用状态字段（如 status）支持并发操作的状态管理。

3. CRUD 功能实现

（1）创建订单（Create）

Prompt: 生成一个订单创建接口，支持高并发场景，确保数据一致性。

Cursor 生成的代码如下：

```
const createOrder = async (req, res) => {
  const { orderId, userId, productId, quantity } = req.body;
  try {
    const newOrder = await Order.create({
      orderId,
      userId,
      productId,
      quantity,
      status: "pending",
    });
    res.status(201).json(newOrder);
  } catch (error) {
    res.status(500).json({ error: "Error creating order" });
  }
```

```
};

module.exports = { createOrder };
```

在高并发场景中，为了确保数据一致性，可综合使用事务（Transaction）和唯一 ID 生成机制（如 UUID），避免重复创建。

（2）读取订单（Read）

Prompt: 生成一个根据订单 ID 查询订单的接口，支持缓存以提升高并发性能。

Cursor 生成的代码如下：

```
const cache = new Map(); // 简单内存缓存

const getOrder = async (req, res) => {
  const { orderId } = req.params;
  try {
    if (cache.has(orderId)) {
      return res.status(200).json(cache.get(orderId));
    }

    const order = await Order.findByPk(orderId);
    if (order) {
      cache.set(orderId, order);                          // 缓存订单
      res.status(200).json(order);
    } else {
      res.status(404).json({ error: "Order not found" });
    }
  } catch (error) {
    res.status(500).json({ error: "Error fetching order" });
  }
};

module.exports = { getOrder };
```

上述代码使用内存缓存（Map）机制，在实际项目中可将其替换为 Redis，以提升缓存容量与稳定性，并通过设置过期时间以确保数据能及时更新。

（3）更新订单（Update）

Prompt: 生成一个订单状态更新接口，支持高并发下的数据一致性和乐观锁。

Cursor 生成的代码如下：

```
const updateOrderStatus = async (req, res) => {
    const { orderId } = req.params;
    const { status } = req.body;
    try {
        // 查询订单及版本号
        const order = await Order.findByPk(orderId);
        if (!order) {
            return res.status(404).json({ error: "Order not found" });
        }
```

```
        if (order.status === "completed") {
            return res.status(400).json({ error: "Cannot update a completed order" });
        }
        // 乐观锁检查版本号
        const updatedRows = await Order.update(
            { status: status, version: order.version + 1 },
            { where: { id: orderId, version: order.version } }
        );
        if (updatedRows[0] === 0) {
            // 版本号不一致，说明被其他事务修改过，可返回冲突信息等
            return res.status(409).json({ error: "Concurrency conflict" });
        }
        const updatedOrder = await Order.findByPk(orderId);
        res.status(200).json(updatedOrder);
    } catch (error) {
        res.status(500).json({ error: "Error updating order" });
    }
};

module.exports = { updateOrderStatus };
```

上述代码通过在业务逻辑中判断状态并限制更新，模拟了乐观锁（Optimistic Locking）策略。此外，如需更为严格的控制，还可引入版本号字段（version）配合事务实现真正的并发更新保护。

（4）删除订单（Delete）

Prompt: 生成一个订单删除接口，限制高并发删除操作的资源占用。

Cursor 生成的代码如下：

```
const deleteOrder = async (req, res) => {
  const { orderId } = req.params;
  try {
    const deleted = await Order.destroy({
      where: { orderId },
    });
    if (deleted) {
      res.status(204).send();
    } else {
      res.status(404).json({ error: "Order not found" });
    }
  } catch (error) {
    res.status(500).json({ error: "Error deleting order" });
  }
};

module.exports = { deleteOrder };
```

上述代码会限制批量删除操作的并发连接数，并对删除请求进行队列化处理，以避免数据库锁竞争。

4. 高并发优化综合

针对高并发场景的典型挑战，可从以下几个方面进行优化。

- 使用消息队列处理写操作：将高并发写入请求放入队列，避免直接与数据库交互，降低数据库压力。可使用 RabbitMQ 或 Kafka 作为消息队列。
- 引入分布式锁机制：使用 Redis 的分布式锁限制关键资源的并发访问，避免数据写入冲突。
- 数据库架构扩展：通过读写分离、读库负载均衡、分片等方式提升系统的横向扩展能力与数据处理效率。

在以上案例中，Cursor 可以快速生成针对高并发场景优化的 CRUD 功能代码。从数据库设计到业务逻辑实现，结合事务、缓存和分布式锁等高并发优化策略，确保数据的一致性和系统性能稳定，为后端服务的开发提供高效解决方案。

6.2 生成接口文档与测试用例

接口文档和测试用例是后端开发的重要组成部分，直接影响项目的可维护性与稳定性。Cursor 可以根据已有项目自动生成规范化的接口文档，并结合自动化测试框架高效验证 API 的正确性。

本节将探讨如何利用 Cursor 快速生成接口文档，并结合自动化测试工具实现接口功能验证，为后端服务提供可靠的质量保障。

6.2.1 利用 Cursor 根据已有项目生成接口文档

Cursor 能够根据已有项目的代码结构和注释快速生成接口文档，为复杂项目的文档管理提供高效解决方案。

【例 6-3】以 GitHub 高星开源项目 Express 的官方示例为基础，展示如何利用 Cursor 生成规范化的接口文档。

1. 选择项目和模块

以 Express 项目的官方示例为基础，选择一个模块用于生成接口文档。例如，一个包含用户管理的 API 模块，包含以下功能。

- 获取用户列表。
- 根据 ID 获取用户信息。
- 创建用户。
- 更新用户信息。
- 删除用户。

2. 源代码示例

项目中的用户管理模块代码如下：

```
const express = require("express");
const router = express.Router();

let users = [
  { id: 1, name: "Alice", age: 30 },
  { id: 2, name: "Bob", age: 25 },
];

// 获取用户列表
router.get("/users", (req, res) => {
  res.status(200).json(users);
});

// 根据 ID 获取用户
router.get("/users/:id", (req, res) => {
  const user = users.find((u) => u.id === parseInt(req.params.id));
  if (user) {
    res.status(200).json(user);
  } else {
    res.status(404).json({ error: "User not found" });
  }
});

// 创建用户
router.post("/users", (req, res) => {
  const newUser = { id: Date.now(), ...req.body };
  users.push(newUser);
  res.status(201).json(newUser);
});

// 更新用户
router.put("/users/:id", (req, res) => {
  const user = users.find((u) => u.id === parseInt(req.params.id));
  if (user) {
    Object.assign(user, req.body);
    res.status(200).json(user);
  } else {
    res.status(404).json({ error: "User not found" });
  }
});

// 删除用户
router.delete("/users/:id", (req, res) => {
  users = users.filter((u) => u.id !== parseInt(req.params.id));
  res.status(204).send();
});

module.exports = router;
```

3. 使用 Cursor 生成接口文档

Prompt: 为以下 Express API 模块生成接口文档，包括路径、方法、请求参数、响应示例和状态码。然后请将相关代码发给 Cursor。

Cursor 生成的接口文档用户管理 API 响应示例如下：

```
[
  { "id": 1, "name": "Alice", "age": 30 },
  { "id": 2, "name": "Bob", "age": 25 }
]
```

通过 Cursor 生成的文档，可以进一步补充以下内容。

- 认证信息：如果接口需要 JWT 或其他认证机制，可在文档中补充。
- 错误响应说明：列出更多可能的错误代码及其含义。
- 使用示例：提供完整的 cURL 命令或 Postman 配置，便于调试调用。

Cursor 根据已有的 Express 模块代码，快速生成了规范化的接口文档。这种方式避免了手动编写文档的重复劳动，能确保文档与代码的一致性，为团队协作和后续维护提供了有力支持。同时，生成的文档内容清晰全面，可直接应用于实际的开发项目。

6.2.2 结合自动化测试框架进行 API 测试

API 测试是保障后端系统功能稳定性和正确性的重要环节。结合自动化测试框架（如 Jest、Mocha 或 Postman），可以高效验证接口的功能和性能。

【例 6-4】围绕订单管理系统，展示如何利用 Cursor 自动生成测试代码并执行 API 测试。

1. 测试环境准备

安装测试工具：使用 Jest 和 Supertest 作为测试框架和 HTTP 请求库。

```
npm install --save-dev jest supertest
```

项目结构如下：

```
project/
├── src/
│   ├── app.js          # 主应用文件
│   ├── routes/         # 路由文件
│   │   └── orders.js # 订单路由
│   └── models/         # 数据库模型
│       └── Order.js
├── tests/             # 测试文件目录
│   └── orders.test.js
├── package.json
```

2. 编写测试用例

Prompt: 为订单管理系统生成测试用例，使用 Jest 和 Supertest，测试订单 CRUD 接口，确保接口返回正确的状态码和数据格式。

生成的测试代码如下（tests/orders.test.js）：

```
const request = require("supertest");
const app = require("../src/app");

describe("Order Management API", () => {
  let testOrderId;

  // 测试创建订单接口
  it("should create a new order", async () => {
    const response = await request(app)
      .post("/orders")
      .send({
        userId: "user123",
        productId: "product456",
        quantity: 2,
      });

    expect(response.status).toBe(201);
    expect(response.body).toHaveProperty("id");
    expect(response.body.userId).toBe("user123");
    testOrderId = response.body.id; // 保存创建的订单 ID
  });

  // 测试获取所有订单接口
  it("should retrieve all orders", async () => {
    const response = await request(app).get("/orders");

    expect(response.status).toBe(200);
    expect(Array.isArray(response.body)).toBe(true);
    expect(response.body.length).toBeGreaterThan(0);
  });

  // 测试根据 ID 获取订单接口
  it("should retrieve a specific order by ID", async () => {
    const response = await request(app).get(`/orders/${testOrderId}`);

    expect(response.status).toBe(200);
    expect(response.body).toHaveProperty("id", testOrderId);
  });

  // 测试更新订单接口
  it("should update an existing order", async () => {
    const response = await request(app)
      .put(`/orders/${testOrderId}`)
      .send({ quantity: 5 });

    expect(response.status).toBe(200);
    expect(response.body.quantity).toBe(5);
  });
```

```
  // 测试删除订单接口
  it("should delete an order", async () => {
    const response = await request(app).delete(`/orders/${testOrderId}`);

    expect(response.status).toBe(204);
  });

  // 测试获取已删除订单
  it("should return 404 for a deleted order", async () => {
    const response = await request(app).get(`/orders/${testOrderId}`);

    expect(response.status).toBe(404);
  });
});
```

使用以下命令进行测试：

```
npx jest
```

示例测试结果如下：

```
 PASS  tests/orders.test.js
  Order Management API
    ✓ should create a new order (50 ms)
    ✓ should retrieve all orders (25 ms)
    ✓ should retrieve a specific order by ID (15 ms)
    ✓ should update an existing order (20 ms)
    ✓ should delete an order (10 ms)
    ✓ should return 404 for a deleted order (8 ms)

Test Suites: 1 passed, 1 total
Tests:       6 passed, 6 total
Snapshots:   0 total
Time:        0.785 s
```

3. 测试用例优化

（1）数据隔离

为了确保测试的独立性和数据的纯净性，可以通过以下两种方式实现数据隔离。

• Mock 数据库：使用 Mock 数据库模拟测试环境，避免测试数据对实际数据库的污染。

• 事务隔离：利用数据库的事务机制，在测试开始时开启事务，并在测试结束后回滚事务，确保数据库状态不受影响。

针对数据隔离需求，Cursor 提供的优化建议是使用 SQLite 内存数据库模拟测试环境，并在每次测试后清理数据，具体代码如下：

```
afterEach(async () => {
  await Order.destroy({ where: {} });
});
```

（2）压力测试

为了评估应用在高并发场景下的性能表现，可以使用 Artillery 或 k6 等工具进行压力测试。这些工具能够模拟大量用户同时访问应用的场景，帮助开发者识别性能瓶颈并进行优化。

（3）代码覆盖率检查

为了确保测试用例的全面性，可以使用 Jest 的内置功能检查代码覆盖率。通过运行以下命令，可以生成详细的覆盖率报告：

```
npx jest --coverage
```

覆盖率报告示例如下：

```
----------------|--------|---------|--------|--------|------------------
File                | % Stmts | % Branch | % Funcs | % Lines | Uncovered Line #s
----------------|--------|---------|--------|--------|------------------
All files          |     100 |       100 |      100 |      100 |
 src/routes/orders |     100 |       100 |      100 |      100 |
----------------|--------|---------|--------|--------|------------------
```

通过结合 Cursor 和自动化测试框架，我们可以快速生成完整的 API 测试用例并高效验证接口功能。在测试中覆盖高并发场景，进一步保障了接口的稳定性和性能。自动化测试的引入为后端开发提供了可靠的质量保障，同时提高了开发和维护效率。

6.3 数据库结构设计与性能优化

数据库是后端系统的核心，其结构设计与性能优化直接影响到整个应用的运行效率与数据管理能力。Cursor 可以帮助我们快速生成数据库模型并优化查询逻辑，提升数据操作效率。本节将从数据库结构设计与性能优化两个方面展开，讲解如何利用 Cursor 实现高效的数据库结构设计，并通过查询优化技术应对复杂数据场景，为构建高性能后端系统提供有效的解决方案。

6.3.1 使用 Cursor 辅助数据库结构设计

数据库设计是后端系统开发的基础，涉及数据表结构的规范化、实体关系建模及字段约束设计。利用 Cursor，开发者可以快速生成数据库模型代码，同时确保符合实际业务需求。

【例 6-5】围绕电子商务系统，展示如何使用 Cursor 辅助完成数据库结构设计。

Prompt: 生成一个电子商务系统的数据库表设计，包含用户、商品、订单和库存表，并定义其关系，使用 Sequelize。

Cursor 生成的代码如下。

用户表代码（User.js）：

```
const { Sequelize, DataTypes } = require("sequelize");
const sequelize = require("../config/database");
```

```
const User = sequelize.define("User", {
  id: {
    type: DataTypes.UUID,
    primaryKey: true,
    defaultValue: Sequelize.UUIDV4,
  },
  name: {
    type: DataTypes.STRING,
    allowNull: false,
  },
  email: {
    type: DataTypes.STRING,
    unique: true,
    allowNull: false,
  },
  password: {
    type: DataTypes.STRING,
    allowNull: false,
  },
});

module.exports = User;
```

商品表代码（Product.js）：

```
const { Sequelize, DataTypes } = require("sequelize");
const sequelize = require("../config/database");

const Product = sequelize.define("Product", {
  id: {
    type: DataTypes.UUID,
    primaryKey: true,
    defaultValue: Sequelize.UUIDV4,
  },
  name: {
    type: DataTypes.STRING,
    allowNull: false,
  },
  price: {
    type: DataTypes.FLOAT,
    allowNull: false,
  },
  stock: {
    type: DataTypes.INTEGER,
    allowNull: false,
  },
});

module.exports = Product;
```

订单表代码（Order.js）：

```
const { Sequelize, DataTypes } = require("sequelize");
const sequelize = require("../config/database");

const Order = sequelize.define("Order", {
  id: {
    type: DataTypes.UUID,
    primaryKey: true,
    defaultValue: Sequelize.UUIDV4,
  },
  userId: {
    type: DataTypes.UUID,
    allowNull: false,
  },
  totalAmount: {
    type: DataTypes.FLOAT,
    allowNull: false,
  },
  status: {
    type: DataTypes.ENUM("pending", "completed", "canceled"),
    defaultValue: "pending",
  },
});

module.exports = Order;
```

库存表代码（Inventory.js）：

```
const { Sequelize, DataTypes } = require("sequelize");
const sequelize = require("../config/database");

const Inventory = sequelize.define("Inventory", {
  id: {
    type: DataTypes.UUID,
    primaryKey: true,
    defaultValue: Sequelize.UUIDV4,
  },
  productId: {
    type: DataTypes.UUID,
    allowNull: false,
  },
  quantity: {
    type: DataTypes.INTEGER,
    allowNull: false,
  },
});

module.exports = Inventory;
```

Prompt：为上述表定义关系，使用 Sequelize 的关联方法。

Cursor 生成的代码如下：

```
const User = require("./User");
const Product = require("./Product");
const Order = require("./Order");
const Inventory = require("./Inventory");

User.hasMany(Order, { foreignKey: "userId" });
Order.belongsTo(User, { foreignKey: "userId" });

Order.belongsToMany(Product, {
  through: "OrderProducts",
  foreignKey: "orderId",
});
Product.belongsToMany(Order, {
  through: "OrderProducts",
  foreignKey: "productId",
});

Product.hasOne(Inventory, { foreignKey: "productId" });
Inventory.belongsTo(Product, { foreignKey: "productId" });

module.exports = { User, Product, Order, Inventory };
```

小提示

在上述代码架构中，用户与订单为一对多关系，订单与商品为多对多关系，商品与库存为一对一关系。

为了优化模型结构，还可以在用户表中添加索引和软删除支持，Cursor 返回的优化代码如下：

```
const User = sequelize.define("User", {
  id: {
    type: DataTypes.UUID,
    primaryKey: true,
    defaultValue: Sequelize.UUIDV4,
  },
  name: {
    type: DataTypes.STRING,
    allowNull: false,
  },
  email: {
    type: DataTypes.STRING,
    unique: true,
    allowNull: false,
  },
  password: {
    type: DataTypes.STRING,
    allowNull: false,
```

```
    },
  }, {
    paranoid: true, // 启用软删除
    indexes: [
      {
        unique: true,
        fields: ["email"],
      },
    ],
  });
```

在 Cursor 的帮助下，我们快速完成了电子商务系统的数据库设计，从表结构定义到关系关联，代码清晰规范，符合最佳实践的要求。同时，索引、外键和软删除等优化策略帮助提升了数据库的可维护性和运行效率。这种智能化设计方式显著降低了开发工作量，为复杂系统的实现提供了可靠的支持。

6.3.2 使用 Cursor 优化数据库查询性能

数据库查询性能直接影响后端系统的响应速度，尤其在大数据量和高并发场景下。Cursor 可以帮我们快速生成优化查询代码，并就查询逻辑提出改进建议。

1. 使用索引优化查询

Prompt: 优化用户表中按 email 字段查询的性能，生成支持索引的代码。

Cursor 优化后的代码如下：

```
const User = sequelize.define("User", {
  email: {
    type: DataTypes.STRING,
    allowNull: false,
    unique: true,
  },
}, {
  indexes: [
    {
      fields: ["email"],
    },
  ],
});
```

经 Cursor 优化后，代码通过索引显著提升了按 email 查询的效率。

2. 批量查询优化

Prompt: 优化订单查询，避免 N+1 查询问题，包含关联用户信息。

Cursor 优化后的代码如下：

```
const orders = await Order.findAll({
  include: [{ model: User, attributes: ["name", "email"] }],
});
```

经 Cursor 优化后，代码使用预加载（Eager Loading）机制，有效减少了数据库访问次数，提升了查询效率。

3. 分页与懒加载

Prompt： 生成分页查询代码，返回指定页的订单数据。

Cursor 生成的代码如下：

```
const orders = await Order.findAll({
  limit: 10,
  offset: 20, // 从第 21 条记录开始
});
```

经 Cursor 优化后，代码能够减少一次性加载的数据量，进一步优化了内存占用情况和响应时间。

Cursor 提供的查询优化建议结合了索引设计、预加载机制和分页技术，显著提升了数据库查询性能。这种智能化优化方法适用于大多数后端应用场景，为高效的数据管理提供了可靠支持。

6.4 实战：构建一个小型商城系统

小型商城系统的开发涵盖从需求分析到功能实现的全流程，涉及数据库设计、后端接口构建、前后端联调及最终的系统发布等环节。Cursor 可以帮我们快速完成关键代码生成、性能优化和技术文档编写。

本节将以实际案例为基础，展示如何借助 Cursor 构建一个功能完善的小型商城系统，通过从项目启动到发布的全方位指导，为实际开发提供参考。

6.4.1 从项目需求到功能实现：结合 Cursor 重点讲解 Prompt

在构建小型商城系统时，Prompt 设计对 Cursor 生成代码的效率和质量有着直接影响。下面通过几个核心模块的 Prompt 示例，重点讲解如何设计精准的 Prompt 来生成高质量的关键代码。

1. 用户模块：注册与登录

Prompt 示例： 生成用户注册和登录的 API 接口，使用 Node.js 和 Express 实现，注册时对密码加密处理，登录时使用 JWT 生成认证令牌，数据库操作使用 Sequelize。

Cursor 响应的重点如下：

- 使用 bcrypt 加密用户密码，保障安全性。
- 自动生成 POST /register 和 POST /login 接口。
- 集成 JWT 进行用户认证。

Cursor 生成的代码（部分）如下：

```
router.post("/login", async (req, res) => {
  const { email, password } = req.body;
  const user = await User.findOne({ where: { email } });
```

```
  if (!user || !(await bcrypt.compare(password, user.password))) {
    return res.status(401).json({ error: "Invalid credentials" });
  }
  const token = jwt.sign({ id: user.id }, "secret_key");
  res.status(200).json({ token });
});
```

2. 商品模块：列表与详情

Prompt 示例： 为商城系统生成商品的 API 接口代码，允许获取商品列表和商品详情，数据库操作使用 Sequelize 实现，包括错误处理逻辑。

Cursor 响应的重点如下。

- 自动区分列表查询和详情查询。
- 包括错误处理逻辑，如商品缺失则返回 404 错误。

Cursor 生成的代码（部分）如下：

```
router.get("/products/:id", async (req, res) => {
  const product = await Product.findByPk(req.params.id);
  if (!product) {
    return res.status(404).json({ error: "Product not found" });
  }
  res.status(200).json(product);
});
```

3. 订单模块：创建订单与库存更新

Prompt 示例： 生成一个订单创建接口，使用 Sequelize 实现，支持以下功能：

```
1. 验证库存是否足够；
2. 减少库存；
3. 返回创建的订单。
```

Cursor 响应的重点如下。

- 库存不足时自动返回错误信息。
- 支持订单与库存的事务性处理，避免数据不一致。

Cursor 生成的代码（部分）如下：

```
const order = await Order.create({ userId, productId, quantity, status: "pending"
});
product.stock -= quantity;
await product.save();
```

4. 管理员库存管理

Prompt 示例： 生成一个 API 接口，允许管理员更新商品库存，数据库操作使用 Sequelize，包含错误处理逻辑。

Cursor 响应的重点如下。

- 根据 ID 查找商品，支持动态库存更新。
- 添加详细的错误处理逻辑，如商品不存在的情况。

Cursor 生成的代码（部分）如下：

```
router.put("/products/:id/stock", async (req, res) => {
  const { id } = req.params;
  const { stock } = req.body;
  const product = await Product.findByPk(id);
  if (!product) {
    return res.status(404).json({ error: "Product not found" });
  }
  product.stock = stock;
  await product.save();
  res.status(200).json(product);
});
```

5. Prompt 优化技巧

Prompt 的优化技巧涉及以下方面。

- 明确功能需求：例如生成订单接口需包含库存验证与减少逻辑。
- 指定技术栈：例如使用 Node.js 和 Sequelize，明确数据库操作方式。
- 定义错误处理的方式：例如确保接口返回标准的状态码，如 404 或 400。
- 支持多功能整合：例如在一个 Prompt 中说明关联模块，如订单与库存的联动。

通过设计精准的 Prompt，Cursor 能够高效生成商城系统的关键模块代码。以模块化需求为基础，通过明确技术栈、功能逻辑和错误处理要求，Cursor 生成的代码不仅规范，还能直接应用于实际开发中，极大提升了开发效率和代码质量。

6.4.2 使用 Cursor 生成系统技术文档

技术文档是项目开发的重要组成部分，Cursor 可以快速生成清晰、全面的技术文档，确保其与代码保持一致性。例如，Cursor 可以为本节的小型商城系统生成架构设计文档、数据库设计文档和 API 接口文档。以下展示 Cursor 在技术文档生成中的应用。

首先，使用以下 Prompt，为商城系统生成架构设计文档。

Prompt: 生成一个小型商城系统的架构设计文档，描述前端、后端和数据库的结构及模块间的关系。

Cursor 生成的文档如下：

小型商城系统采用分层架构。

前端：基于 Vue.js 框架，负责商品展示、用户交互和订单管理。

后端：使用 Node.js 和 Express 框架，提供 RESTful API 服务，负责业务逻辑处理和数据库交互。

数据库：基于 MySQL，存储用户、商品、订单和库存信息。

模块关系：用户表和订单表为一对多关系，商品表和订单表通过中间表实现多对多关系，商品表与库存表为一对一关系。

其次，使用以下 Prompt，为商城系统的数据库设计生成文档。

Prompt: 根据以下 Sequelize 模型生成数据库设计文档，并描述表结构及字段，说明字段的功能和关系。

Cursor 生成的文档如下：

用户表包含字段：id（UUID，主键）、name（用户姓名）、email（用户邮箱，唯一）、password（加密密码）；用于管理用户信息。

商品表包含字段：id（UUID，主键）、name（商品名称）、price（商品价格）、stock（商品库存）；用于存储商城商品信息。

订单表包含字段：id（UUID，主键）、userId（用户 ID，外键）、totalAmount（订单总额）、status（订单状态）；用于记录用户订单信息。

库存表包含字段：id（UUID，主键）、productId（商品 ID，外键）、quantity（库存数量）；用于管理商品库存。

表关系：用户表与订单表为一对多，商品表与订单表通过中间表 OrderProducts 为多对多，商品表与库存表为一对一。

最后，使用以下 Prompt，为商城系统的 API 生成文档。

Prompt: 为以下 Express 代码生成 RESTful API 文档，包含路径、方法、请求参数、响应示例和状态码。

Cursor 生成的文档如下：

用户注册接口：路径 POST /users/register，请求参数包括 name（用户姓名）、email（用户邮箱）、password（用户密码），响应示例为 {"id": "123", "name": "Alice", "email": "alice@example.com"}，状态码为 201。

获取商品列表接口：路径 GET /products，无请求参数，响应示例为 [{"id": "1", "name": "Product A", "price": 100, "stock": 50}]，状态码为 200。

创建订单接口：路径 POST /orders，请求参数包括 userId（用户 ID）、productId（商品 ID）、quantity（商品数量），响应示例为 {"id": "order123", "userId": "user123", "productId": "product123", "quantity": 2, "status": "pending"}，状态码为 201。

通过精准设计的 Prompt，Cursor 生成的技术文档效率高，内容结构清晰，能够快速为项目开发提供完整的技术支持。

6.5 本章小结

本章围绕 AI 辅助的后端开发，探讨了数据库设计、接口构建、系统发布等全流程应用。开发者可利用 Cursor 生成关键代码和文档，快速实现用户管理、订单处理、库存更新等功能模块，这展现了智能化工具在代码生成和性能优化中的优势。结合高并发场景的优化策略和自动化测试用例的生成方法，进一步提升了系统的稳定性和可靠性。

本章内容为后端开发提供了从架构设计到工程实现的全流程技术指导，进一步表明借助 Cursor 可以显著降低开发成本，为构建高性能、高可靠性的后端系统提供了可复制的实践范式。

第 7 章 测试集成与接口调试

测试集成与接口调试是保障系统稳定性和可靠性的重要环节。在AI工具的辅助下，我们可以快速生成测试用例、自动化测试脚本，并高效完成接口调试工作。本章将围绕测试集成与接口调试，重点讲解如何利用Cursor与Copilot生成测试代码、验证接口功能和性能，并解决开发过程中遇到的调试问题，帮助开发者构建更加高效的开发与测试流程。

7.1 自动化测试用例生成

自动化测试用例是软件质量保障的重要工具，通过系统性地覆盖核心功能模块，测试可以在开发早期发现潜在缺陷，提升系统的稳定性和可靠性。借助Cursor，开发者能够快速生成结构规范、可运行的测试代码，并与主流测试框架集成，实现单元测试和接口测试的自动化。本节将以Cursor的实际应用为例，结合开源项目TinyWebServer，展示自动化测试用例的编写过程及其在实际项目中的应用效果。

7.1.1 使用Cursor生成测试用例

Cursor可以通过解析代码逻辑快速生成测试用例，直接适配Jest、Mocha等JavaScript主流测试框架。

【例7-1】以一个用户管理模块的示例，展示如何使用Cursor生成单元测试代码。

Prompt示例： 为以下用户管理接口生成Jest测试用例，包含用户注册和登录功能，验证状态码和返回数据。

接口代码如下：

```
const express = require("express");
const bcrypt = require("bcrypt");
const jwt = require("jsonwebtoken");
const router = express.Router();

router.post("/register", async (req, res) => {
```

```
  const hashedPassword = await bcrypt.hash(req.body.password, 10);
  res.status(201).json({ id: 1, email: req.body.email });
});

router.post("/login", async (req, res) => {
  const token = jwt.sign({ id: 1 }, "secret");
  res.status(200).json({ token });
});

module.exports = router;
```

Cursor 生成的测试用例如下：

```
const request = require("supertest");
const app = require("../app"); // 主应用文件

describe("User Management API", () => {
  it("should register a new user", async () => {
    const response = await request(app)
      .post("/register")
      .send({ email: "test@example.com", password: "password123" });
    expect(response.status).toBe(201);
    expect(response.body).toHaveProperty("id");
    expect(response.body).toHaveProperty("email", "test@example.com");
  });

  it("should log in an existing user", async () => {
    const response = await request(app)
      .post("/login")
      .send({ email: "test@example.com", password: "password123" });
    expect(response.status).toBe(200);
    expect(response.body).toHaveProperty("token");
  });
});
```

以下是使用 Cursor 生成的测试用例代码，在 Jest 测试框架下运行的测试结果。

运行测试命令：

```
npx jest
```

测试结果如下：

```
 PASS  tests/user.test.js
  User Management API
    ✓ should register a new user (45 ms)
    ✓ should log in an existing user (30 ms)

Test Suites: 1 passed, 1 total
Tests:       2 passed, 2 total
Snapshots:   0 total
Time:        1.236 s
```

测试结果分析如下。

- 测试成功率：所有测试用例均通过。
- 运行时间：单个用例执行时间较短，整体测试效率高。
- 覆盖范围：测试覆盖了注册和登录两个关键接口的正常使用场景。

该测试结果表明，生成的测试用例正确且能够有效地验证接口功能，为进一步集成和性能测试奠定了基础。Cursor 生成的测试用例逻辑清晰，覆盖关键场景，减少了编写测试用例的时间成本，为后续测试集成提供了便捷的方案。

7.1.2 为 GitHub 开源项目 TinyWebServer 编写单元测试与接口测试

TinyWebServer 是一个用 C++ 实现的轻量级 Web 服务器，通过借助 Cursor，我们可以快速为其核心功能模块编写单元测试和接口测试代码，提高项目的可维护性和稳定性。

【例 7-2】展示如何为 TinyWebServer 编写测试代码。

1. 单元测试

Prompt: 为以下 TinyWebServer 的 HTTP 解析模块生成单元测试代码，使用 Google Test 框架，测试请求解析功能。

TinyWebServer HTTP 解析模块代码如下：

```
#include <string>
#include <unordered_map>
#include <sstream>

class HTTPParser {
public:
    void parseRequest(const std::string& request) {
        std::istringstream stream(request);
        std::getline(stream, method_, ' ');
        std::getline(stream, url_, ' ');
    }

    std::string getMethod() const { return method_; }
    std::string getUrl() const { return url_; }

private:
    std::string method_;
    std::string url_;
};
```

Cursor 生成的测试代码如下：

```
#include "HTTPParser.h"
#include <gtest/gtest.h>

TEST(HTTPParserTest, ParseRequest) {
```

```
    HTTPParser parser;
    std::string request = "GET /index.html HTTP/1.1\r\nHost: localhost\r\n\r\n";
    parser.parseRequest(request);

    EXPECT_EQ(parser.getMethod(), "GET");
    EXPECT_EQ(parser.getUrl(), "/index.html");
}

int main(int argc, char **argv) {
    ::testing::InitGoogleTest(&argc, argv);
    return RUN_ALL_TESTS();
}
```

运行测试命令：

```
g++ -o test_parser HTTPParser.cpp test_parser.cpp -lgtest -lgtest_main -pthread
./test_parser
```

测试结果如下：

```
[==========] Running 1 test from 1 test suite.
[----------] Global test environment set-up.
[----------] 1 test from HTTPParserTest
[ RUN      ] HTTPParserTest.ParseRequest
[       OK ] HTTPParserTest.ParseRequest (0 ms)
[----------] 1 test from HTTPParserTest (0 ms total)

[==========] 1 test from 1 test suite ran. (0 ms total)
[  PASSED  ] 1 test.
```

2. 接口测试

Prompt: 为 TinyWebServer 生成接口测试代码，模拟 HTTP GET 请求并验证返回的响应。

Cursor 生成的测试代码如下：

```
#include <iostream>
#include <curl/curl.h>
#include <gtest/gtest.h>

size_t WriteCallback(void* contents, size_t size, size_t nmemb, std::string*
output) {
    size_t totalSize = size * nmemb;
    output->append((char*)contents, totalSize);
    return totalSize;
}

TEST(TinyWebServerTest, HandleGETRequest) {
    CURL* curl;
    CURLcode res;
    std::string response;

    curl = curl_easy_init();
```

```
    if (curl) {
        curl_easy_setopt(curl, CURLOPT_URL, "http://localhost:8080/index.html");
        curl_easy_setopt(curl, CURLOPT_WRITEFUNCTION, WriteCallback);
        curl_easy_setopt(curl, CURLOPT_WRITEDATA, &response);
        res = curl_easy_perform(curl);
        curl_easy_cleanup(curl);

        EXPECT_EQ(res, CURLE_OK);
        EXPECT_NE(response.find("<html>"), std::string::npos); // Check for HTML
content
    }
}

int main(int argc, char** argv) {
    ::testing::InitGoogleTest(&argc, argv);
    return RUN_ALL_TESTS();
}
```

运行测试命令：

```
g++ -o test_interface test_interface.cpp -lcurl -lgtest -lgtest_main -pthread
./test_interface
```

测试结果如下：

```
[==========] Running 1 test from 1 test suite.
[----------] Global test environment set-up.
[----------] 1 test from TinyWebServerTest
[ RUN      ] TinyWebServerTest.HandleGETRequest
[       OK ] TinyWebServerTest.HandleGETRequest (1 ms)
[----------] 1 test from TinyWebServerTest (1 ms total)

[==========] 1 test from 1 test suite ran. (1 ms total)
[  PASSED  ] 1 test.
```

利用 Cursor 快速生成 TinyWebServer 的单元测试和接口测试代码显著减少了测试编写时间。单元测试覆盖了 HTTP 请求解析的功能，接口测试验证了 Web 服务响应内容的正确性，确保了核心功能的正确性和稳定性，为后续优化与扩展提供了可靠的技术保障。

7.2 测试工具集成与优化

测试工具的集成是实现自动化测试的关键步骤，通过结合现有测试框架，如 Jest、JUnit 等，可以全面提升测试用例的执行效率和覆盖率。

本节将探讨如何将 Cursor 生成的测试用例与主流测试框架集成，并通过实际项目展示测试集成流程及优化策略。

7.2.1 将 Cursor 生成的测试用例与现有测试框架集成

Cursor 生成的测试用例可直接应用于主流测试框架，通过集成 Jest（适用于 JavaScript 项目）或 JUnit（适用于 Java 项目），可以实现高效的自动化测试流程。

【例 7-3】分别展示如何将 Cursor 生成的测试用例与这两个框架集成。

1. 使用 Jest 集成 Cursor 生成的测试用例

场景：已有一个用户注册接口，需测试其响应状态码和返回的数据结构。

Prompt 示例： 为以下用户注册接口生成 Jest 测试用例，验证状态码和返回数据是否正确。

Cursor 生成的代码如下：

```
const request = require("supertest");
const app = require("../app"); // 主应用文件

describe("User Management API", () => {
  it("should register a new user", async () => {
    const response = await request(app)
      .post("/register")
      .send({ email: "test@example.com", password: "password123" });
    expect(response.status).toBe(201);
    expect(response.body).toHaveProperty("id");
    expect(response.body).toHaveProperty("email", "test@example.com");
  });
});
```

集成步骤如下。

步骤一，安装 Jest 和 Supertest：

```
npm install --save-dev jest supertest
```

步骤二，配置 package.json：

```
"scripts": {
  "test": "jest"
}
```

步骤三，运行测试：

```
npm test
```

测试结果如下：

```
 PASS  tests/user.test.js
  User Management API
    ✓ should register a new user (45 ms)

Test Suites: 1 passed, 1 total
Tests:       1 passed, 1 total
Time:        0.837 s
```

2. 使用 JUnit 集成 Cursor 生成的测试用例

场景：给定一个简单的订单服务程序，需测试其订单创建功能。

Prompt 示例： 为以下 Java 订单服务生成 JUnit 测试用例，验证订单创建逻辑和返回结果。

Cursor 生成的代码如下：

```
import static org.junit.jupiter.api.Assertions.*;
import org.junit.jupiter.api.Test;

public class OrderServiceTest {

    @Test
    public void testCreateOrder() {
        OrderService service = new OrderService();
        Order order = service.createOrder(1, 2, 3);

        assertNotNull(order);
        assertEquals(1, order.getUserId());
        assertEquals(2, order.getProductId());
        assertEquals(3, order.getQuantity());
    }
}
```

集成步骤如下。

步骤一，添加 JUnit 依赖（使用 Maven 或 Gradle）。

Maven 代码如下：

```
<dependency>
    <groupId>org.junit.jupiter</groupId>
    <artifactId>junit-jupiter</artifactId>
    <version>5.8.2</version>
    <scope>test</scope>
</dependency>
```

Gradle 代码如下：

```
testImplementation 'org.junit.jupiter:junit-jupiter:5.8.2'
```

步骤二，运行测试：

```
./gradlew test
```

步骤三，返回如下测试结果：

```
> Task :test

OrderServiceTest > testCreateOrder PASSED

BUILD SUCCESSFUL in 1s
```

Cursor 生成的测试用例可与主流测试框架快速集成。Jest 适用于 JavaScript 项目，结合 Supertest，可高效测试 API 功能；JUnit 适用于 Java 项目，可验证核心业务逻辑。两者与

Cursor 相结合，进一步提升了测试覆盖率和开发效率。

7.2.2 基于 GitHub 经典开源项目 Docker 的测试集成

Docker 是一个经典的开源项目，其核心采用 Go 语言编写，涉及复杂的功能模块和接口。Cursor 能够为 Docker 的关键模块生成测试代码，并将其与现有的测试框架进行集成，从而实现自动化测试。

【例 7-4】围绕 Docker 的容器管理功能，展示如何使用 Cursor 实现测试集成。

1. 单元测试

Prompt: 为以下 Docker 容器管理模块生成单元测试代码，使用 Go 语言标准测试框架，测试容器创建逻辑。

Docker 容器管理模块示例代码如下：

```
package container

type Container struct {
    ID     string
    Name   string
    Status string
}

func CreateContainer(name string) *Container {
    return &Container{
        ID:     "unique-id-123",
        Name:   name,
        Status: "created",
    }
}
```

Cursor 生成的单元测试代码如下：

```
package container

import (
    "testing"
)

func TestCreateContainer(t *testing.T) {
    container := CreateContainer("my-container")

    if container == nil {
        t.Fatalf("Expected container, got nil")
    }
    if container.Name != "my-container" {
        t.Errorf("Expected name 'my-container', got '%s'", container.Name)
    }
    if container.Status != "created" {
```

```
        t.Errorf("Expected status 'created', got '%s'", container.Status)
    }
}
```

按以下步骤运行单元测试。

步骤一，运行命令：

```
go test ./container -v
```

步骤二，测试结果：

```
=== RUN   TestCreateContainer
--- PASS: TestCreateContainer (0.00s)
PASS
ok      container       0.001s
```

2. 接口测试

Prompt: 为以下 Docker 容器管理 API 生成接口测试代码，模拟 HTTP 请求并验证响应，使用 Go 语言的 httptest 包。

Docker 容器管理 API 示例代码如下：

```
package container

import (
    "encoding/json"
    "net/http"
)

func CreateContainerHandler(w http.ResponseWriter, r *http.Request) {
    var req struct {
        Name string `json:"name"`
    }
    json.NewDecoder(r.Body).Decode(&req)

    container := CreateContainer(req.Name)
    w.Header().Set("Content-Type", "application/json")
    json.NewEncoder(w).Encode(container)
}
```

Cursor 生成的接口测试代码如下：

```
package container

import (
    "bytes"
    "encoding/json"
    "net/http"
    "net/http/httptest"
    "testing"
)
```

```
func TestCreateContainerHandler(t *testing.T) {
    reqBody := `{"name": "test-container"}`
    req := httptest.NewRequest(http.MethodPost, "/containers", bytes.
NewBufferString(reqBody))
    req.Header.Set("Content-Type", "application/json")

    w := httptest.NewRecorder()
    CreateContainerHandler(w, req)

    resp := w.Result()
    defer resp.Body.Close()

    if resp.StatusCode != http.StatusOK {
        t.Fatalf("Expected status 200, got %d", resp.StatusCode)
    }

    var container Container
    json.NewDecoder(resp.Body).Decode(&container)

    if container.Name != "test-container" {
        t.Errorf("Expected name 'test-container', got '%s'", container.Name)
    }
    if container.Status != "created" {
        t.Errorf("Expected status 'created', got '%s'", container.Status)
    }
}
```

运行以下命令：

```
go test ./container -v
```

测试结果如下：

```
=== RUN   TestCreateContainerHandler
--- PASS: TestCreateContainerHandler (0.00s)
PASS
ok      container       0.001s
```

3. 测试集成

Docker 的测试集成需要结合其代码库的组织结构，以下是 Cursor 建议的测试集成步骤。

步骤一，添加测试文件：在项目的 container 模块下创建 container_test.go，包含单元测试和接口测试代码。

步骤二，配置 CI 工具：使用 GitHub Actions 自动运行测试。

Cursor 生成的 CI 配置示例如下：

```
name: Go Tests
on:
  push:
    branches:
      - main
jobs:
```

```
    test:
      runs-on: ubuntu-latest
      steps:
        - name: Checkout code
          uses: actions/checkout@v3
        - name: Setup Go
          uses: actions/setup-go@v3
          with:
            go-version: 1.19
        - name: Run tests
          run: go test ./... -v
```

Cursor 可以快速为 Docker 的核心模块生成高质量的测试代码，并与 Go 语言标准测试框架进行集成，从而覆盖单元测试和接口测试场景。此外，Cursor 通过配置 CI/CD 流程，可实现测试的自动化运行，为保障大型开源项目的质量提供了便捷的解决方案。

7.3 调试与错误修复

调试与错误修复是软件开发的重要环节，及时发现和解决代码中的问题能够显著提升系统的稳定性和可靠性。AI 工具在此过程中发挥了重要作用，可在问题定位、修复建议及逻辑优化等方面提供即时反馈，大幅降低了开发和维护的时间成本。

本节将探讨如何利用 AI 工具进行高效的调试和修复，并结合实际案例展示其在问题解决中的应用，为代码质量的提升提供技术支持。

7.3.1 使用 AI 帮助快速定位和修复代码中的 Bug

通过设计精确的 Prompt，Cursor 能够在代码调试与错误修复中提供显著的帮助。合理的 Prompt 不仅可以帮助 Cursor 快速定位问题，还能生成优化的解决方案。

在以下梳理了使用 Cursor 修复代码时高效设计 Prompt 的关键技巧。

1. 提供完整的上下文信息

错误定位需要完整的代码背景和相关错误日志。Prompt 中应包含以下关键元素。

- 问题代码片段。
- 报错日志或异常信息。
- 预期行为的描述。

Prompt 示例： 以下代码在运行时抛出“TypeError: undefined is not a function”错误，请分析并修复。

```
function add(a, b) {
  return a + b;
}
console.log(add(1)); // 应该返回 2，但抛出错误
```

通过提供完整的上下文，有助于 Cursor 快速识别错误原因，如参数缺失。

2. 明确预期行为

应在 Prompt 中描述代码的正确行为，让 Cursor 能够依据预期结果调整代码逻辑。

Prompt 示例： 以下代码用于获取数组中最大的偶数，但当前代码返回错误结果，请修复代码并保证功能符合以下预期。

```
输入：[1, 2, 3, 4, 5] 输出：4
输入：[1, 3, 5] 输出：null
```

通过明确告知用户预期的输入与输出，能帮助 Cursor 精准地调整逻辑错误。

3. 提供具体错误日志或异常描述

错误日志能够帮助 Cursor 快速定位问题，尤其是在复杂的系统中。

Prompt 示例： 以下是数据库连接代码和报错日志。

```
报错：SequelizeConnectionError: Access denied for user 'root'@'localhost'
代码：
const sequelize = new Sequelize('database', 'root', 'password', {
  host: 'localhost',
  dialect: 'mysql'
});
请修复代码以正确连接数据库。
```

按照上述方式提供具体的报错信息，Cursor 可以生成正确的连接配置。

4. 指定修复方式或限制

在 Prompt 中，可以明确要求修复的方法或约束，以便引导 AI 生成更符合需求的代码。

Prompt 示例： 以下函数实现不够高效，请将其优化为复杂度为 O(n) 的解决方案。

```
function findDuplicates(arr) {
  const result = [];
  for (let i = 0; i < arr.length; i++) {
    for (let j = i + 1; j < arr.length; j++) {
      if (arr[i] === arr[j]) {
        result.push(arr[i]);
      }
    }
  }
  return result;
}
```

通过制订优化目标，我们可以引导 Cursor 提供高效的修复建议。

5. 考虑模块依赖或系统环境

在 Prompt 中加入依赖模块或系统环境描述，有助于 Cursor 生成完整、可运行的修复代码。

Prompt 示例： 以下代码在 Node.js 中运行时抛出 “ReferenceError: fetch is not defined”，请使用适合 Node.js 的替代方法修复。

```
代码：
const response = await fetch('https://api.example.com/data');
const data = await response.json();
```

通过补充运行环境信息，Cursor 能提供更符合实际的修复方案。

6. 增强 Prompt 的通用性

如果需要修复多个类似问题，可以使用通用 Prompt 帮助 Cursor 生成批量化的解决方案。

Prompt 示例： 以下代码库中存在多个未处理 Promise 的情况，可能导致 UnhandledPromiseRejectionWarning 错误，请为以下代码中的所有 Promise 添加错误处理逻辑。

```
代码片段：
const data = fetch('https://api.example.com/data').then(res => res.json());
console.log(data);
```

通过泛化描述，Cursor 会生成统一的错误处理逻辑。

综上所述，在使用 Cursor 定位和修复 Bug 时，Prompt 设计的关键在于提供完整的上下文、明确的预期行为和明确的修复目标。通过适当补充环境信息和限制条件，可以进一步提升 Cursor 的响应准确性和修复质量，使其在调试工作中发挥更大的作用。

7.3.2 实战：用 Cursor 辅助修复 Bug

【例 7-5】围绕一个利用 Cursor 修复 Bug 的完整案例，展示如何通过精确的 Prompt 快速定位问题并生成解决方案。

问题描述：一个商品管理系统的 API 在查询商品详情时，出现了以下错误。

```
TypeError: Cannot read property 'name' of undefined
```

原始代码如下：

```
const getProductById = (id) => {
  return products.find(product => product.id === id).name;
};

console.log(getProductById(1)); // Expected: "Product Name", Error occurs
```

Prompt： 以下代码在运行时抛出错误“TypeError: Cannot read property 'name' of undefined”。代码期望从商品列表中找到指定 ID 的商品并返回商品名称。请修复代码以正确处理未找到商品的情况，避免抛出错误。

Cursor 返回了以下解决方案：

```
const getProductById = (id) => {
  const product = products.find(product => product.id === id);
  if (!product) {
    return "Product not found";
  }
  return product.name;
```

```
    };

    console.log(getProductById(1)); // Correctly returns: "Product Name" or "Product not found"
```

测试用例如下：

```
const products = [
  { id: 1, name: "Product A" },
  { id: 2, name: "Product B" }
];

console.log(getProductById(1)); // Output: "Product A"
console.log(getProductById(3)); // Output: "Product not found"
```

输出结果如下：

```
Product A
Product not found
```

【分析与性能评估】

• 问题的根本原因：原始代码未处理 find 返回值为 undefined 的情况，直接访问 undefined.name 导致错误。

• 修复方法：Cursor 通过检查返回值是否存在，添加了适当的错误处理逻辑。

• 改进点：修复后的代码不仅避免了错误，还增强了函数的稳健性，明确了未找到商品时的返回值。

在该案例中，Cursor 不仅修复了错误，还提升了代码的用户体验。类似的应用场景还包括以下几种。

• 数据库查询：在未找到记录时返回默认值。

• 异步请求：为可能失败的请求添加错误捕获逻辑。

• 用户输入验证：为无效输入提供默认响应或错误提示。

通过合理地设计 Prompt，Cursor 能够快速生成符合需求的修复代码，大幅提高问题解决效率。

7.4 本章小结

本章围绕测试集成与接口调试，探讨了如何利用 Cursor 生成自动化测试用例、快速定位与修复 Bug，并结合实际案例展示了测试工具的集成与优化流程。通过设计精确的 Prompt，Cursor 能够显著提升测试覆盖率和调试效率，为复杂系统的稳定性和代码质量提供了有力保障。本章内容旨在帮助开发者构建更完善的测试体系和调试机制，为软件开发全流程提供智能化支持。

第 8 章　数据结构优化与并发处理

高效的数据结构设计与并发处理机制是构建高性能系统的关键。通过合理优化数据结构，可以显著降低算法复杂度与资源开销，而合理的并发处理机制则是应对高流量场景的重要手段。本章将探讨如何利用 AI 工具优化复杂数据结构的实现，以及在多线程与多进程环境下解决并发问题。本章会结合具体实践，展示 AI 辅助开发在性能优化和并发控制中的高效应用，为构建高性能系统提供全面的支持。

8.1 优化算法与代码结构

优化算法与数据结构是提升代码执行效率的核心手段，通过选择合适的算法并设计高效的数据结构，可以显著提升运行性能，减少资源消耗。AI 工具能够有效识别低效的实现，从问题分析到代码生成，为解决实际开发中的性能瓶颈提供支持。

本节将探索如何利用 AI 工具优化常见的算法和数据结构，并以备忘录小程序为例，展示数据结构优化在实际项目中的应用。

8.1.1 通过 Cursor 优化算法和数据结构

Cursor 能够根据代码片段分析问题并提供优化建议，帮助开发者优化算法和数据结构，从而提升系统性能。

【例 8-1】通过几个常见场景，展示如何通过 Cursor 优化算法和数据结构。

1. 优化查找算法

问题描述：一个函数需要在大数组中查找目标元素，当前的代码实现采用线性查找法，效率较低。

Prompt: 优化以下代码，使其在有序数组中查找目标元素时时间复杂度降至 $O(\log n)$。

```
function findElement(arr, target) {
  for (let i = 0; i < arr.length; i++) {
    if (arr[i] === target) {
```

```
      return i;
    }
  }
  return -1;
}
```

Cursor 建议通过二分查找替代线性查找，具体代码如下：

```
function findElement(arr, target) {
  let left = 0, right = arr.length - 1;
  while (left <= right) {
    const mid = Math.floor((left + right) / 2);
    if (arr[mid] === target) return mid;
    else if (arr[mid] < target) left = mid + 1;
    else right = mid - 1;
  }
  return -1;
}
```

2. 数据结构替换

问题描述：一个计数器模块需要高效统计元素的出现次数，当前实现基于数组操作，复杂度较高。

Prompt 示例： 优化以下代码，使用更高效的数据结构统计数组中每个元素出现的次数。

```
function countOccurrences(arr) {
  const counts = {};
  for (let i = 0; i < arr.length; i++) {
    if (!counts[arr[i]]) {
      counts[arr[i]] = 0;
    }
    counts[arr[i]]++;
  }
  return counts;
}
```

Cursor 建议使用 Map 替代普通对象，提升性能和语义清晰度，具体代码如下：

```
function countOccurrences(arr) {
  const counts = new Map();
  for (const num of arr) {
    counts.set(num, (counts.get(num) || 0) + 1);
  }
  return counts;
}
```

3. 优化递归算法

问题描述：一个递归实现的斐波那契函数效率较低，需改进以避免重复计算。

Prompt 示例： 优化以下递归代码，避免重复计算，提高性能。

```
function fibonacci(n) {
  if (n <= 1) return n;
```

```
  return fibonacci(n - 1) + fibonacci(n - 2);
}
```

Cursor 建议引入备忘录（Memoization）技术优化递归，具体代码如下：

```
function fibonacci(n, memo = {}) {
  if (n <= 1) return n;
  if (memo[n]) return memo[n];
  memo[n] = fibonacci(n - 1, memo) + fibonacci(n - 2, memo);
  return memo[n];
}
```

4. 替换算法实现

问题描述：排序算法的实现效率较低，需使用更高效的替代方案。

Prompt 示例：将以下冒泡排序替换为更高效的快速排序算法。

```
function bubbleSort(arr) {
  for (let i = 0; i < arr.length; i++) {
    for (let j = 0; j < arr.length - i - 1; j++) {
      if (arr[j] > arr[j + 1]) {
        [arr[j], arr[j + 1]] = [arr[j + 1], arr[j]];
      }
    }
  }
  return arr;
}
```

Cursor 建议使用快速排序替代冒泡排序，具体代码如下：

```
function quickSort(arr) {
  if (arr.length <= 1) return arr;
  const pivot = arr[0];
  const left = arr.slice(1).filter(x => x < pivot);
  const right = arr.slice(1).filter(x => x >= pivot);
  return [...quickSort(left), pivot, ...quickSort(right)];
}
```

借助 Cursor 的智能建议，开发者可以快速识别代码中的性能瓶颈并确定优化方案。无论是算法的优化还是数据结构的改进，Cursor 都能提供清晰、可行的代码替代方案，为构建高效系统提供了有力支持。

8.1.2 备忘录小程序开发：数据结构优化

开发备忘录小程序时，数据结构的选择直接影响存储与查询效率。

【例 8-2】围绕优化备忘录数据存储和检索，展示如何结合 Cursor 进行数据结构优化。

备忘录小程序的功能需求如下。

- 备忘录存储：每个备忘录包含 id、title、content 和 timestamp。
- 快速检索：支持按标题关键词查询，支持按时间范围筛选备忘录。

为了高效存储与检索备忘录数据，选择以下数据结构。

- 使用 Map 存储备忘录，以 id 为键，便于快速执行增、删、查功能。
- 建立辅助索引：使用 Trie 加速关键词检索，使用 SortedSet（模拟）管理时间范围筛选。

1. 备忘录存储与基本操作

Prompt 示例： 实现备忘录小程序的基本存储功能，使用 Map 存储备忘录，支持新增、删除和按 id 查询。

Cursor 生成的代码如下：

```
class MemoApp {
  constructor() {
    this.memos = new Map();
  }

  addMemo(id, title, content, timestamp) {
    this.memos.set(id, { id, title, content, timestamp });
  }

  deleteMemo(id) {
    this.memos.delete(id);
  }

  getMemoById(id) {
    return this.memos.get(id) || null;
  }
}

// 示例
const app = new MemoApp();
app.addMemo(1, "Meeting", "Discuss project updates", "2024-01-01T10:00:00Z");
console.log(app.getMemoById(1)); // 输出备忘录内容
```

2. 关键词检索（基于 Trie）

Prompt 示例： 实现一个关键词检索功能，使用 Trie 存储备忘录标题，支持快速查询包含指定前缀的所有备忘录。

Cursor 生成的代码如下：

```
class TrieNode {
  constructor() {
    this.children = {};
    this.memoIds = new Set();
  }
}

class MemoAppWithSearch extends MemoApp {
  constructor() {
    super();
```

```
    this.trie = new TrieNode();
  }

  addMemo(id, title, content, timestamp) {
    super.addMemo(id, title, content, timestamp);

    // 更新 Trie
    let node = this.trie;
    for (const char of title.toLowerCase()) {
      if (!node.children[char]) {
        node.children[char] = new TrieNode();
      }
      node = node.children[char];
      node.memoIds.add(id);
    }
  }

  searchByKeyword(keyword) {
    let node = this.trie;
    for (const char of keyword.toLowerCase()) {
      if (!node.children[char]) return [];
      node = node.children[char];
    }
    return Array.from(node.memoIds).map(id => this.getMemoById(id));
  }
}

// 示例
const app = new MemoAppWithSearch();
app.addMemo(1, "Meeting", "Discuss project updates", "2024-01-01T10:00:00Z");
app.addMemo(2, "Meet friends", "Catch up with old friends", "2024-01-02T15:00:00Z");
console.log(app.searchByKeyword("meet")); // 输出匹配的备忘录
```

3. 时间范围筛选（基于 SortedSet）

Prompt 示例： 实现一个按时间范围筛选备忘录的功能，使用数组排序模拟时间范围查询。

Cursor 生成的代码如下：

```
class MemoAppWithTimeFilter extends MemoApp {
  getMemosByTimeRange(startTime, endTime) {
    const start = new Date(startTime).getTime();
    const end = new Date(endTime).getTime();

    return Array.from(this.memos.values()).filter(memo => {
      const timestamp = new Date(memo.timestamp).getTime();
      return timestamp >= start && timestamp <= end;
    });
  }
}

// 示例
```

```
const app = new MemoAppWithTimeFilter();
app.addMemo(1, "Meeting", "Discuss project updates", "2024-01-01T10:00:00Z");
app.addMemo(2, "Submit Report", "Submit annual report", "2024-01-02T10:00:00Z");
console.log(app.getMemosByTimeRange("2024-01-01T00:00:00Z", "2024-01-01T23:59:59Z"));
// 输出符合时间范围的备忘录
```

通过结合 Map、Trie 和时间范围筛选技术，备忘录小程序实现了高效的存储与检索功能。Cursor 在设计过程中提供了智能化的代码生成与优化建议，显著降低了开发难度，同时提升了代码性能与可维护性。这种结合实际应用场景的优化实践为更多复杂系统的构建提供了借鉴。

8.2 异步编程与并发处理优化

异步编程与并发处理是现代软件开发中提升系统性能和响应速度的关键技术。通过合理地优化异步调用，可以有效减少阻塞等待，提高系统资源利用率。在高并发场景下，多线程处理则是应对高流量和复杂任务的重要手段。

本节将探讨如何利用 AI 工具优化异步编程模型，结合 Cursor 实现高并发系统的多线程处理，为构建高效、稳定的应用提供技术支持。

8.2.1 使用 Cursor 优化异步调用

异步调用在高性能应用中扮演着重要角色，通过非阻塞操作提升系统的资源利用率和响应能力。Cursor 可以通过智能化的代码生成和优化建议，帮助开发者快速改进异步调用逻辑，避免常见问题，如嵌套回调、Promise 链结构不清晰等。

【例 8-3】使用 Cursor 优化异步调用。

1. 优化异步逻辑

问题描述：一个 API 调用依赖多个异步操作，目前的代码使用嵌套回调实现，代码维护难度较大。

原始代码如下：

```
function fetchData() {
  apiCall1((result1) => {
    apiCall2(result1, (result2) => {
      apiCall3(result2, (result3) => {
        console.log(result3);
      });
    });
  });
}
```

Prompt: 优化以下嵌套回调代码，改用 async/await 语法，使代码更加简洁和易于维护。

Cursor 生成的优化代码如下：

```
async function fetchData() {
  try {
    const result1 = await apiCall1();
    const result2 = await apiCall2(result1);
    const result3 = await apiCall3(result2);
    console.log(result3);
  } catch (error) {
    console.error("Error:", error);
  }
}
```

Cursor 生成的代码使用 async/await 语法替代了嵌套回调，提供了统一的错误处理逻辑，使代码更加清晰易读，易于维护。

2. 合并并发请求

问题描述：某服务需要同时发送多个异步请求，但当前实现逐一发送，导致性能受限。

原始代码如下：

```
async function fetchDetails() {
  const user = await fetchUser();
  const orders = await fetchOrders();
  const reviews = await fetchReviews();
  return { user, orders, reviews };
}
```

Prompt: 优化以下代码，通过并发处理多个异步请求，减少总的等待时间。

Cursor 生成的优化代码如下：

```
async function fetchDetails() {
  try {
    const [user, orders, reviews] = await Promise.all([
      fetchUser(),
      fetchOrders(),
      fetchReviews(),
    ]);
    return { user, orders, reviews };
  } catch (error) {
    console.error("Error:", error);
    return null;
  }
}
```

Cursor 优化重点：使用 Promise.all 并发处理多个请求，减少总等待时间；增加了错误处理逻辑，提升了代码的稳健性。

3. 限制并发数量

问题描述：大量异步请求同时发起可能导致系统资源耗尽，需限制并发数量。

Prompt: 为以下批量请求添加并发限制功能，确保最多同时发送 3 个请求。

Cursor 生成的优化代码如下：

```
async function fetchInBatches(tasks, limit) {
  const results = [];
  const executing = new Set();

  for (const task of tasks) {
    const promise = task().then((result) => {
      executing.delete(promise);
      return result;
    });
    results.push(promise);
    executing.add(promise);

    if (executing.size >= limit) {
      await Promise.race(executing);
    }
  }

  return Promise.all(results);
}

// 使用示例
const tasks = [
  () => fetchUser(),
  () => fetchOrders(),
  () => fetchReviews(),
  // 更多任务
];
fetchInBatches(tasks, 3).then(console.log);
```

Cursor 优化重点：实现了并发任务的动态控制，保证资源利用率和系统稳定性；使用 Promise.race 动态管理并发任务队列。

4. 优化异步错误处理

问题描述：在异步调用中，部分任务可能失败，需要实现错误捕获和部分结果返回。

Prompt: 优化以下代码，使其在异步任务失败时记录错误并返回已完成的任务结果。

Cursor 生成的优化代码如下：

```
async function fetchAllWithErrors(tasks) {
  const results = await Promise.all(
    tasks.map((task) =>
      task().catch((error) => {
        console.error("Task failed:", error);
        return null; // 或者返回默认值
      })
    )
  );
  return results.filter((result) => result !== null);
```

```
}

// 使用示例
const tasks = [
  () => fetchUser(),
  () => fetchOrders(),
  () => Promise.reject("Simulated error"), // 模拟失败任务
];
fetchAllWithErrors(tasks).then(console.log);
```

Cursor 优化重点：捕获任务的单独错误，避免影响整体流程；通过 filter() 剔除失败的任务结果，仅返回成功结果。

通过 Cursor 生成的优化代码，可以轻松改进异步调用逻辑，解决嵌套回调、资源浪费和错误处理混乱等问题。使用 async/await、Promise.all 和并发控制等技术，开发者能够构建更加高效、稳定的异步系统，为复杂场景提供可靠支持。

8.2.2 基于 Cursor 的高并发系统的多线程处理

高并发系统的多线程处理需要高效分配任务、避免资源争抢以及保障数据一致性。Cursor 可以帮助实现线程管理、任务分发和并发控制，从而提升系统在高负载场景下的性能。

【例 8-4】展示 Cursor 在多线程处理中的应用。

1. 使用线程池优化任务分配

场景描述：某电商平台需要在高并发场景下处理大量订单，当前系统会为每个请求创建一个线程，导致性能瓶颈。

Prompt: 为以下订单处理服务添加线程池功能，限制同时处理的最大线程数为 10。

Cursor 生成的代码如下：

```
import java.util.concurrent.ExecutorService;
import java.util.concurrent.Executors;

public class OrderProcessor {
    private static final ExecutorService threadPool = Executors.newFixedThreadPool(10);

    public static void processOrder(int orderId) {
        threadPool.submit(() -> {
            System.out.println("Processing order: " + orderId);
            try {
                Thread.sleep(1000); // 模拟订单处理耗时
            } catch (InterruptedException e) {
                Thread.currentThread().interrupt();
            }
            System.out.println("Order processed: " + orderId);
        });
    }
```

```
    public static void shutdown() {
        threadPool.shutdown();
    }

    public static void main(String[] args) {
        for (int i = 1; i <= 20; i++) {
            processOrder(i);
        }
        shutdown();
    }
}
```

上述代码的核心功能点如下。

- 使用 ExecutorService 创建线程池，限制最大线程数为 10。
- 通过 submit() 方法将任务提交到线程池，实现高效任务分发。
- 使用 shutdown() 方法安全关闭线程池。

2. 多线程数据共享与同步

场景描述：在高并发场景下，多个线程需要同时更新库存信息，需保证数据的一致性。

Prompt：实现库存更新的多线程同步，使用锁机制防止多个线程同时修改库存。

Cursor 生成的代码如下：

```
import java.util.concurrent.locks.Lock;
import java.util.concurrent.locks.ReentrantLock;

public class Inventory {
    private int stock = 100;
    private final Lock lock = new ReentrantLock();

    public void updateStock(int quantity) {
        lock.lock();
        try {
            if (stock >= quantity) {
                stock -= quantity;
                System.out.println("Stock updated. Remaining stock: " + stock);
            } else {
                System.out.println("Insufficient stock.");
            }
        } finally {
            lock.unlock();
        }
    }

    public static void main(String[] args) {
        Inventory inventory = new Inventory();

        Runnable task = () -> inventory.updateStock(10);
```

```
        Thread t1 = new Thread(task);
        Thread t2 = new Thread(task);

        t1.start();
        t2.start();
    }
}
```

上述代码的核心功能点如下。

- 使用 ReentrantLock 确保多线程操作的互斥性。
- 在库存更新时加锁，保证操作的原子性。
- 使用 finally 块释放锁，避免死锁风险。

3. 分布式并发控制

场景描述：在分布式环境中，多个服务节点需要同时处理订单，需使用分布式锁避免资源争抢。

Prompt: 实现一个基于 Redis 的分布式锁，用于多服务节点的订单处理。

Cursor 生成的代码如下：

```
import redis.clients.jedis.Jedis;

public class DistributedLock {
    private static final String LOCK_KEY = "order_lock";
    private static final int EXPIRE_TIME = 5000; // 毫秒

    public static boolean acquireLock(Jedis jedis, String requestId) {
            return "OK".equals(jedis.set(LOCK_KEY, requestId, "NX", "PX", EXPIRE_
TIME));
    }

    public static void releaseLock(Jedis jedis, String requestId) {
        String currentValue = jedis.get(LOCK_KEY);
        if (requestId.equals(currentValue)) {
            jedis.del(LOCK_KEY);
        }
    }

    public static void main(String[] args) {
        Jedis jedis = new Jedis("localhost");
        String requestId = "node1";

        if (acquireLock(jedis, requestId)) {
            try {
                System.out.println("Lock acquired, processing order...");
                // 模拟订单处理
                Thread.sleep(2000);
            } catch (InterruptedException e) {
```

```
                    Thread.currentThread().interrupt();
                } finally {
                    releaseLock(jedis, requestId);
                    System.out.println("Lock released.");
                }
            } else {
                System.out.println("Failed to acquire lock.");
            }
        }
    }
```

上述代码的核心功能点如下。

- 使用 Redis 实现分布式锁，确保多节点环境下的资源独占。
- 设置锁的过期时间，避免死锁。
- 验证请求 ID 以释放锁，确保安全性。

通过 Cursor 生成的多线程处理代码，开发者可以快速实现高并发场景的任务分发、数据同步与分布式锁功能。无论是本地多线程优化还是分布式并发控制，Cursor 都能提供智能化的代码解决方案，帮助构建高效、稳定的系统。

8.3 本章小结

本章主要围绕数据结构优化与并发处理，探讨了如何利用 AI 工具提升系统性能和稳定性。从算法优化到异步调用的改进，从多线程管理到分布式锁的实现，Cursor 提供了智能化的解决方案，使复杂问题的开发和优化变得更加高效。通过数据结构的合理设计与并发控制的精细化管理，使系统能够在高负载场景下保持高效运行。本章内容为构建高性能应用系统提供了系统化的指导和实践方法。

第 9 章 代码结构失控难题与图像性能优化

代码结构失控与图像性能问题是开发中常见且棘手的挑战。代码结构失控通常表现为结构混乱、逻辑重复，以及模块间耦合严重，给后期维护与扩展带来较大负担。图像性能优化则直接影响用户体验和应用效率。本章将探讨如何利用 AI 工具重构复杂代码、优化执行逻辑，并通过图像压缩、加载优化等技术手段提升图像处理性能，通过实际案例展示 AI 工具在解决这些问题中的高效应用，为复杂系统优化提供全面指导。

9.1 程序性能问题排查

程序性能问题往往是系统瓶颈的主要来源，常见表现形式包括 CPU 使用率过高、内存泄漏，以及代码结构混乱等。这些问题不仅会降低应用效率，还可能影响稳定性。AI 工具在性能分析与优化方面具有显著优势，能够快速定位问题并提出优化方案。

本节将重点介绍如何利用 AI 工具分析性能瓶颈，并重构复杂代码结构，聚焦程序性能和可维护性的双重提升。

9.1.1 使用 Cursor 辅助分析并优化性能问题

Cursor 能够通过智能提示生成性能分析和优化代码，为开发者提供高效的解决方案。

【例 9-1】以具体问题为例，展示如何使用 Cursor 优化 CPU 使用率和内存消耗。

1. CPU 使用率优化

场景描述：一个服务在处理大量计算任务时，CPU 使用率异常升高，影响系统其他功能的响应能力。

问题代码示例如下：

```
function calculatePrimes(limit) {
  const primes = [];
  for (let i = 2; i <= limit; i++) {
    let isPrime = true;
    for (let j = 2; j < i; j++) {
```

```
      if (i % j === 0) {
        isPrime = false;
        break;
      }
    }
    if (isPrime) primes.push(i);
  }
  return primes;
}

calculatePrimes(100000);
```

Prompt： 优化以上代码以提高计算效率，并减少 CPU 占用，建议使用更高效的算法。

Cursor 生成的优化代码如下：

```
function calculatePrimes(limit) {
  const primes = [];
  const isPrime = Array(limit + 1).fill(true);
  isPrime[0] = isPrime[1] = false;

  for (let i = 2; i <= limit; i++) {
    if (isPrime[i]) {
      primes.push(i);
      for (let j = i * i; j <= limit; j += i) {
        isPrime[j] = false;
      }
    }
  }
  return primes;
}

calculatePrimes(100000);
```

Cursor 优化重点如下。

- 使用埃拉托色尼筛法替代暴力算法，显著降低时间复杂度。
- 减少循环嵌套，提升运行效率，降低 CPU 使用率。

2．内存消耗优化

场景描述：一个函数需要加载和处理大量数据，但由于不必要的数据副本，导致内存消耗异常。

问题代码示例如下：

```
function processData(data) {
  const clonedData = JSON.parse(JSON.stringify(data));
  clonedData.forEach(item => {
    item.processed = true;
  });
  return clonedData;
}
```

Prompt: 优化以上代码以减少内存消耗，避免创建不必要的数据副本。

Cursor 生成的优化代码如下：

```
function processData(data) {
  data.forEach(item => {
    item.processed = true;
  });
  return data;
}
```

Cursor 优化重点如下。

- 避免深拷贝操作，直接在原始数据上进行处理，减少内存使用。.
- 减少 JSON 解析和字符串化操作，提升代码性能。

3. 多线程优化

场景描述：一个单线程任务导致长时间阻塞，系统响应性能受到影响。

Prompt: 优化以下代码，使用多线程分块处理提升任务效率，减少单线程阻塞。

Cursor 生成的优化代码如下：

```
const { Worker, isMainThread, parentPort, workerData } = require('worker_threads');

if (isMainThread) {
  const numbers = Array.from({ length: 100000 }, (_, i) => i + 1);
  const chunkSize = 20000;

  for (let i = 0; i < numbers.length; i += chunkSize) {
    const chunk = numbers.slice(i, i + chunkSize);
    const worker = new Worker(__filename, { workerData: chunk });

    worker.on('message', result => {
      console.log('Processed:', result);
    });
  }
} else {
  const result = workerData.map(n => n * 2); // 示例计算
  parentPort.postMessage(result);
}
```

Cursor 优化重点如下。

- 使用 Worker 线程将任务分块处理，充分利用多核资源，提升效率。
- 减少主线程阻塞，提升系统整体响应性能。

Cursor 在性能问题优化中，通过生成更高效的算法、合理的内存管理和并发处理方案，帮助开发者快速解决高 CPU 使用率和内存消耗等瓶颈问题。在实际场景中，Cursor 不仅能提供智能化的优化建议，还能显著提升代码的性能和稳定性。

9.1.2 综合使用 Cursor 与 Copilot 解决代码结构失控等难题

有些问题系统中的代码不仅结构混乱、冗长重复，而且是长期技术债累积的结果，难以维护。Cursor 和 Copilot 可以帮助我们智能化地重构代码，优化逻辑，提高可读性和可维护性。

【例 9-2】通过具体案例展示如何解决典型的代码结构失控等难题。

1. 重复代码抽象

问题描述：一个项目中有大量重复代码用于处理不同类型的表单提交，逻辑相似但未进行抽象，导致代码维护困难。

原始代码示例如下：

```
function handleUserForm(data) {
  if (!data.name || !data.email) {
    console.error("Missing fields");
    return;
  }
  console.log("User form submitted:", data);
}

function handleOrderForm(data) {
  if (!data.productId || !data.quantity) {
    console.error("Missing fields");
    return;
  }
  console.log("Order form submitted:", data);
}
```

Prompt: 将上述重复代码进行抽象，生成一个通用的表单处理函数。

Cursor 生成的重构代码如下：

```
function handleForm(data, requiredFields, formType) {
  const missingFields = requiredFields.filter(field => !data[field]);
  if (missingFields.length > 0) {
    console.error(`Missing fields in ${formType}:`, missingFields);
    return;
  }
  console.log(`${formType} form submitted:`, data);
}

// 使用示例
handleForm({ name: "Alice", email: "alice@example.com" }, ["name", "email"],
"User");
handleForm({ productId: 101, quantity: 3 }, ["productId", "quantity"], "Order");
```

Cursor 优化重点如下。

- 对重复的代码逻辑进行抽象，使用通用函数处理不同的表单类型。
- 提升了代码的可维护性，避免重复修改。

2. 嵌套逻辑简化

问题描述：代码逻辑嵌套过深，可读性较差，极易出错。

原始代码示例如下：

```
function processData(data) {
  if (data) {
    if (data.items && data.items.length > 0) {
      data.items.forEach(item => {
        if (item.value > 10) {
          console.log("Valid item:", item);
        } else {
          console.log("Invalid item:", item);
        }
      });
    }
  }
}
```

Prompt： 重构以上嵌套代码，简化逻辑结构，提升可读性。

Copilot 生成的重构代码如下：

```
function processData(data) {
  if (!data || !data.items || data.items.length === 0) return;

  data.items.forEach(item => {
    const status = item.value > 10 ? "Valid" : "Invalid";
    console.log(`${status} item:`, item);
  });
}
```

Copilot 优化重点如下。

- 通过提前返回（return）减少嵌套深度。
- 使用三元运算符简化条件判断的逻辑。

3. 大型函数拆分

问题描述：一个函数负责多个任务，函数代码长度超过百行，导致代码逻辑高度耦合，难以追踪。一旦修改某一部分，极易引发连锁错误，维护成本高。

原始代码示例如下：

```
function generateReport(data) {
  console.log("Fetching data...");
  // 数据提取逻辑
  const filteredData = data.filter(d => d.isActive);

  console.log("Calculating metrics...");
  // 计算逻辑
  const metrics = {
    total: filteredData.length,
```

```
      average: filteredData.reduce((sum, d) => sum + d.value, 0) / filteredData.
length,
    };

    console.log("Formatting report...");
    // 格式化逻辑
    return `Report: Total = ${metrics.total}, Average = ${metrics.average}`;
  }
```

Prompt: 将上述代码拆分为独立函数，每个函数处理一个任务。

Cursor 生成的重构代码如下：

```
function fetchData(data) {
  console.log("Fetching data...");
  return data.filter(d => d.isActive);
}

function calculateMetrics(data) {
  console.log("Calculating metrics...");
  return {
    total: data.length,
    average: data.reduce((sum, d) => sum + d.value, 0) / data.length,
  };
}

function formatReport(metrics) {
  console.log("Formatting report...");
  return `Report: Total = ${metrics.total}, Average = ${metrics.average}`;
}

function generateReport(data) {
  const filteredData = fetchData(data);
  const metrics = calculateMetrics(filteredData);
  return formatReport(metrics);
}
```

Cursor 优化重点如下。

- 将大型函数拆分为多个独立函数，使每个函数专注于单一任务。
- 使代码更加模块化，提高了代码的可维护性。

4. 不必要的复杂逻辑优化

问题描述：代码中存在不必要的复杂逻辑，如多重循环或冗余变量，导致性能低下。

原始代码示例如下：

```
function findDuplicates(arr) {
  const duplicates = [];
  for (let i = 0; i < arr.length; i++) {
    for (let j = i + 1; j < arr.length; j++) {
      if (arr[i] === arr[j]) {
```

```
        duplicates.push(arr[i]);
      }
    }
  }
  return duplicates;
}
```

Prompt: 优化上述代码，提升代码性能并简化逻辑。

Cursor 生成的优化代码如下：

```
function findDuplicates(arr) {
  const seen = new Set();
  const duplicates = new Set();
  arr.forEach(item => {
    if (seen.has(item)) {
      duplicates.add(item);
    } else {
      seen.add(item);
    }
  });
  return Array.from(duplicates);
}
```

Cursor 优化重点如下。

- 使用 Set 替代嵌套循环，提升查找性能。
- 简化代码逻辑结构，减少代码冗余。

总的来说，通过结合使用 Cursor 和 Copilot，开发者能够快速解决代码结构失控等难题，将冗长复杂的代码重构为模块化、清晰易读的实现。这种智能化辅助方式大幅减少了重构代码所需的时间，提高了代码的性能与可维护性，为开发工作提供了高效支持。

9.2 图像处理与优化问题

图像处理与性能优化是应用开发中的关键挑战，直接影响着用户的视觉体验与系统响应效率。诸如图像锯齿问题、纹理加载卡顿等常见问题，不仅会影响图像质量，也可能成为性能瓶颈。

本节将聚焦如何通过算法优化和工具支持解决图像锯齿与渲染问题，并借助 Cursor，探索如何优化图形渲染和纹理加载流程，为构建高效的图像处理方案提供实践指导。

9.2.1 解决图像锯齿与渲染问题

图像锯齿和渲染问题是图形开发中常见的挑战，锯齿现象多由分辨率不足或抗锯齿（Anti-Aliasing）算法不完善引起，而渲染效率问题则可能源于图形算法、硬件限制或不合理的资源管理。

【例 9-3】分析图像问题，确定解决方法，验证 Cursor 的实用性。

1. 图像锯齿问题

问题描述：在图形应用中，绘制的矢量图形或字体边缘出现锯齿，影响视觉效果。

解决方法：通过抗锯齿算法改善图像边缘平滑度。

常规代码（在 HTML Canvas 中开启抗锯齿算法）如下：

```
const canvas = document.getElementById("canvas");
const ctx = canvas.getContext("2d");

// 提高分辨率，开启抗锯齿
canvas.width = 800 * 2;
canvas.height = 600 * 2;
canvas.style.width = "800px";
canvas.style.height = "600px";
ctx.scale(2, 2);

// 绘制图形
ctx.fillStyle = "blue";
ctx.beginPath();
ctx.arc(200, 150, 100, 0, Math.PI * 2);
ctx.fill();
```

上述代码的优化重点如下。

- 提升画布分辨率，利用高像素密度改善锯齿问题。
- 在矢量绘制时引入抗锯齿算法，如快速近似锯齿（Fast Approximate Anti-Aliasing，FXAA）等。

2. 图像渲染性能问题

问题描述：高分辨率图片或复杂图形在加载和渲染时出现卡顿，影响用户体验。

解决方法：优化纹理加载和渲染逻辑。

常规代码（在 WebGL 中实现纹理加载优化）如下：

```
const canvas = document.getElementById("glCanvas");
const gl = canvas.getContext("webgl");

function loadTexture(gl, url) {
  const texture = gl.createTexture();
  gl.bindTexture(gl.TEXTURE_2D, texture);

  // 占位纹理
  const placeholder = new Uint8Array([0, 0, 255, 255]); // Blue
   gl.texImage2D(gl.TEXTURE_2D, 0, gl.RGBA, 1, 1, 0, gl.RGBA, gl.UNSIGNED_BYTE,
placeholder);

  // 加载真实纹理
  const image = new Image();
  image.onload = () => {
```

```
        gl.bindTexture(gl.TEXTURE_2D, texture);
        gl.texImage2D(gl.TEXTURE_2D, 0, gl.RGBA, gl.RGBA, gl.UNSIGNED_BYTE, image);

        // 设置纹理参数
        gl.generateMipmap(gl.TEXTURE_2D);
         gl.texParameteri(gl.TEXTURE_2D, gl.TEXTURE_MIN_FILTER, gl.LINEAR_MIPMAP_
LINEAR);
        gl.texParameteri(gl.TEXTURE_2D, gl.TEXTURE_MAG_FILTER, gl.LINEAR);
      };
      image.src = url;

      return texture;
    }

  // 使用示例
  loadTexture(gl, "texture.jpg");
```

上述代码的优化重点如下。

- 使用占位纹理避免纹理加载过程中的空白或卡顿。
- 应用 Mipmap 优化纹理缩放，提升渲染质量和性能。
- 合理设置纹理过滤器，平衡质量与性能。

3. 结合 Cursor 优化图像处理

Prompt 示例：优化以下 WebGL 代码，解决复杂图形渲染中出现的锯齿问题，并提升渲染效率。

Cursor 给出如下建议：

- 启用多重采样抗锯齿（Multisampling Anti-Aliasing, MSAA）技术；
- 简化着色器逻辑，减少 GPU 负担；
- 使用分批渲染（Batch Rendering）技术降低绘制调用次数。

Cursor 生成的示例代码片段如下：

```
gl.enable(gl.SAMPLE_COVERAGE); // 开启抗锯齿
gl.sampleCoverage(1.0, false); // 设置采样覆盖率

// 优化后的着色器
const vertexShaderSource = `
  attribute vec4 a_position;
  void main() {
    gl_Position = a_position;
  }
`;
const fragmentShaderSource = `
  precision mediump float;
  void main() {
    gl_FragColor = vec4(1.0, 0.0, 0.0, 1.0);
  }
`;
```

通过抗锯齿算法、优化纹理加载和改进渲染逻辑，图像质量和性能可以得到显著提升。如果结合了 Cursor 的智能代码生成和优化建议，开发者能够更加快速地解决锯齿和渲染问题。Cursor 为复杂图形场景提供了高效的解决方案。

9.2.2 使用 Cursor 优化图形渲染和纹理加载

图形渲染和纹理加载是高性能图形应用的核心部分，优化渲染效率和纹理管理可以显著提升系统的运行速度和图像质量。Cursor 能够通过智能代码生成和优化建议，帮助开发者快速解决渲染瓶颈并改进纹理加载流程。

【例 9-4】通过具体场景展示如何优化图形渲染和纹理加载。

1. 优化图形渲染

场景描述：一个 3D 场景包含大量对象，渲染时帧率较低，需要优化绘制效率。

Prompt 示例： 优化以下 WebGL 代码，减少绘制调用次数并提升帧率，建议使用分批渲染技术。

Cursor 生成的代码如下：

```
function initBatchRendering(gl) {
  const positions = new Float32Array([
    -0.5, -0.5,
     0.5, -0.5,
    -0.5,  0.5,
     0.5,  0.5,
  ]);

  const buffer = gl.createBuffer();
  gl.bindBuffer(gl.ARRAY_BUFFER, buffer);
  gl.bufferData(gl.ARRAY_BUFFER, positions, gl.STATIC_DRAW);

  return buffer;
}

function renderScene(gl, buffer, program) {
  gl.clear(gl.COLOR_BUFFER_BIT);

  gl.bindBuffer(gl.ARRAY_BUFFER, buffer);
  const positionLocation = gl.getAttribLocation(program, "a_position");
  gl.enableVertexAttribArray(positionLocation);
  gl.vertexAttribPointer(positionLocation, 2, gl.FLOAT, false, 0, 0);

  gl.drawArrays(gl.TRIANGLE_STRIP, 0, 4); // 使用分批渲染
}
```

Cursor 的优化重点如下。

- 将对象合并绘制到一个缓冲区，减少 drawArrays 调用次数。

- 使用分批渲染技术处理大量相似对象，降低渲染开销。
- 清理不必要的状态切换，减少 GPU 负载。

2. 优化纹理加载

场景描述：在一个游戏场景中，加载多个大尺寸纹理时，容易出现明显卡顿。

Prompt 示例： 优化以下 WebGL 纹理加载代码，解决卡顿问题并提升加载性能。

Cursor 生成的代码如下：

```
function loadTextureAsync(gl, url) {
  const texture = gl.createTexture();
  gl.bindTexture(gl.TEXTURE_2D, texture);

  // 占位纹理
  const placeholder = new Uint8Array([128, 128, 128, 255]); // Gray
   gl.texImage2D(gl.TEXTURE_2D, 0, gl.RGBA, 1, 1, 0, gl.RGBA, gl.UNSIGNED_BYTE,
placeholder);

  const image = new Image();
  image.onload = () => {
    gl.bindTexture(gl.TEXTURE_2D, texture);
    gl.texImage2D(gl.TEXTURE_2D, 0, gl.RGBA, gl.RGBA, gl.UNSIGNED_BYTE, image);

    // 设置纹理参数
    gl.generateMipmap(gl.TEXTURE_2D);
      gl.texParameteri(gl.TEXTURE_2D, gl.TEXTURE_MIN_FILTER, gl.LINEAR_MIPMAP_
LINEAR);
    gl.texParameteri(gl.TEXTURE_2D, gl.TEXTURE_MAG_FILTER, gl.LINEAR);
  };
  image.src = url;

  return texture;
}

// 使用示例
const texture = loadTextureAsync(gl, "texture.jpg");
```

Cursor 优化重点如下。

- 使用占位纹理避免加载卡顿。
- 延迟加载真实纹理，并在后台完成纹理替换。
- 使用 Mipmap 技术优化纹理缩放性能。

3. 综合优化：动态资源管理

场景描述：动态场景需要根据视口加载和卸载纹理资源，当前的代码实现导致资源浪费和性能下降。

Prompt 示例： 实现动态资源管理，按需加载和卸载纹理资源，提高资源利用率。

Cursor 生成的代码如下：

```
class TextureManager {
  constructor(gl) {
    this.gl = gl;
    this.textures = new Map();
  }

  loadTexture(id, url) {
    if (this.textures.has(id)) return this.textures.get(id);

    const texture = this.gl.createTexture();
    this.textures.set(id, texture);

    const image = new Image();
    image.onload = () => {
      this.gl.bindTexture(this.gl.TEXTURE_2D, texture);
      this.gl.texImage2D(this.gl.TEXTURE_2D, 0, this.gl.RGBA, this.gl.RGBA, this.
gl.UNSIGNED_BYTE, image);
      this.gl.generateMipmap(this.gl.TEXTURE_2D);
    };
    image.src = url;

    return texture;
  }

  unloadTexture(id) {
    if (this.textures.has(id)) {
      this.gl.deleteTexture(this.textures.get(id));
      this.textures.delete(id);
    }
  }
}

// 使用示例
const textureManager = new TextureManager(gl);
textureManager.loadTexture("background", "background.jpg");
textureManager.unloadTexture("oldTexture");
```

Cursor 优化重点如下。

- 动态管理纹理资源，按需加载和卸载纹理资源，避免内存泄漏。
- 使用 Map 存储纹理引用，便于快速查找和管理。
- 提高资源利用率，降低 GPU 压力。

利用 Cursor 优化图形渲染和纹理加载，可以显著提升帧率和图像质量。无论是批量渲染、纹理加载还是动态资源管理，Cursor 都能提供高效的优化建议，帮助开发者构建性能优异的图形应用。

9.3 本章小结

本章重点探讨了程序性能优化和图像处理中的常见问题及解决方法，并通过 Cursor 与 Copilot 实现复杂代码重构、性能瓶颈分析及图像渲染和纹理加载的优化。针对代码结构失控等难题，展示了模块化和逻辑优化方案。在图像处理方面，则通过抗锯齿、分批渲染、动态纹理管理等技术提升了视觉效果和系统性能。

第 10 章 代码审查与质量控制

代码审查与质量控制是软件开发中确保系统稳定性、可维护性及性能提升的重要环节。通过系统化的审查流程及自动化工具的辅助，开发团队可以及时发现代码中的潜在问题并提升开发效率。本章将探讨如何利用 Cursor 与 Copilot 实现智能化的代码审查与质量控制，从命名规范、逻辑校验到性能分析，帮助开发者构建高效、可靠的软件系统。

10.1 代码审查流程优化

高效的代码审查流程是提升代码质量的重要手段。借助系统化的智能分析工具，可在不给开发者增加额外负担的前提下实现规范校验并定位潜在问题，从而提高代码的可读性与长期可维护性。

本节将介绍如何利用 Cursor 进行代码审查，实现自动化的规范校验和问题定位，同时结合 Copilot 的逐模块分析能力，为代码逻辑优化和性能改进提供智能化支持，助力开发团队高效完成代码审查任务。

10.1.1 用 Cursor 进行代码审查

Cursor 具备强大的语义分析能力，能够自动识别常见问题，并生成规范化建议，从而显著提升代码审查的效率与质量。

【例 10-1】通过具体场景展示 Cursor 在代码审查中的应用。

1. 检查代码规范

场景描述：一个项目中存在大量变量命名不规范的问题，影响了代码的可读性和团队协作效率。

Prompt 示例：检查以下代码的命名规范，并推荐更规范的命名。

```
const a = 100;
function fn(b) {
  return a + b;
}
```

Cursor 生成的建议如下：

```
// 提议的改进命名
const baseValue = 100;
function addValue(inputValue) {
  return baseValue + inputValue;
}
```

Cursor 的优化重点如下。

- 使用描述性变量名（如 baseValue 和 inputValue），提升代码可读性。
- 遵循团队常规约定的命名规范，以避免歧义。

2. 发现潜在错误

场景描述：在一次代码审查中发现某函数可能抛出未捕获的错误，导致程序崩溃。

Prompt 示例： 检查以下代码是否存在潜在错误，并给出具体建议。

```
function fetchData() {
  const response = JSON.parse(data);
  console.log(response);
}
```

Cursor 生成的建议如下：

```
function fetchData() {
  try {
    const response = JSON.parse(data);
    console.log(response);
  } catch (error) {
    console.error("Failed to parse JSON:", error);
  }
}
```

Cursor 优化的重点如下。

- 添加 try-catch 块捕获 JSON 解析错误。
- 提供明确的错误日志，便于问题排查。

3. 性能分析与优化建议

场景描述：一段代码使用嵌套循环处理大数据集合，导致程序性能低下。

Prompt 示例： 优化以下代码以提高大数据处理性能。

```
const result = [];
for (let i = 0; i < array1.length; i++) {
  for (let j = 0; j < array2.length; j++) {
    if (array1[i] === array2[j]) {
      result.push(array1[i]);
    }
  }
}
```

Cursor 生成的建议如下：

```
const set2 = new Set(array2);
const result = array1.filter(item => set2.has(item));
```

Cursor 优化重点如下。

- 使用 Set 代替嵌套循环，降低了时间复杂度。
- 简化了代码逻辑，提升了代码执行效率。

4. 自动检测代码冗余

场景描述：代码中存在重复逻辑，增加了维护成本。

Prompt 示例： 检查以下代码是否存在重复逻辑，并给出改进建议。

```
function processA() {
  console.log("Processing A");
}
function processB() {
  console.log("Processing B");
}
```

Cursor 生成的建议如下：

```
function process(type) {
  console.log(`Processing ${type}`);
}

// 使用
process("A");
process("B");
```

Cursor 优化重点如下。

- 提取通用逻辑，形成单一函数，减少重复代码。
- 提升代码模块化的程度，便于扩展。

Cursor 在代码审查中展现出强大的智能分析能力，能够快速发现代码中的问题并给出优化建议，从命名规范、错误捕获到性能优化，全面覆盖代码质量提升的各个方面。结合 Cursor 的自动化能力，开发团队可以显著提升代码审查的效率和质量，从而构建更可靠的应用系统。

10.1.2 用 Copilot 辅助代码逐模块分析

Copilot 具备智能代码补全和实时分析功能，可在开发过程中逐模块分析代码质量和代码逻辑正确性。通过动态补全，Copilot 不仅能够提升开发效率，还可以在代码编写过程中提供优化建议，协助开发者发现潜在问题并提出改进方案。

【例 10-2】结合实际案例展示 Copilot 在逐模块分析中的应用。

1. 动态分析功能模块的边界条件

场景描述：一个用户输入处理模块需要验证输入是否符合要求，但代码中未涵盖所有边界条件。

原始代码如下：

```
function validateInput(input) {
  if (input.length < 3) {
    console.error("Input too short");
  } else {
    console.log("Valid input");
  }
}
```

在编辑器中逐行补全时，Copilot 分析了代码逻辑并自动建议采用以下代码：

```
function validateInput(input) {
  if (!input) {
    console.error("Input is required");
    return false;
  }
  if (input.length < 3) {
    console.error("Input too short");
    return false;
  }
  if (input.length > 50) {
    console.error("Input too long");
    return false;
  }
  console.log("Valid input");
  return true;
}
```

Copilot 优化重点如下。

- 增加空值检查，避免输入为空时发生错误。
- 添加对输入过长的边界条件，提升输入验证的严谨性。

2. 自动优化重复逻辑

场景描述：一个模块中存在多段代码用于处理不同类型的日志，逻辑相似但未进行抽象。

原始代码如下：

```
function logInfo(message) {
  console.log(`INFO: ${message}`);
}

function logWarning(message) {
  console.warn(`WARNING: ${message}`);
}

function logError(message) {
  console.error(`ERROR: ${message}`);
}
```

在函数结构补全过程中，Copilot 识别到代码存在逻辑重复的问题，并建议将代码优化为以下形式：

```
function logMessage(level, message) {
  const levels = {
    info: console.log,
    warning: console.warn,
    error: console.error,
  };
  const logFn = levels[level.toLowerCase()];
  if (logFn) {
    logFn(`${level.toUpperCase()}: ${message}`);
  } else {
    console.error("Invalid log level");
  }
}

// 使用示例
logMessage("info", "This is an info message");
logMessage("error", "This is an error message");
```

Copilot 优化重点如下。

- 提取通用逻辑，形成单一函数，减少重复代码。
- 使用映射表实现动态调用，提升代码的灵活性。

3. 自动检测潜在安全问题

场景描述：一个登录模块使用硬编码的密码盐值，可能存在安全风险。

原始代码如下：

```
const SALT = "hardcoded_salt";

function hashPassword(password) {
  return crypto.createHash("sha256").update(SALT + password).digest("hex");
}
```

在补全过程中，Copilot 提示不应对敏感数据采用硬编码，并建议改为动态生成盐值，具体代码如下：

```
function generateSalt() {
  return crypto.randomBytes(16).toString("hex");
}

function hashPassword(password, salt) {
  return crypto.createHash("sha256").update(salt + password).digest("hex");
}

// 使用示例
const salt = generateSalt();
const hashedPassword = hashPassword("securePassword", salt);
console.log(`Salt: ${salt}, Hash: ${hashedPassword}`);
```

Copilot 优化重点如下。

- 动态生成盐值可避免硬编码导致的安全风险。
- 增强密码哈希的安全性这一思路符合密码存储的最佳实践。

4. 优化算法性能

场景描述：一个函数使用嵌套循环查找数组中的重复元素，程序性能低下。

原始代码如下：

```
function findDuplicates(arr) {
  const duplicates = [];
  for (let i = 0; i < arr.length; i++) {
    for (let j = i + 1; j < arr.length; j++) {
      if (arr[i] === arr[j]) {
        duplicates.push(arr[i]);
      }
    }
  }
  return duplicates;
}
```

在补全过程中，Copilot 自动建议使用更高效的数据结构，并给出了如下代码：

```
function findDuplicates(arr) {
  const seen = new Set();
  const duplicates = new Set();
  arr.forEach(item => {
    if (seen.has(item)) {
      duplicates.add(item);
    } else {
      seen.add(item);
    }
  });
  return Array.from(duplicates);
}
```

Copilot 优化重点如下。

- 使用 Set 代替嵌套循环，时间复杂度从 $O(n^2)$ 降至 $O(n)$。
- 简化了逻辑结构，提升了代码效率。

Copilot 在代码逐模块分析中，通过实时代码补全和智能化建议，帮助开发者优化代码结构、提升性能并发现潜在安全问题。用户在开发过程中无须额外的 Prompt 配置，即可通过 Copilot 的动态提示实现代码质量的持续提升，使项目开发更加高效，代码性能更加稳定。

10.2 代码质量分析

代码质量是软件开发过程中需要长期关注的核心问题，代码质量直接影响系统的稳定性、可维护性和性能。本节将介绍如何结合 Cursor 进行代码质量分析，快速定位潜在问题并提供优化建议，同时通过 API 接口性能检测评估系统在高负载场景下的表现，为提升代码质量和应用性能提供全面的技术指导。

10.2.1 用 Cursor 进行代码静态分析

Cursor 作为一种智能化开发辅助工具，不仅能生成代码，还可以通过静态分析快速定位潜在问题并提出优化建议。静态分析无须运行代码，即可直接检查代码的结构、逻辑和依赖项，从而识别潜在的错误、性能瓶颈和安全隐患。

【例 10-3】结合实际场景展示 Cursor 在静态分析中的应用。

1. 检查未使用的变量与函数

场景描述：项目中存在多个未使用的变量和函数，增加了代码冗余，降低了可读性。

问题代码如下：

```
const unusedVar = 42;

function unusedFunction() {
  console.log("This function is never called");
}

function usedFunction() {
  console.log("This function is used");
}
usedFunction();
```

将上述代码发给 Cursor，分析结果如下。

- 未使用的变量：unusedVar。
- 未使用的函数：unusedFunction。

优化后的代码如下：

```
function usedFunction() {
  console.log("This function is used");
}
usedFunction();
```

经过 Cursor 优化后的代码，其改进重点如下。

- 删除未使用的变量和函数，减少代码冗余。
- 提高了代码的可读性和可维护性。

2. 检测潜在的逻辑错误

场景描述：代码中某个条件判断语句存在逻辑问题，可能导致错误的分支被执行。

问题代码如下：

```
function checkValue(value) {
  if (value = 10) { // 错误：使用了赋值而非比较
    console.log("Value is 10");
```

```
  }
}
checkValue(5);
```

将上述代码发给 Cursor，分析结果如下。

- 错误描述：条件表达式中使用了赋值操作，应改为比较操作。
- 推荐修复：将 = 替换为 ===。

优化后的代码如下：

```
function checkValue(value) {
  if (value === 10) {
    console.log("Value is 10");
  }
}
checkValue(5);
```

经过 Cursor 优化后的代码，其改进重点如下。

- 修复了逻辑错误，确保判断条件正确。
- 避免运行时可能引发的意外行为。

3. 检查循环性能问题

场景描述：某段代码使用嵌套循环处理数据集，导致性能低下。

问题代码如下：

```
function findCommonElements(arr1, arr2) {
  const result = [];
  for (let i = 0; i < arr1.length; i++) {
    for (let j = 0; j < arr2.length; j++) {
      if (arr1[i] === arr2[j]) {
        result.push(arr1[i]);
      }
    }
  }
  return result;
}
```

将上述代码发给 Cursor，分析结果如下。

- 性能问题：嵌套循环时间复杂度为 $O(n^2)$。
- 推荐优化：使用数据结构优化查找逻辑。

优化后的代码如下：

```
function findCommonElements(arr1, arr2) {
  const set2 = new Set(arr2);
  return arr1.filter(item => set2.has(item));
}
```

经过 Cursor 优化后的代码，其改进重点如下。

- 使用 Set 降低查找复杂度，整体复杂度降至 $O(n)$。

• 提升了代码性能和执行效率。

4. 检测依赖问题

场景描述：项目中引入了多个依赖库，其中一些依赖库未被使用，导致项目文件打包后体积增加。

将上述代码发给 Cursor，分析结果如下。

• 未使用的依赖：lodash。

• 推荐操作：移除未使用的依赖。

• 建议：通过 package.json 删除未使用的依赖。

优化后的代码如下：

```
{
  "dependencies": {
    "express": "^4.17.1"
  }
}
```

经过 Cursor 优化后的代码，其改进重点如下。

• 减少了无效依赖，优化了打包体积。

• 提高了项目的构建效率。

5. 安全性检查

场景描述：某模块中存在潜在的安全漏洞，例如用户输入未经过滤，可能导致代码注入攻击。

问题代码如下：

```
function executeCommand(command) {
  require('child_process').exec(command, (error, stdout, stderr) => {
    if (error) {
      console.error(`Error: ${error.message}`);
    }
    console.log(stdout);
  });
}
executeCommand(userInput);
```

将上述代码发给 Cursor，分析结果如下。

• 安全问题：userInput 未经过过滤，存在代码注入风险。

• 推荐修复：应该对用户输入进行严格验证。

优化后的代码如下：

```
function executeCommand(command) {
  const allowedCommands = ["ls", "pwd"];
  if (!allowedCommands.includes(command)) {
    throw new Error("Invalid command");
```

```
    }
    require('child_process').exec(command, (error, stdout, stderr) => {
      if (error) {
        console.error(`Error: ${error.message}`);
      }
      console.log(stdout);
    });
}
executeCommand(userInput);
```

经过 Cursor 优化后的代码，其改进重点如下。

- 增加了输入验证逻辑，避免安全漏洞。
- 提高了代码的安全性。

Cursor 的静态分析功能可以帮助我们快速发现代码中的各类潜在问题，包括未使用的变量、逻辑错误、性能瓶颈及安全问题。结合 Cursor 的建议，开发者能够有效提升代码质量，减少问题发生的概率，并为系统的长期稳定提供保障。

10.2.2 API 接口性能检测

API 接口性能直接影响应用的响应速度和用户体验，性能检测可以识别接口的瓶颈并进行有针对性的优化。借助 Cursor，我们可以快速生成性能测试脚本，分析请求的响应时间、并发性能及资源消耗，并提供有针对性的优化建议。

【例 10-4】通过具体场景展示 API 接口性能检测的实现与优化。

1. 使用 Cursor 生成性能测试脚本

场景描述：一个电商平台的订单接口在高并发场景下响应缓慢，需要测试其性能并优化。

测试要点如下。

- 使用 k6 工具进行 API 性能检测。.
- 模拟逐步增加并发用户的负载，观察系统表现。
- 检查接口是否返回正确的状态码，以及响应时间是否在预期范围内。

Cursor 生成的测试脚本如下：

```
import http from "k6/http";
import { check, sleep } from "k6";

export let options = {
  stages: [
    { duration: "1m", target: 100 }, // 1 分钟内增加到 100 个并发用户
    { duration: "3m", target: 100 }, // 稳定保持 100 个并发用户 3 分钟
    { duration: "1m", target: 0 },   // 1 分钟内降至 0 个并发用户
  ],
};
```

```
export default function () {
  const res = http.post("https://example.com/api/orders", JSON.stringify({
    userId: "12345",
    productId: "67890",
    quantity: 1,
  }), {
    headers: { "Content-Type": "application/json" },
  });

  check(res, {
    "status is 200": (r) => r.status === 200,
    "response time < 500ms": (r) => r.timings.duration < 500,
  });

  sleep(1);
}
```

2. 分析性能测试结果

性能测试工具输出的关键指标如下。

- 平均响应时间：450ms。
- 99% 响应时间：600ms。
- 请求成功率：98%。

Cursor 结合上述关键指标给出了如下分析建议。

- 因为响应时间接近临界值，所以需要优化数据库查询性能。
- 存在少量请求失败的情况，请注意检查超时设置和错误处理逻辑。

3. 优化 API 接口性能

针对数据库的查询优化措施如下。

- 使用索引加速查询。
- 减少不必要的查询字段。
- 将多次查询合并为单次查询。

以下展示优化前后的代码情况：

```
// 优化前
const orders = await db.query("SELECT * FROM orders WHERE userId = ?", [userId]);

// 优化后
const orders = await db.query("SELECT id, status, total FROM orders WHERE userId
= ?", [userId]);
```

接下来，添加缓存，使用 Redis 缓存那些频繁访问的数据，减少数据库压力。

Cursor 结合上述思路生成的缓存代码如下：

```
const redis = require("redis");
const client = redis.createClient();
```

```
async function getOrder(userId) {
  const cachedData = await client.get(`order:${userId}`);
  if (cachedData) {
    return JSON.parse(cachedData);
  }
   const orders = await db.query("SELECT id, status, total FROM orders WHERE
userId = ?", [userId]);
  client.setex(`order:${userId}`, 3600, JSON.stringify(orders)); // 缓存 1 小时
  return orders;
}
```

接下来，增加超时设置，限制接口的最大执行时间，避免因请求堆积导致系统崩溃。

Cursor 结合上述思路生成的缓存代码如下：

```
app.post("/api/orders", async (req, res) => {
  const timeout = setTimeout(() => {
    return res.status(504).send({ error: "Request timeout" });
  }, 5000);

  try {
    const order = await createOrder(req.body);
    clearTimeout(timeout);
    res.send(order);
  } catch (error) {
    clearTimeout(timeout);
    res.status(500).send({ error: "Internal Server Error" });
  }
});
```

4. 验证优化后的接口性能

优化完成后，重新进行性能测试，具体指标如下所示。从各项指标来看，整体的性能都得到了较好的提升。

- 平均响应时间：300ms。
- 99% 响应时间：450ms。
- 请求成功率：100%。

在上述实践中，通过借助 Cursor 生成的性能测试脚本和优化建议，开发者可以快速定位 API 接口的瓶颈并进行针对性优化。结合数据库查询优化、缓存机制和超时控制等措施，不仅提升了接口的响应速度，还提高了系统的稳定性，为应对高并发场景提供了有力支持。

10.3 自动化重复代码检测

重复代码的存在不仅增加了项目的维护成本，还容易导致代码逻辑不一致和潜在错误。通过 AI 工具自动识别重复代码并对其进行重构，可以有效提升代码质量和可维护性。

本节将重点介绍如何利用 Cursor 识别项目中的重复代码段，提供智能化重构建议，并结合

实际案例，展示如何检测并优化老旧代码，为代码库的优化提供技术指导。

10.3.1 利用 Cursor 识别并重构重复代码

重复代码是代码库中常见的问题，会导致维护成本增加并增加程序出错的可能性。Cursor 通过静态分析能够快速定位项目中的重复代码段，并提供重构建议，将重复逻辑提取为通用函数或模块，提升代码的可读性和复用性。

【例 10-5】利用 Cursor 识别并重构重复代码。

1. 识别重复代码段

场景描述：一个项目中存在多个功能模块，代码逻辑相似但未抽象，导致代码冗余。

问题代码如下：

```
function calculateUserAge(user) {
  const birthYear = new Date(user.birthDate).getFullYear();
  const currentYear = new Date().getFullYear();
  return currentYear - birthYear;
}

function calculateProductAge(product) {
  const manufactureYear = new Date(product.manufactureDate).getFullYear();
  const currentYear = new Date().getFullYear();
  return currentYear - manufactureYear;
}
```

将上述代码发给 Cursor 后，分析结果如下。

- 逻辑重复：日期计算逻辑在两个函数中重复。
- 优化建议：提取公共逻辑，形成通用函数。

优化后的代码如下：

```
function calculateAge(date) {
  const year = new Date(date).getFullYear();
  const currentYear = new Date().getFullYear();
  return currentYear - year;
}

function calculateUserAge(user) {
  return calculateAge(user.birthDate);
}

function calculateProductAge(product) {
  return calculateAge(product.manufactureDate);
}
```

经过 Cursor 优化后的代码，其优化重点如下。

- 提取通用的 calculateAge 函数，减少重复代码。

- 提升了代码的复用性和可维护性。

2. 自动检测相似代码逻辑

场景描述：多个 API 模块中存在相似的请求处理逻辑，未进行统一封装。

问题代码如下：

```
app.get("/users", async (req, res) => {
  const users = await db.query("SELECT * FROM users");
  res.send(users);
});

app.get("/products", async (req, res) => {
  const products = await db.query("SELECT * FROM products");
  res.send(products);
});
```

将上述代码发给 Cursor 后，分析结果如下。

- 存在相似逻辑：数据库查询与响应发送逻辑相同。
- 优化建议：将函数封装为通用处理函数。

优化后的代码如下：

```
async function handleRequest(query, res) {
  const result = await db.query(query);
  res.send(result);
}

app.get("/users", (req, res) => handleRequest("SELECT * FROM users", res));
app.get("/products", (req, res) => handleRequest("SELECT * FROM products", res));
```

经过 Cursor 优化后的代码，其优化重点如下。

- 将公共逻辑抽象为 handleRequest 函数。
- 减少重复代码，提升代码一致性。

3. 重构冗长条件判断

场景描述：代码中存在多处相似的冗长条件判断逻辑，维护难度较大。

问题代码如下：

```
function getDiscount(category) {
  if (category === "electronics") {
    return 10;
  } else if (category === "clothing") {
    return 15;
  } else if (category === "groceries") {
    return 5;
  } else {
    return 0;
  }
}
```

将上述代码发给 Cursor 后，分析结果如下。

- 逻辑冗长：存在多层嵌套的条件判断。
- 优化建议：使用映射表简化逻辑。

优化后的代码如下：

```
function getDiscount(category) {
  const discountMap = {
    electronics: 10,
    clothing: 15,
    groceries: 5,
  };
  return discountMap[category] || 0;
}
```

经过 Cursor 优化后的代码，其优化重点如下。

- 使用映射表替代条件判断，进一步提升了代码的简洁性。
- 采用易于扩展的新分类和折扣逻辑。

4. 模板化重复代码

场景描述：项目中存在多个类似的 HTML 模板生成逻辑，未进行统一封装。

问题代码如下：

```
function generateUserCard(user) {
  return `<div class="card">
    <h2>${user.name}</h2>
    <p>${user.email}</p>
  </div>`;
}

function generateProductCard(product) {
  return `<div class="card">
    <h2>${product.name}</h2>
    <p>${product.price}</p>
  </div>`;
}
```

将上述代码发给 Cursor 后，分析结果如下。

- 逻辑重复：HTML 模板的结构相似。
- 优化建议：通过通用模板函数生成 HTML。

优化后的代码如下：

```
function generateCard(data, fields) {
  return `<div class="card">
    <h2>${data[fields.title]}</h2>
    <p>${data[fields.subtitle]}</p>
  </div>`;
}
```

```
const userCard = generateCard(user, { title: "name", subtitle: "email" });
const productCard = generateCard(product, { title: "name", subtitle: "price" });
```

经过 Cursor 优化的代码，其优化重点如下。

- 使用通用模板函数简化了代码结构。
- 提升了模板逻辑的复用性和灵活性。

Cursor 通过静态分析和智能建议，能够快速定位项目中的重复代码段，并提供高效的重构方案。无论是通用函数的提取、条件逻辑的简化还是模板化封装，Cursor 都能显著减少冗余代码，提高代码库的可维护性和质量。

10.3.2 实战：针对老旧代码的检测

在软件开发中，老旧代码由于技术栈陈旧、结构复杂或缺乏维护，往往成为系统的性能瓶颈和潜在风险源。Cursor 可以对这些代码进行深入分析，发现冗余逻辑、安全隐患和性能问题，提供智能化的重构建议，帮助开发者优化和现代化代码库。

【例 10-6】通过具体案例展示针对老旧代码的检测与优化过程。

1. 检测安全隐患

场景描述：原始代码直接将用户输入拼接到 SQL 语句，可能存在 SQL 注入攻击风险。

原始代码如下：

```
function getUserData(username) {
  const query = `SELECT * FROM users WHERE username = '${username}'`;
  return db.query(query);
}
```

将上述代码发给 Cursor 后，分析结果如下所示。

- 问题描述：直接将用户输入拼接到 SQL 语句，导致存在 SQL 注入攻击风险。
- 优化建议：使用参数化查询替代字符串拼接。

优化后的代码如下：

```
function getUserData(username) {
  const query = "SELECT * FROM users WHERE username = ?";
  return db.query(query, [username]);
}
```

经过 Cursor 优化后的代码，其优化重点如下。

- 优化后的代码采用参数化查询防止 SQL 注入攻击。
- 提升了代码安全性，符合现代开发规范。

2. 优化过时的异步代码

场景描述：原始代码使用回调函数处理异步操作，导致代码嵌套过深，维护难度较大。

原始代码如下：

```
function fetchData(callback) {
  db.query("SELECT * FROM data", (err, result) => {
    if (err) {
      callback(err);
    } else {
      processData(result, callback);
    }
  });
}
```

将上述代码发给 Cursor 后，分析结果如下。

- 问题描述：使用嵌套回调处理异步操作，代码难以维护。
- 优化建议：使用 async/await 语法替代回调。

优化后的代码如下：

```
async function fetchData() {
  try {
    const result = await db.query("SELECT * FROM data");
    return processData(result);
  } catch (error) {
    console.error("Error fetching data:", error);
  }
}
```

经过 Cursor 优化后的代码，其优化重点如下。

- 使用 async/await 简化异步逻辑。
- 提升代码可读性和可维护性。

3. 识别冗余逻辑

场景描述：旧代码中存在多段相似的逻辑，导致重复计算数据，降低了执行效率。

原始代码如下：

```
function calculateTotal(cart) {
  let total = 0;
  for (let i = 0; i < cart.length; i++) {
    total += cart[i].price * cart[i].quantity;
  }
  return total;
}

function calculateDiscount(cart) {
  let total = 0;
  for (let i = 0; i < cart.length; i++) {
    total += cart[i].price * cart[i].quantity;
  }
  return total > 100 ? 10 : 0;
}
```

将上述代码发给 Cursor 后，分析结果如下。

- 问题描述：代码重复计算总价，属于逻辑冗余。
- 优化建议：提取计算总价逻辑，形成通用函数。

优化后的代码如下：

```
function calculateTotal(cart) {
  return cart.reduce((sum, item) => sum + item.price * item.quantity, 0);
}

function calculateDiscount(cart) {
  const total = calculateTotal(cart);
  return total > 100 ? 10 : 0;
}
```

经过 Cursor 优化后的代码，其优化重点如下。

- 提取通用逻辑，减少重复代码。
- 使用 reduce() 方法提升代码简洁性。

4. 替换过时的 API

场景描述：原始代码中使用了已废弃的 API（如 fs.existsSync），需要替换为推荐使用的现代 API。

原始代码如下：

```
if (fs.existsSync("file.txt")) {
  console.log("File exists");
}
```

将上述代码发给 Cursor 后，分析结果如下。

- 问题描述：原始代码使用了已废弃的 API（fs.existsSync）。
- 优化建议：推荐使用 fs.promises 模块。

优化后的代码如下：

```
async function checkFile() {
  try {
    await fs.promises.access("file.txt");
    console.log("File exists");
  } catch {
    console.log("File does not exist");
  }
}
```

经过 Cursor 优化后的代码，其优化重点如下。

- 使用现代异步 API 替代同步 API，避免阻塞主线程。
- 提升了代码的兼容性与性能。

5. 改进过时的错误处理

场景描述：原始代码使用了简单的日志打印方式来处理错误，缺乏结构化的错误管理能力。

原始代码如下：

```
function processRequest(req) {
  try {
    handleData(req.data);
  } catch (err) {
    console.log("Error occurred:", err);
  }
}
```

将上述代码发给 Cursor 后，分析结果如下。

- 问题描述：错误处理方式过于简单，缺乏可追踪性。
- 优化建议：需使用统一的错误处理模块。

优化后的代码如下：

```
function processRequest(req) {
  try {
    handleData(req.data);
  } catch (err) {
    logger.error("Request processing error:", {
      error: err.message,
      stack: err.stack,
      requestId: req.id,
    });
  }
}
```

经过 Cursor 优化后的代码，其优化重点如下。

- 使用结构化日志记录错误，便于追踪和调试。
- 提升了系统的错误管理能力。

针对老旧代码的检测和优化，Cursor 通过静态分析提供了快速定位问题和生成优化方案的能力。从安全隐患到性能瓶颈，从处理冗余逻辑到处理过时 API，Cursor 帮助开发者高效重构了代码，提升了代码质量和系统稳定性。

10.4 本章小结

本章探讨了如何利用 Cursor 与 Copilot 进行代码审查、质量分析以及重复代码检测，通过静态分析快速发现代码中的潜在问题，如安全隐患、性能瓶颈和冗余逻辑，提供高效的优化方案。本章针对老旧代码的改进，展示了从结构重构到现代化技术替换的具体实践方法。本章内容为代码质量的提升与维护提供了系统化的技术支持，有助于开发者构建高效、可靠的代码库。

第三部分

企业级应用与系统开发

该部分重点讲解如何在企业级应用开发中应用 Cursor 和 Copilot，特别是在大型系统的架构设计、功能实现、自动化测试、质量控制和运维管理等环节中。

第 11 章以企业级财务系统为例，结合实际业务需求，详细讲解技术栈选择、系统架构设计、功能实现与测试部署的全流程。通过 Cursor 辅助生成数据库架构、业务逻辑和自动化测试用例，实现复杂系统开发的标准化与高效化。

第 12 章以在线拍卖平台为例，展示如何利用 AI 工具完成复杂功能模块的设计与实现，包括用户管理、竞价系统及支付处理等核心功能，同时通过微服务架构实现模块化管理与高效扩展。在部署与运维环节，结合现代化工具展示自动化部署、实时监控与故障回滚的完整解决方案，彰显 AI 工具在大型系统管理中的实用价值。

第11章 借助 Cursor 开发企业级财务系统

企业级财务系统通常具有复杂的业务逻辑、高性能数据处理以及严格的安全要求等典型特征。构建这样一个系统，不仅需要精准的业务需求分析，还需要借助先进的开发工具提升开发效率与质量。

本章将以 Cursor 为核心，系统讲解如何从需求分析到功能实现，再到系统优化，完成一个企业级财务系统的开发，并通过案例实践展示 AI 工具在复杂系统开发中的应用价值，为构建安全、高效、可扩展的财务系统提供全面指导。

11.1 项目初始化与架构设计

企业级财务系统开发的首要任务是明确技术选型和整体架构方案。良好的开端不仅能够显著提升开发效率，也将直接影响系统的可维护性与长期稳定性。本节将重点阐述如何结合 Cursor 完成技术栈选择、架构设计、数据库建模与接口定义等方面的任务，通过全面的技术布局为系统的功能实现和性能优化奠定坚实基础，同时确保开发流程的规范化和高效性。

11.1.1 技术栈的选择与架构设计

技术栈的选择与架构设计是企业级财务系统开发的核心决策环节，直接关系到系统后续的性能、扩展性和安全性。

本节将结合 Cursor 工具，探讨如何合理地选择技术栈，并设计分层架构，确保系统在高并发场景下的稳定性，同时满足业务需求和技术规范。

1. 结合企业级应用需求，选择合适的技术栈

企业级财务系统需要满足以下这些核心需求。

- 高并发处理：需要支持大量用户同时进行数据查询与操作。
- 安全性：保障财务数据的安全，包括传输加密和权限管理。
- 高扩展性：能够快速适配新增的业务模块。
- 良好的前端交互体验：提供清晰的数据展示效果与直观的用户操作界面。

- 稳定的后端支持：确保复杂业务逻辑的正确性和数据的一致性。

根据以上需求，实际开发中可选择以下技术栈。

（1）后端

- Spring Boot：基于 Java 的企业级框架，可提供完善的 RESTful API 支持，适合处理复杂的业务逻辑和高并发场景。
- Node.js：轻量化、高效的非阻塞式后端框架，适用于实时数据推送需求。
- Django：基于 Python 的 Web 框架，可提供强大的数据处理能力和内置安全性。

（2）前端

- React：基于组件的 UI 构建框架，借助虚拟 DOM 机制实现高效渲染，适合构建复杂的动态界面。
- Angular：功能全面的前端框架，适用于对架构规范性与模块化要求较高的大型项目。
- Vue.js：轻量级框架，学习曲线较平缓，适合快速迭代开发。

（3）数据库

- PostgreSQL：关系型数据库，支持复杂查询和事务处理，适用于财务数据。
- MongoDB：文档型数据库，适于存储非结构化数据或日志信息。

（4）中间件

- Redis：用于缓存和分布式会话管理，能提升系统响应速度。
- RabbitMQ/Kafka：适合处理异步任务和消息队列，能提高系统解耦能力。

（5）开发工具

- Cursor：支持代码生成与分析的智能开发助手，能提升开发效率。
- Docker：容器化工具，能确保一致的开发与生产环境。

在企业级开发中，推荐使用的整体架构策略如下所示。

（1）分层架构

将系统划分为表现层、服务层和数据层。表现层基于 React/Angular 开发动态交互界面，服务层使用 Spring Boot 或 Node.js 实现业务逻辑，数据层采用 PostgreSQL 存储财务数据，结合 Redis 加速查询。每层职责清晰，便于维护与扩展。

（2）微服务架构

将各模块（如用户管理、报表生成、数据分析模块等）独立部署，使用 API Gateway 统一管理外部请求，提高系统灵活性与可部署性。

（3）安全机制设计

使用 OAuth 2.0 协议实现授权流程，保护用户数据。采用 HTTPS 通道传输数据，结合 JWT 实现身份验证与会话控制。

通过明确的技术栈选型与合理的架构设计，企业级财务系统可实现高效开发与长期可持续运维的有机统一。

2. 使用Cursor辅助生成项目的基础架构

Cursor可在项目初始化阶段提供智能化的代码生成能力，可以快速构建项目目录结构、配置核心依赖并生成启动脚本，为企业级财务系统的开发打下坚实基础。

【例11-1】以Spring Boot + React技术栈为例，展示如何通过Cursor生成基础架构代码。

Prompt: 生成一个企业级财务系统的项目架构，基于Spring Boot和React，需要包括以下内容。

1. 后端目录结构：包含配置、控制器、服务和数据访问层。
2. 前端目录结构：包含组件、路由、服务和样式文件。
3. Maven依赖配置文件。
4. 启动脚本。

Cursor生成的后端目录结构如下：

```
backend/
├── src/main/java/com/example/finance/
│   ├── config/
│   │   └── AppConfig.java
│   ├── controller/
│   │   └── UserController.java
│   ├── service/
│   │   └── UserService.java
│   ├── repository/
│   │   └── UserRepository.java
│   ├── model/
│   │   └── User.java
│   └── FinanceApplication.java
└── pom.xml
```

重要模块的代码示例如下。

AppConfig.java：

```
package com.example.finance.config;

import org.springframework.context.annotation.Configuration;

@Configuration
public class AppConfig {
    // Global configurations
}
```

FinanceApplication.java：

```
package com.example.finance;

import org.springframework.boot.SpringApplication;
import org.springframework.boot.autoconfigure.SpringBootApplication;
```

```
@SpringBootApplication
public class FinanceApplication {
    public static void main(String[] args) {
        SpringApplication.run(FinanceApplication.class, args);
    }
}
```

pom.xml：

```
<project xmlns="http://maven.apache.org/POM/4.0.0">
    <modelVersion>4.0.0</modelVersion>
    <groupId>com.example</groupId>
    <artifactId>finance</artifactId>
    <version>1.0.0</version>
    <dependencies>
        <dependency>
            <groupId>org.springframework.boot</groupId>
            <artifactId>spring-boot-starter-web</artifactId>
        </dependency>
        <dependency>
            <groupId>org.springframework.boot</groupId>
            <artifactId>spring-boot-starter-data-jpa</artifactId>
        </dependency>
        <dependency>
            <groupId>org.postgresql</groupId>
            <artifactId>postgresql</artifactId>
        </dependency>
    </dependencies>
</project>
```

Cursor 生成的前端目录结构如下：

```
frontend/
├── src/
│   ├── components/
│   │   └── Dashboard.js
│   ├── services/
│   │   └── ApiService.js
│   ├── routes/
│   │   └── AppRoutes.js
│   ├── styles/
│   │   └── main.css
│   └── App.js
├── package.json
├── public/
│   └── index.html
└── webpack.config.js
```

重要模块的代码示例如下。

ApiService.js：

```
import axios from 'axios';
```

```
const ApiService = axios.create({
  baseURL: 'http://localhost:8080/api',
});

export default ApiService;
```

App.js：

```
import React from 'react';
import { BrowserRouter as Router, Route, Switch } from 'react-router-dom';
import Dashboard from './components/Dashboard';

function App() {
  return (
    <Router>
      <Switch>
        <Route path="/" exact component={Dashboard} />
      </Switch>
    </Router>
  );
}

export default App;
```

package.json：

```
{
  "name": "frontend",
  "version": "1.0.0",
  "dependencies": {
    "react": "^17.0.2",
    "react-dom": "^17.0.2",
    "react-router-dom": "^5.3.0",
    "axios": "^0.21.1"
  },
  "scripts": {
    "start": "webpack serve --mode development"
  }
}
```

Cursor 生成的后端和前端启动脚本如下。

后端启动脚本（run-backend.sh）：

```
#!/bin/bash
cd backend
./mvnw spring-boot:run
```

前端启动脚本（run-frontend.sh）：

```
#!/bin/bash
cd frontend
npm start
```

借助 Cursor 生成的基础架构代码，开发者可以快速完成企业级财务系统的项目初始化。无论是后端的 Spring Boot 项目结构，还是前端的 React 目录，Cursor 生成的代码都遵循了最佳实践，为后续功能的开发提供了清晰的起点和高效的开发环境。

11.1.2 数据库设计与建模

数据库设计与建模是企业级财务系统开发的核心环节，直接影响着数据存储、查询效率和系统的扩展性。本节将基于实际财务系统的业务需求，使用 Cursor 完成数据库表结构的设计和优化建模，确保数据的完整性、一致性，同时为后续功能的实现提供可靠的基础数据支持。

1. 借助 Cursor 设计数据库架构，生成数据库表结构和实体类

企业级财务系统需要精细的数据管理，Cursor 可以通过智能化提示快速生成数据库表结构和对应的实体类。

【例 11-2】以实现用户模块、交易模块和账号模块为例，展示数据库架构设计和实体类生成的过程。

（1）定义 Prompt，生成数据库表结构

Prompt： 设计一个企业级财务系统的数据库架构，包括以下功能模块。

1. 用户模块：存储用户信息（用户 ID、姓名、邮箱、注册日期）。
2. 交易模块：存储交易信息（交易 ID、用户 ID、交易类型、金额、交易时间）。
3. 账号模块：存储账号信息（账号 ID、用户 ID、账号余额、创建时间）。

生成对应的 SQL 表结构。

Cursor 生成的 SQL 代码如下：

```
CREATE TABLE users (
    user_id SERIAL PRIMARY KEY,
    name VARCHAR(100) NOT NULL,
    email VARCHAR(100) UNIQUE NOT NULL,
    registered_at TIMESTAMP DEFAULT CURRENT_TIMESTAMP
);

CREATE TABLE transactions (
    transaction_id SERIAL PRIMARY KEY,
    user_id INT REFERENCES users(user_id),
    transaction_type VARCHAR(50) NOT NULL,
    amount NUMERIC(10, 2) NOT NULL,
    transaction_time TIMESTAMP DEFAULT CURRENT_TIMESTAMP
);

CREATE TABLE accounts (
    account_id SERIAL PRIMARY KEY,
    user_id INT REFERENCES users(user_id),
```

```
    balance NUMERIC(10, 2) DEFAULT 0.00,
    created_at TIMESTAMP DEFAULT CURRENT_TIMESTAMP
);
```

（2）生成实体类代码

Prompt： 为以下数据库表生成对应的实体类，使用Java语言并基于JPA规范。数据库表包括users、transactions、accounts。

Cursor生成的Java代码如下。

User.java：

```
package com.example.finance.model;

import javax.persistence.*;
import java.time.LocalDateTime;

@Entity
@Table(name = "users")
public class User {
    @Id
    @GeneratedValue(strategy = GenerationType.IDENTITY)
    private Long userId;

    private String name;

    @Column(unique = true, nullable = false)
    private String email;

    @Column(nullable = false)
    private LocalDateTime registeredAt = LocalDateTime.now();

    // Getters and Setters
}
```

Transaction.java：

```
package com.example.finance.model;

import javax.persistence.*;
import java.math.BigDecimal;
import java.time.LocalDateTime;

@Entity
@Table(name = "transactions")
public class Transaction {
    @Id
    @GeneratedValue(strategy = GenerationType.IDENTITY)
    private Long transactionId;

    @ManyToOne
```

```
    @JoinColumn(name = "user_id", nullable = false)
    private User user;

    private String transactionType;

    @Column(nullable = false)
    private BigDecimal amount;

    @Column(nullable = false)
    private LocalDateTime transactionTime = LocalDateTime.now();

    // Getters and Setters
}
```

Account.java：

```
package com.example.finance.model;

import javax.persistence.*;
import java.math.BigDecimal;
import java.time.LocalDateTime;

@Entity
@Table(name = "accounts")
public class Account {
    @Id
    @GeneratedValue(strategy = GenerationType.IDENTITY)
    private Long accountId;

    @ManyToOne
    @JoinColumn(name = "user_id", nullable = false)
    private User user;

    @Column(nullable = false)
    private BigDecimal balance = BigDecimal.ZERO;

    @Column(nullable = false)
    private LocalDateTime createdAt = LocalDateTime.now();

    // Getters and Setters
}
```

（3）数据库关系图示

根据前面已获得的信息，我们可以归纳出如下数据库关系。

- 用户表（users）：主键为 user_id；作为其他表的外键引用目标。
- 交易表（transactions）：主键为 transaction_id；外键为 user_id，关联到 users(user_id)。
- 账号表（accounts）：主键为 account_id；外键为 user_id，关联到 users(user_id)。

要想使企业级财务系统的数据库架构能够快速成型，表结构与实体类之间需要保持严格的一一映射，并明确各实体间的外键依赖关系。

2. 结合 Cursor 完成 SQL 语句，进行数据库建模和表间关系设计

在企业级财务系统中，表间关系是数据库设计的核心部分。Cursor 可以快速生成一对多、多对多等复杂关系的 SQL 语句并完成建模。

【例 11-3】以用户表、交易表和账号表为例，设计表间关系并实现建模。

（1）定义用户和交易的一对多关系

需求描述：一个用户可以发起多笔交易（用户与交易是一对多关系）。

Prompt: 设计用户表和交易表之间的一对多关系，生成对应的 SQL 语句。

用户表字段包括：user_id、name、email。

交易表字段包括：transaction_id、user_id、amount、transaction_date。

Cursor 生成的 SQL 代码如下：

```
CREATE TABLE users (
    user_id SERIAL PRIMARY KEY,
    name VARCHAR(100) NOT NULL,
    email VARCHAR(100) UNIQUE NOT NULL
);

CREATE TABLE transactions (
    transaction_id SERIAL PRIMARY KEY,
    user_id INT NOT NULL,
    amount NUMERIC(10, 2) NOT NULL,
    transaction_date TIMESTAMP DEFAULT CURRENT_TIMESTAMP,
     CONSTRAINT fk_user FOREIGN KEY (user_id) REFERENCES users(user_id) ON DELETE 
CASCADE
);
```

user_id 是 transactions 表的外键，引用 users 表的主键；当 users 表中的记录被删除时，相关的 transactions 表中的记录也将被级联删除。

（2）定义用户和角色的多对多关系

需求描述：用户可以拥有多个角色，每个角色可以分配给多个用户（用户与角色是多对多关系）。

Prompt: 设计用户表和角色表之间的多对多关系，生成中间表的 SQL 语句。

用户表字段包括：user_id、name。

角色表字段包括：role_id、role_name。

中间表字段包括：user_id、role_id。

Cursor 生成的 SQL 代码如下：

```
CREATE TABLE users (
    user_id SERIAL PRIMARY KEY,
```

```
    name VARCHAR(100) NOT NULL
);

CREATE TABLE roles (
    role_id SERIAL PRIMARY KEY,
    role_name VARCHAR(50) NOT NULL
);

CREATE TABLE user_roles (
    user_id INT NOT NULL,
    role_id INT NOT NULL,
    PRIMARY KEY (user_id, role_id),
     CONSTRAINT fk_user FOREIGN KEY (user_id) REFERENCES users(user_id) ON DELETE
CASCADE,
     CONSTRAINT fk_role FOREIGN KEY (role_id) REFERENCES roles(role_id) ON DELETE
CASCADE
);
```

中间表 user_roles 可实现用户和角色的多对多关系，并通过外键约束维护 users 表与 roles 表的完整性。

（3）定义用户和账号的一对一关系

需求描述：每个用户只能拥有一个账号，用户与账号是一对一关系。

Prompt: 设计用户表和账号表之间的一对一关系，生成 SQL 语句。

用户表字段包括：user_id、name。

账号表字段包括：account_id、user_id、balance。

Cursor 生成的 SQL 代码如下：

```
CREATE TABLE users (
    user_id SERIAL PRIMARY KEY,
    name VARCHAR(100) NOT NULL
);

CREATE TABLE accounts (
    account_id SERIAL PRIMARY KEY,
    user_id INT NOT NULL UNIQUE,
    balance NUMERIC(10, 2) DEFAULT 0.00,
     CONSTRAINT fk_user FOREIGN KEY (user_id) REFERENCES users(user_id) ON DELETE
CASCADE
);
```

在上述代码中，user_id 在 accounts 表中是唯一的外键，确保每个用户只能有一个账号。

（4）综合表间关系的设计与建模

以下是完整的表结构和表间关系设计：

```
-- 用户表
CREATE TABLE users (
```

```
        user_id SERIAL PRIMARY KEY,
        name VARCHAR(100) NOT NULL,
        email VARCHAR(100) UNIQUE NOT NULL
    );

    -- 角色表
    CREATE TABLE roles (
        role_id SERIAL PRIMARY KEY,
        role_name VARCHAR(50) NOT NULL
    );

    -- 交易表
    CREATE TABLE transactions (
        transaction_id SERIAL PRIMARY KEY,
        user_id INT NOT NULL,
        amount NUMERIC(10, 2) NOT NULL,
        transaction_date TIMESTAMP DEFAULT CURRENT_TIMESTAMP,
        CONSTRAINT fk_user FOREIGN KEY (user_id) REFERENCES users(user_id) ON DELETE
CASCADE
    );

    -- 用户角色中间表
    CREATE TABLE user_roles (
        user_id INT NOT NULL,
        role_id INT NOT NULL,
        PRIMARY KEY (user_id, role_id),
        CONSTRAINT fk_user FOREIGN KEY (user_id) REFERENCES users(user_id) ON DELETE
CASCADE,
        CONSTRAINT fk_role FOREIGN KEY (role_id) REFERENCES roles(role_id) ON DELETE
CASCADE
    );

    -- 账号表
    CREATE TABLE accounts (
        account_id SERIAL PRIMARY KEY,
        user_id INT NOT NULL UNIQUE,
        balance NUMERIC(10, 2) DEFAULT 0.00,
        CONSTRAINT fk_user FOREIGN KEY (user_id) REFERENCES users(user_id) ON DELETE
CASCADE
    );
```

通过 Cursor 生成 SQL 语句，我们可以快速完成复杂的表间关系建模。一对多、多对多和一对一关系的设计确保了数据结构的清晰和完整性，为企业级财务系统提供了高效且规范的数据存储方案。

11.1.3 接口设计与文档生成

接口设计是企业级财务系统实现模块间通信的核心环节，文档生成则能够确保接口的规范性与易用性。本节将基于 RESTful API 设计原则，使用 Cursor 工具快速生成接口定义与文档，包括用户管理、交易记录和账号信息的相关接口，为系统的开发与对接提供明确的技术支持。

1. 使用 Cursor 生成 RESTful API 的接口文档、请求和响应模型

Cursor 能够高效地生成 RESTful API 的接口定义和文档，包括请求和响应的模型说明，为企业级财务系统的接口对接提供统一标准。

【例 11-4】以用户模块、交易模块和账号模块的接口设计为例，展示如何通过 Cursor 生成接口文档。

（1）通过 Prompt 生成接口文档

Prompt: 为企业级财务系统生成以下模块的 RESTful API 的接口文档。

1. 用户模块：用户的创建、查询和删除接口。
2. 交易模块：创建交易记录和查询交易记录接口。
3. 账号模块：查询账号信息和更新账号余额接口。

要求包含请求方法、路径、请求参数和响应模型。

以下展示 Cursor 生成的一系列接口文档。

用户模块接口请求参数：

```
{
  "name": "string",
  "email": "string"
}
```

响应模型：

```
{
  "userId": "integer",
  "name": "string",
  "email": "string",
  "registeredAt": "string"
}
```

交易模块接口请求参数：

```
{
  "userId": "integer",
  "transactionType": "string",
  "amount": "number"
}
```

响应模型：

```
{
  "transactionId": "integer",
  "userId": "integer",
  "transactionType": "string",
  "amount": "number",
```

```
  "transactionTime": "string"
}
```

查询交易记录响应模型：

```
[
  {
    "transactionId": "integer",
    "userId": "integer",
    "transactionType": "string",
    "amount": "number",
    "transactionTime": "string"
  }
]
```

账号模块接口响应模型：

```
{
  "accountId": "integer",
  "userId": "integer",
  "balance": "number",
  "createdAt": "string"
}
```

更新账号余额接口请求参数：

```
{
  "amount": "number"
}
```

响应模型：

```
{
  "accountId": "integer",
  "userId": "integer",
  "balance": "number",
  "updatedAt": "string"
}
```

（2）自动生成 API 文档格式（符合 OpenAPI 3.0 标准）

OpenAPI 文件示例：

```
openapi: 3.0.0
info:
  title: Financial System API
  version: 1.0.0
paths:
  /api/users:
    post:
      summary: Create a new user
      requestBody:
        content:
          application/json:
```

```yaml
            schema:
              type: object
              properties:
                name:
                  type: string
                email:
                  type: string
              required:
                - name
                - email
      responses:
        200:
          description: User created successfully
          content:
            application/json:
              schema:
                $ref: '#/components/schemas/User'
  /api/users/{userId}:
    get:
      summary: Get user by ID
      parameters:
        - name: userId
          in: path
          required: true
          schema:
            type: integer
      responses:
        200:
          description: User found
          content:
            application/json:
              schema:
                $ref: '#/components/schemas/User'
components:
  schemas:
    User:
      type: object
      properties:
        userId:
          type: integer
        name:
          type: string
        email:
          type: string
        registeredAt:
          type: string
```

Cursor 生成的 RESTful API 的接口文档包含详细的路径、请求和响应模型，基本符合 OpenAPI 3.0 标准。自动生成文档提升了接口设计的效率与规范性，为企业级财务系统的模块对接提供了强有力的支持。

2. 通过 Cursor 自动生成 Swagger 文档和 API 规范

Swagger 是 RESTful API 文档生成与测试的行业标准，可以确保前后端协作的高效性和一致性。通过 Cursor 能够快速生成符合 OpenAPI 3.0 标准的 Swagger 文档，明确接口定义与数据模型，提升前后端协同开发效率。

【例 11-5】通过 Cursor 自动生成 Swagger 文档和 API 规范。

（1）通过 Prompt 生成 Swagger 文档

Prompt: 为一个企业级财务系统的 RESTful API 生成 Swagger 文档，须符合 OpenAPI 3.0 标准。接口包括以下类型。

1. 用户模块：用户创建、查询和删除。
2. 交易模块：创建交易记录和查询交易记录。
3. 账号模块：查询账号信息和更新账号余额。

文档应包含请求方法、路径、参数、数据模型和响应示例。

（2）Cursor 生成的 Swagger 文档

Swagger 文档（swagger.yaml）的部分内容如下：

```yaml
openapi: 3.0.0
info:
  title: Financial System API
  description: RESTful API for the enterprise-level financial system.
  version: 1.0.0
servers:
  - url: http://localhost:8080
    description: Local server

paths:
  /api/users:
    post:
      summary: Create a new user
      requestBody:
        required: true
        content:
          application/json:
            schema:
              $ref: '#/components/schemas/UserRequest'
      responses:
        201:
          description: User created successfully
          content:
            application/json:
              schema:
                $ref: '#/components/schemas/UserResponse'
```

```yaml
    get:
      summary: Get all users
      responses:
        200:
          description: List of users
          content:
            application/json:
              schema:
                type: array
                items:
                  $ref: '#/components/schemas/UserResponse'

  /api/users/{userId}:
    get:
      summary: Get a user by ID
      parameters:
        - name: userId
          in: path
          required: true
          schema:
            type: integer
      responses:
        200:
          description: User found
          content:
            application/json:
              schema:
                $ref: '#/components/schemas/UserResponse'

    delete:
      summary: Delete a user by ID
      parameters:
        - name: userId
          in: path
          required: true
          schema:
            type: integer
      responses:
        204:
          description: User deleted successfully

components:
  schemas:
    UserRequest:
      type: object
      properties:
        name:
          type: string
          example: John Doe
        email:
```

```
          type: string
          example: john.doe@example.com
      required:
        - name
        - email

    UserResponse:
      type: object
      properties:
        userId:
          type: integer
          example: 1
        name:
          type: string
          example: John Doe
        email:
          type: string
          example: john.doe@example.com
        registeredAt:
          type: string
          format: date-time
          example: 2023-01-01T10:00:00Z
```

（3）配置 Swagger UI

通过 Swagger UI 展示生成的 API 文档，可使前后端协作更为直观。接下来，将 Swagger 配置添加到 Spring Boot 项目中。

依赖配置（pom.xml）：

```
<dependency>
    <groupId>org.springdoc</groupId>
    <artifactId>springdoc-openapi-ui</artifactId>
    <version>1.6.9</version>
</dependency>
```

启动类配置（FinanceApplication.java）：

```
package com.example.finance;

import org.springframework.boot.SpringApplication;
import org.springframework.boot.autoconfigure.SpringBootApplication;

@SpringBootApplication
public class FinanceApplication {
    public static void main(String[] args) {
        SpringApplication.run(FinanceApplication.class, args);
    }
}
```

配置完成后，启动项目，可以通过以下地址访问 Swagger UI：

```
http://localhost:8080/swagger-ui.html
```

（4）优势与实用性

通过 Cursor 生成 Swagger 文档和配置文件，这种方法不仅快速实现了企业级财务系统的接口文档规范化，还确保了前后端协同开发的高效沟通与测试支持。在接口定义方面，每个 API 的路径、请求方法、参数和响应模型均明确描述。在实时交互测试方面，Swagger UI 能够支持实时发送请求与验证接口功能。在高效协作支持方面，前端团队可通过 Swagger 文档无缝对接后端接口，不需要进行额外的沟通。

11.2　功能模块开发与代码实现

企业级财务系统的功能模块开发是整个项目的核心阶段，涵盖后端核心业务逻辑的实现、前端用户界面的设计与交互开发，以及服务的集成与配置。

本节将围绕用户管理、交易处理和账号操作等核心功能模块展开，结合 Cursor 生成的代码与配置方案，展示如何实现后端与前端的无缝对接，确保系统高效运行并满足实际业务需求。

11.2.1　核心功能模块开发

核心功能模块是企业级财务系统的基础组成部分，直接决定系统的业务能力与运行稳定性。

【例 11-6】以用户管理、交易处理和账号管理为例，结合 Cursor 工具生成的后端代码，详细讲解如何高效实现业务逻辑和数据操作，确保模块设计的规范性与扩展性，为系统提供可靠支持。

以下结合企业级财务系统需求，使用 Cursor 实现用户管理和权限控制模块的核心功能，确保系统的稳定性与扩展性。

1. 用户管理模块

需求描述：用户管理模块应支持用户的创建、查询、更新和删除操作，保证数据的一致性和唯一性（如邮箱不可重复）。

按照上述需求，Cursor 生成的控制器代码（UserController.java）如下：

```
package com.example.finance.controller;

import com.example.finance.model.User;
import com.example.finance.service.UserService;
import org.springframework.beans.factory.annotation.Autowired;
import org.springframework.web.bind.annotation.*;

import java.util.List;

@RestController
@RequestMapping("/api/users")
public class UserController {
```

```
    @Autowired
    private UserService userService;

    @PostMapping
    public User createUser(@RequestBody User user) {
        return userService.createUser(user);
    }

    @GetMapping("/{id}")
    public User getUserById(@PathVariable Long id) {
        return userService.getUserById(id);
    }

    @PutMapping("/{id}")
    public User updateUser(@PathVariable Long id, @RequestBody User user) {
        return userService.updateUser(id, user);
    }

    @DeleteMapping("/{id}")
    public void deleteUser(@PathVariable Long id) {
        userService.deleteUser(id);
    }

    @GetMapping
    public List<User> getAllUsers() {
        return userService.getAllUsers();
    }
}
```

Cursor 生成的服务代码（UserService.java）如下：

```
package com.example.finance.service;

import com.example.finance.model.User;
import com.example.finance.repository.UserRepository;
import org.springframework.beans.factory.annotation.Autowired;
import org.springframework.stereotype.Service;

import java.util.List;

@Service
public class UserService {

    @Autowired
    private UserRepository userRepository;

    public User createUser(User user) {
        return userRepository.save(user);
    }
```

```
    public User getUserById(Long id) {
            return userRepository.findById(id).orElseThrow(() -> new
RuntimeException("User not found"));
    }

    public User updateUser(Long id, User user) {
        User existingUser = getUserById(id);
        existingUser.setName(user.getName());
        existingUser.setEmail(user.getEmail());
        return userRepository.save(existingUser);
    }

    public void deleteUser(Long id) {
        userRepository.deleteById(id);
    }

    public List<User> getAllUsers() {
        return userRepository.findAll();
    }
}
```

2. 权限控制模块

需求描述：权限控制模块给用户分配角色，基于角色控制不同模块的访问权限，实现权限验证中间件。

Cursor 生成的角色模型（Role.java）代码如下：

```
package com.example.finance.model;

import javax.persistence.*;

@Entity
@Table(name = "roles")
public class Role {

    @Id
    @GeneratedValue(strategy = GenerationType.IDENTITY)
    private Long roleId;

    private String roleName;

    // Getters and Setters
}
```

Cursor 生成的权限验证中间件（AuthMiddleware.java）代码如下：

```
package com.example.finance.middleware;

import org.springframework.stereotype.Component;
import javax.servlet.*;
```

```
import javax.servlet.http.HttpServletRequest;
import java.io.IOException;

@Component
public class AuthMiddleware implements Filter {

    @Override
    public void doFilter(ServletRequest request, ServletResponse response,
FilterChain chain)
            throws IOException, ServletException {
        HttpServletRequest httpRequest = (HttpServletRequest) request;
        String role = httpRequest.getHeader("Role");

        if ("ADMIN".equals(role)) {
            chain.doFilter(request, response);
        } else {
            throw new ServletException("Access Denied");
        }
    }
}
```

通过 Cursor 生成的核心模块代码，开发者能够快速实现用户管理、权限控制功能。这些模块为企业级财务系统提供了稳定的业务基础，同时支持进一步扩展，为用户提供高效的财务管理服务。

3. 使用 Cursor 生成业务逻辑代码

（1）基于 Spring Boot 的用户模块开发

需求描述：用户管理模块是系统最基础的功能，需支持用户的创建、读取、更新和删除操作，并确保 email 字段唯一。数据库使用 PostgreSQL。

Prompt: 为基于 Spring Boot 的企业级财务系统生成用户模块的 CRUD 代码[1]，用户字段包括 userId、name、email，数据库使用 PostgreSQL。

```
// UserController.java
@RestController
@RequestMapping("/api/users")
public class UserController {
    @Autowired
    private UserService userService;

    @PostMapping
    public User createUser(@RequestBody User user) {
        return userService.createUser(user);
    }
```

1 CRUD 即创建（CREAT）、读取（READ）、更新（UPDATE）和删除（DELETE），也常被简洁地描述为“增删改查”，其中“增”代表 CREATE，“删”代表 DELETE，“改”代表 UPDATE，“查”代表 READ。

```
    @GetMapping("/{id}")
    public User getUserById(@PathVariable Long id) {
        return userService.getUserById(id);
    }

    @DeleteMapping("/{id}")
    public void deleteUser(@PathVariable Long id) {
        userService.deleteUser(id);
    }
}
```

（2）基于 Django 的交易模块开发

需求描述：交易模块用于记录用户的各类交易行为，需支持创建、读取、更新、删除功能。系统应充分利用 Django 框架开发。

Prompt: 编写 Django 框架下的交易模块代码，支持交易记录的增、删、改、查，交易字段包括 transactionId、userId、amount、transactionDate。

Cursor 生成的代码如下：

```
# models.py
class Transaction(models.Model):
    transaction_id = models.AutoField(primary_key=True)
    user_id = models.ForeignKey(User, on_delete=models.CASCADE)
    amount = models.DecimalField(max_digits=10, decimal_places=2)
    transaction_date = models.DateTimeField(auto_now_add=True)

# views.py
from rest_framework import viewsets
from .models import Transaction
from .serializers import TransactionSerializer

class TransactionViewSet(viewsets.ModelViewSet):
    queryset = Transaction.objects.all()
    serializer_class = TransactionSerializer
```

（3）基于 Express.js 的账号模块开发

需求描述：账号管理模块需要提供账号的增、删、改、查接口，系统基于 Node.js 与 Express 框架构建，使用 MongoDB 作为数据存储。

Prompt: 生成一个基于 Node.js 的账号管理模块，使用 Express 框架实现 CRUD 操作，账号字段包括 accountId、userId、balance，数据库采用 MongoDB。

Cursor 生成的代码如下：

```
const express = require('express');
const router = express.Router();
const Account = require('../models/account');

// Create Account
router.post('/', async (req, res) => {
```

```
        const account = new Account(req.body);
        const savedAccount = await account.save();
        res.json(savedAccount);
    });

    // Get Account by ID
    router.get('/:id', async (req, res) => {
        const account = await Account.findById(req.params.id);
        res.json(account);
    });

    // Update Account
    router.put('/:id', async (req, res) => {
         const updatedAccount = await Account.findByIdAndUpdate(req.params.id, req.
body, { new: true });
        res.json(updatedAccount);
    });
```

（4）基于 Django REST Framework 的查询交易记录功能开发

需求描述：为满足特定用户的交易查询需求，系统需要提供一个 API 接口，支持按用户 ID 查询交易记录。该功能使用 Django REST Framework 实现。

Prompt: 为 Django REST Framework 生成 API 接口代码，支持按用户 ID 查询交易记录，并返回交易的 transactionId、amount、transactionDate。

Cursor 生成的代码如下：

```
# serializers.py
class TransactionSerializer(serializers.ModelSerializer):
    class Meta:
        model = Transaction
        fields = ['transaction_id', 'amount', 'transaction_date']

# views.py
@api_view(['GET'])
def get_transactions_by_user(request, user_id):
    transactions = Transaction.objects.filter(user_id=user_id)
    serializer = TransactionSerializer(transactions, many=True)
    return Response(serializer.data)
```

（5）基于 Flask 更新账号余额

需求描述：账号模块需支持余额更新操作，该功能可基于 Flask 框架开发，实现指定账号余额的累加更新，并返回更新后的账号信息。

Prompt: 生成支持账号余额更新的业务逻辑代码，输入信息为 userId 和 amount，代码返回更新后的账号信息。

Cursor 生成的代码如下：

```
from flask import Flask, request, jsonify
from models import Account
```

```
app = Flask(__name__)

@app.route('/accounts/<int:user_id>', methods=['PUT'])
def update_balance(user_id):
    amount = request.json.get('amount')
    account = Account.query.filter_by(user_id=user_id).first()
    if account:
        account.balance += amount
        db.session.commit()
        return jsonify({'user_id': user_id, 'balance': account.balance})
    return jsonify({'error': 'Account not found'}), 404
```

（6）基于 NestJS 的用户模块开发

需求描述：企业级系统使用 NestJS 构建服务端架构，需实现用户管理模块，支持基本的增、删、查、改操作。数据库采用 TypeORM 进行持久化操作。

Prompt: 编写基于 NestJS 的财务系统模块代码，支持用户数据的 CRUD 操作，数据库采用 TypeORM，字段包括 id、name、email。

Cursor 生成的代码如下：

```
@Controller('users')
export class UsersController {
  constructor(private readonly usersService: UsersService) {}

  @Post()
  async create(@Body() createUserDto: CreateUserDto): Promise<User> {
    return this.usersService.create(createUserDto);
  }

  @Get(':id')
  async findOne(@Param('id') id: string): Promise<User> {
    return this.usersService.findOne(id);
  }

  @Delete(':id')
  async remove(@Param('id') id: string): Promise<void> {
    return this.usersService.remove(id);
  }
}
```

11.2.2 前端 UI 开发与集成

Cursor 在前端开发中的优势不仅在于代码补全，还体现在其对组件化开发、状态管理、接口调用等方面的智能支持。

【例 11-7】通过具体案例展示 Cursor 如何通过精确的 Prompt 生成前端 UI 代码，并实现高效的组件开发与后端集成。

1. 通过 Prompt 生成前端组件

Prompt: 为财务系统开发一个用户列表组件，使用 React 框架。功能包括：

1. 通过 API 获取用户数据并显示在表格中；
2. 提供删除用户的功能，并在操作后刷新列表；
3. 使用 Axios 进行 API 请求，后端接口路径为 /api/users；

生成组件代码。

Cursor 生成的 React 组件代码：

```
import React, { useState, useEffect } from 'react';
import axios from 'axios';

const UserList = () => {
  const [users, setUsers] = useState([]);

  // Fetch users from API
  const fetchUsers = async () => {
    try {
      const response = await axios.get('/api/users');
      setUsers(response.data);
    } catch (error) {
      console.error('Error fetching users:', error);
    }
  };

  // Delete user
  const deleteUser = async (id) => {
    try {
      await axios.delete(`/api/users/${id}`);
      fetchUsers(); // Refresh the list
    } catch (error) {
      console.error('Error deleting user:', error);
    }
  };

  useEffect(() => {
    fetchUsers();
  }, []);

  return (
    <div>
      <h2>User List</h2>
      <table>
        <thead>
          <tr>
            <th>ID</th>
            <th>Name</th>
            <th>Email</th>
```

```
            <th>Actions</th>
          </tr>
        </thead>
        <tbody>
          {users.map((user) => (
            <tr key={user.userId}>
              <td>{user.userId}</td>
              <td>{user.name}</td>
              <td>{user.email}</td>
              <td>
                <button onClick={() => deleteUser(user.userId)}>Delete</button>
              </td>
            </tr>
          ))}
        </tbody>
      </table>
    </div>
  );
};

export default UserList;
```

2. 优化 Prompt 与组件逻辑

Cursor 生成代码后，可以通过优化 Prompt 进一步增强组件的功能，例如增加分页、搜索和错误处理。

优化后的 **Prompt：** 为财务系统的用户列表组件添加以下功能：

1. 支持分页显示，默认每页显示 10 条；

2. 增加搜索功能，根据用户姓名过滤列表；

3. 提供加载状态和错误提示；

生成优化后的 React 代码。

根据上述 Prompt，Cursor 可在以下方面完成代码性能的优化。

- 分页：组件将显示分页控制器，用户可以切换页面。
- 搜索：增加搜索框，可实时过滤用户列表。
- 错误提示：在数据加载失败时显示友好的错误提示信息。

3. 接口集成

通过 Cursor 生成的代码直接调用后端 API，应确保前后端接口对接一致。以下为 Cursor 生成的接口调用示例：

```
const fetchUsers = async (page, searchQuery) => {
  try {
    const response = await axios.get('/api/users', {
      params: { page, query: searchQuery },
    });
```

```
        return response.data;
    } catch (error) {
        console.error('Error fetching users:', error);
        throw error;
    }
};
```

小提示

Cursor 会根据 Prompt 的描述自动生成对应的参数处理逻辑，使代码能够更加精确地对接 API。

通过精确的 Prompt 描述，Cursor 能够高效地生成 React 前端组件代码，并支持复杂功能（如分页、搜索和错误处理）。前端代码与后端接口紧密集成，确保开发的高效性和一致性，同时提升了组件的功能性和用户体验。

11.2.3 集成与服务配置

服务的集成与配置是企业级财务系统开发的重要环节，涉及后端服务启动配置、前后端接口对接、中间件的整合和多环境管理等任务。Cursor 通过智能化生成代码与配置文件，可以帮助开发者快速完成项目的服务集成与配置，确保系统高效运行。

【例 11-8】利用 Cursor 生成集成与服务配置文件，快速完成项目的服务集成与配置。

通过 Prompt 生成服务集成与配置代码

Prompt：为企业级财务系统生成以下配置。

1. 使用 Spring Boot 配置后端服务，包括数据库连接和跨域配置。
2. 配置 React 前端与后端接口的代理。
3. 集成 Redis 用于缓存会话数据。
4. 使用 Docker 编写多服务部署的 `docker-compose.yml`。

生成代码与配置文件。

Cursor 生成的服务后端（Spring Boot）配置代码如下。

application.properties：

```
# Database configuration
spring.datasource.url=jdbc:postgresql://localhost:5432/finance_db
spring.datasource.username=finance_user
spring.datasource.password=secure_password
spring.jpa.hibernate.ddl-auto=update

# CORS configuration
spring.web.cors.allowed-origins=http://localhost:3000
spring.web.cors.allowed-methods=GET,POST,PUT,DELETE
```

WebConfig.java：

```
package com.example.finance.config;

import org.springframework.context.annotation.Bean;
import org.springframework.context.annotation.Configuration;
import org.springframework.web.servlet.config.annotation.CorsRegistry;
import org.springframework.web.servlet.config.annotation.WebMvcConfigurer;

@Configuration
public class WebConfig {
    @Bean
    public WebMvcConfigurer corsConfigurer() {
        return new WebMvcConfigurer() {
            @Override
            public void addCorsMappings(CorsRegistry registry) {
                registry.addMapping("/**")
                        .allowedOrigins("http://localhost:3000")
                        .allowedMethods("GET", "POST", "PUT", "DELETE");
            }
        };
    }
}
```

Cursor 生成的服务前端配置（React）代码如下。

package.json：

```
{
  "proxy": "http://localhost:8080"
}
```

Cursor 生成的 Redis 集成（基于 Spring Boot）代码如下。

RedisConfig.java：

```
package com.example.finance.config;

import org.springframework.context.annotation.Bean;
import org.springframework.context.annotation.Configuration;
import org.springframework.data.redis.connection.RedisConnectionFactory;
import org.springframework.data.redis.core.RedisTemplate;

@Configuration
public class RedisConfig {

    @Bean
     public RedisTemplate<String, Object> redisTemplate(RedisConnectionFactory
connectionFactory) {
        RedisTemplate<String, Object> template = new RedisTemplate<>();
        template.setConnectionFactory(connectionFactory);
        return template;
    }
}
```

Cursor 生成的 Docker 部署配置如下。

docker-compose.yml：

```
version: '3.8'
services:
  backend:
    image: openjdk:11
    container_name: finance_backend
    build:
      context: ./backend
    ports:
      - "8080:8080"
    environment:
      - SPRING_DATASOURCE_URL=jdbc:postgresql://db:5432/finance_db
      - SPRING_DATASOURCE_USERNAME=finance_user
      - SPRING_DATASOURCE_PASSWORD=secure_password
    depends_on:
      - db
      - redis

  frontend:
    image: node:14
    container_name: finance_frontend
    build:
      context: ./frontend
    ports:
      - "3000:3000"

  db:
    image: postgres:13
    container_name: finance_db
    environment:
      POSTGRES_USER: finance_user
      POSTGRES_PASSWORD: secure_password
      POSTGRES_DB: finance_db
    ports:
      - "5432:5432"

  redis:
    image: redis:6
    container_name: finance_redis
    ports:
      - "6379:6379"
```

用 Cursor 自动生成服务配置代码，可以帮助开发者快速实现后端的数据库连接、Redis 集成和跨域配置，同时支持前端代理和环境变量管理。在部署方面，通过 Docker 可实现多服务集成，为企业级财务系统提供了高效、规范的开发与运行环境。

11.3 自动化测试与质量控制

高质量的软件系统离不开全面的测试与持续的质量控制。通过单元测试与集成测试可以验证各模块功能的正确性与协同能力，性能优化与安全性测试则能够确保系统在高并发与恶意输入情况下的稳定性与可靠性。

本节将结合 Cursor 详细讲解如何自动化生成测试用例并进行代码质量分析，从而提升系统的稳定性与安全性。

11.3.1 单元测试与集成测试

单元测试与集成测试是确保企业级财务系统功能正确性和模块协同性的基础手段。通过单元测试，可以验证各功能模块的独立性；通过集成测试，可以验证模块之间的协同工作能力。

【例 11-9】利用 Cursor 自动生成测试用例，减少手动编写测试代码的时间，并提高测试覆盖率与准确性。

（1）单元测试

以用户模块为例，通过单元测试验证用户的创建、查询和删除功能。通过 Cursor 生成的测试用例，可以快速实现针对控制器和服务层的测试。

Prompt: 为 Spring Boot 用户模块生成单元测试代码，测试功能包括用户的创建、查询和删除。

Cursor 生成的测试代码如下：

```
@SpringBootTest
@RunWith(SpringRunner.class)
public class UserServiceTest {

    @Autowired
    private UserService userService;

    @Test
    public void testCreateUser() {
        User user = new User();
        user.setName("John Doe");
        user.setEmail("john.doe@example.com");
        User savedUser = userService.createUser(user);
        assertNotNull(savedUser.getUserId());
    }

    @Test
    public void testGetUserById() {
        User user = userService.getUserById(1L);
        assertEquals("John Doe", user.getName());
```

```
    }

    @Test
    public void testDeleteUser() {
        userService.deleteUser(1L);
        assertThrows(RuntimeException.class, () -> userService.getUserById(1L));
    }
}
```

（2）集成测试

集成测试验证前后端接口的连通性和数据一致性，确保 API 功能符合预期。

Prompt： 生成 Spring Boot 用户模块的集成测试代码，测试接口包括用户的创建、查询和删除。

Cursor 生成的测试代码如下：

```
@WebMvcTest(UserController.class)
public class UserControllerIntegrationTest {

    @Autowired
    private MockMvc mockMvc;

    @Test
    public void testCreateUser() throws Exception {
        mockMvc.perform(post("/api/users")
                .contentType(MediaType.APPLICATION_JSON)
                    .content("{\"name\":\"John Doe\",\"email\":\"john.doe@example.
com\"}"))
                .andExpect(status().isOk())
                .andExpect(jsonPath("$.name").value("John Doe"));
    }

    @Test
    public void testGetUser() throws Exception {
        mockMvc.perform(get("/api/users/1"))
                .andExpect(status().isOk())
                .andExpect(jsonPath("$.name").value("John Doe"));
    }

    @Test
    public void testDeleteUser() throws Exception {
        mockMvc.perform(delete("/api/users/1"))
                .andExpect(status().isNoContent());
    }
}
```

通过 Cursor 生成的单元测试和集成测试代码，开发者可以快速验证模块功能和接口响应的准确性，有效提高测试覆盖率与开发效率。

11.3.2 性能优化与安全性测试

性能优化与安全性测试是企业级财务系统的核心环节，能确保系统在高并发场景下具有较强的稳定性和抵御恶意攻击的能力。

【例 11-10】利用 Cursor 生成性能测试脚本和安全性测试用例，以便快速验证系统的处理能力和安全性。

（1）性能优化测试

性能测试主要测试系统的响应时间、吞吐量和资源使用率。下面以交易模块的高并发场景为例，使用 JMeter 进行负载测试。

Prompt: 为交易模块生成 JMeter 测试脚本，模拟 1000 个并发用户同时访问 /api/transactions 接口，记录响应时间和错误率。

Cursor 生成的脚本如下：

```
<TestPlan>
  <ThreadGroup>
    <NumThreads>1000</NumThreads>
    <RampUp>10</RampUp>
    <Duration>60</Duration>
  </ThreadGroup>
  <HTTPSamplerProxy>
    <Domain>localhost</Domain>
    <Port>8080</Port>
    <Path>/api/transactions</Path>
    <Method>GET</Method>
  </HTTPSamplerProxy>
  <ResultCollector>
    <LogFile>performance_results.jtl</LogFile>
  </ResultCollector>
</TestPlan>
```

上述测试脚本可以反馈的测试结果包括响应时间分布、吞吐量曲线和错误率等关键指标，为性能优化指定了明确方向。

（2）安全性测试

安全性测试主要用于验证系统的抗攻击能力，包括 SQL 注入攻击、跨站脚本攻击（XSS）和敏感数据保护等。

Prompt: 生成 SQL 注入攻击和 XSS 攻击的测试用例，以便验证用户接口的安全性。

Cursor 生成的 SQL 注入攻击测试用例如下：

```
curl -X POST -H "Content-Type: application/json" \
-d '{"name": "John Doe", "email": "test@example.com\' OR 1=1 --"}' \
http://localhost:8080/api/users
```

Cursor 生成的 XSS 测试用例如下：

```
curl -X POST -H "Content-Type: application/json" \
-d '{"name": "<script>alert(1)</script>", "email": "xss@example.com"}' \
http://localhost:8080/api/users
```

结合相关的测试用例并分析测试结果，开发者可以发现输入验证中的潜在漏洞。通过进一步分析漏洞的情况，还可以继续优化代码。

性能优化与安全性测试确保了系统的高效运行和数据安全。Cursor 提供了从脚本生成到结果分析的全方位支持，为复杂的企业级应用提供了可靠的测试保障。

11.4 部署与运维监控

部署与运维监控是确保企业级财务系统稳定运行的重要环节，通过合理的部署方案与自动化运维策略，可以降低系统发布的风险并提升运行效率。

本节将探讨如何结合云服务完成系统的部署配置，设计自动化部署与回滚机制，以及实现实时运维与监控，确保系统在生产环境中的高可用性和性能表现，为企业业务提供稳定的技术支持。

11.4.1 部署方案与云服务配置

企业级财务系统的部署方案需要兼顾稳定性、扩展性和成本控制等关键因素。使用云服务，可以有效简化部署过程并提高资源利用率。借助现代云服务平台（如 AWS、Azure、GCP 等），可以快速搭建高效的生产环境。

（1）部署方案设计

基于微服务架构的系统可以采用分层部署方案，将前端、后端和数据库分离，以提高系统的可靠性和扩展性。

• 前端部署：将 React 或 Vue.js 构建的静态资源上传至 CDN 服务（如 AWS CloudFront），并通过域名绑定进行快速访问。

• 后端部署：选择云服务提供的容器服务（如 AWS ECS、Azure AKS）运行 Spring Boot 或 Node.js 服务。

• 数据库配置：使用托管数据库服务（如 AWS RDS、Azure Database for PostgreSQL），保证数据的高可用性与安全性。

（2）云服务配置重点

使用云服务时，需要重点关注资源的弹性扩展与网络配置，具体涉及以下方面。

• 负载均衡：配置云平台提供的负载均衡服务（如 AWS ELB），在高并发情况下动态分发请求。

• 存储服务：使用云存储（如 S3、Azure Blob Storage）存储财务数据文件和备份。

• 安全设置：启用安全组和防火墙策略，限制访问范围，确保数据传输采用 HTTPS。

（3）用 Cursor 自动生成配置文件

Cursor 可以自动生成部署配置文件，快速完成云服务的初始化设置。例如，生成 AWS 的 CloudFormation 模板或 Kubernetes 的部署文件。

Prompt： 为 Spring Boot 后端生成 AWS ECS 部署配置，使用 RDS 作为数据库，并启用负载均衡。

Cursor 生成的示例配置（Kubernetes 部署文件）如下：

```yaml
apiVersion: apps/v1
kind: Deployment
metadata:
  name: finance-backend
spec:
  replicas: 3
  selector:
    matchLabels:
      app: finance-backend
  template:
    metadata:
      labels:
        app: finance-backend
    spec:
      containers:
      - name: backend
        image: finance-backend:latest
        ports:
        - containerPort: 8080
---
apiVersion: v1
kind: Service
metadata:
  name: finance-backend-service
spec:
  type: LoadBalancer
  ports:
  - port: 80
    targetPort: 8080
  selector:
    app: finance-backend
```

通过合理的部署方案和云服务配置，可以实现企业级财务系统的稳定运行和高效管理。结合 Cursor 生成的自动化配置文件，可以进一步简化部署流程，提高资源利用率和系统的可用性。

11.4.2 自动化部署与回滚策略

自动化部署与回滚策略是企业级财务系统高效运行的关键，能够确保系统在版本更新或异常情况下快速恢复，减少停机时间并降低发布风险。结合 CI/CD 工具和版本控制策略，可以实现快速部署与回滚的全流程自动化。

1. 自动化部署方案

自动化部署一般通过 CI/CD 工具（如 Jenkins、GitHub Actions、GitLab CI）实现，从代码提交到生产环境发布的整个流程包括以下步骤。

• 代码构建：每次代码提交均会触发构建任务，需要生成可部署的工件（如 Docker 镜像或 JAR 包）。

• 单元测试和集成测试：运行 Cursor 生成的测试用例，确保新代码不破坏现有代码功能。

• 环境准备：通过 IaC（基础设施即代码）工具（如 Terraform 或 AWS CloudFormation）配置生产环境。

• 自动化部署：将构建的工件部署至目标环境，例如 Kubernetes 集群或云平台容器服务。

Cursor 生成的 GitHub Actions 示例如下：

```
name: CI/CD Pipeline

on:
  push:
    branches:
      - main

jobs:
  build:
    runs-on: ubuntu-latest
    steps:
      - name: Checkout code
        uses: actions/checkout@v3

      - name: Set up JDK
        uses: actions/setup-java@v3
        with:
          java-version: 11

      - name: Build and Test
        run: mvn clean verify

  deploy:
    needs: build
    runs-on: ubuntu-latest
    steps:
      - name: Deploy to Kubernetes
        run: kubectl apply -f deployment.yaml
```

2. 回滚策略设计

在部署出现问题时，通过快速回滚，可以及时恢复系统。回滚策略包括以下几种。

（1）蓝绿部署

部署新版本至蓝色环境，验证无误后将流量切换至新版本。如果出现问题，立即将流量切换回绿色环境（旧版本）。

（2）金丝雀发布

将新版本逐步发布至部分用户，观察系统稳定性后再扩大流量覆盖，并通过 CI/CD 工具动态调整发布范围。

（3）版本控制与快照回滚

利用容器镜像版本管理，保留旧版本镜像，必要时直接回滚至上一个稳定版本。对数据库进行快照备份，确保数据状态可恢复。

以下借助 Cursor 生成回滚脚本示例。

Prompt: 生成 Kubernetes 的回滚脚本，将服务切换回上一个稳定版本。

Cursor 生成的脚本如下：

```
#!/bin/bash
# Rollback to previous deployment
kubectl rollout undo deployment/finance-backend
```

自动化与回滚相结合的优势如下。

- 快速迭代：通过 CI/CD 自动化部署，加速功能上线。
- 降低风险：通过蓝绿部署和金丝雀发布，减少生产环境风险。
- 高效恢复：回滚策略能确保在异常情况下快速恢复系统。

自动化部署与回滚策略确保了系统在更新过程中的高效性与稳定性。结合 Cursor 生成的 CI/CD 配置和回滚脚本，可以快速构建智能化的发布与回滚流程，为企业级财务系统提供可靠的版本管理支持。

11.4.3 运维与监控

运维与监控是确保企业级财务系统长期稳定运行的基础。通过实时监控、日志管理和报警机制，开发者可以及时发现并解决系统问题。结合现代化运维工具和 Cursor 自动化生成的配置，可以快速搭建高效的监控体系。

1. 运维管理

运维管理涉及日志管理、资源优化和故障排查等方面。

（1）日志管理

集成 ELK（Elasticsearch, Logstash, Kibana）堆栈可集中存储和分析日志，利用 Cursor 生成日志采集和过滤规则可提高问题定位效率。

（2）资源优化

综合使用 Prometheus 与 Grafana，可实时监控系统资源使用情况（如 CPU、内存、网络流量），配置自动扩容策略（如 Kubernetes HPA）可应对高并发场景。

（3）故障排查

使用 AIOps 工具（如 Datadog）可实现异常检测与预测性维护。

Prompt 示例： 生成一个 Kubernetes 日志收集和监控的配置文件，集成 Prometheus 和 Grafana。

2. 监控体系搭建

监控体系可以分为基础监控、业务监控和报警机制。

（1）基础监控

基础监控主要监控主机健康状况（CPU、内存、磁盘），跟踪网络流量和负载均衡状态。

（2）业务监控

业务监控用于定义业务的关键指标（如交易成功率、接口响应时间），集成 Prometheus，并通过自定义指标收集业务数据。

Cursor 生成的 Prometheus 配置如下：

```
global:
  scrape_interval: 15s

scrape_configs:
  - job_name: 'kubernetes'
    static_configs:
      - targets: ['localhost:8080']
  - job_name: 'node_exporter'
    static_configs:
      - targets: ['localhost:9100']
```

（3）报警机制

配置 Alertmanager 可对高延迟、服务不可用等问题发送报警通知，集成邮件、Slack、PagerDuty 等通知渠道。

Cursor 生成的报警规则如下：

```
groups:
  - name: alert_rules
    rules:
      - alert: HighMemoryUsage
        expr: node_memory_Active_bytes / node_memory_MemTotal_bytes > 0.9
        for: 1m
        labels:
          severity: critical
        annotations:
          summary: "High Memory Usage"
          description: "Memory usage is above 90% on instance {{ $labels.instance }}"
```

3. 自动化运维工具

结合 Cursor 生成的脚本与工具，可以实现运维自动化，从而达成以下目标。

- 资源扩缩容：使用 Kubernetes HPA 自动调整服务实例的数量。
- 日志分析：通过 Cursor 生成日志分析脚本，自动提取异常信息。
- 故障处理：使用 AI 工具生成故障排查建议与修复脚本。

Prompt 示例： 生成一个自动化扩容脚本，当 CPU 使用率超过 80% 时，扩容实例数量。

Cursor 生成的脚本如下：

```
apiVersion: autoscaling/v2
kind: HorizontalPodAutoscaler
metadata:
  name: finance-backend-hpa
spec:
  scaleTargetRef:
    apiVersion: apps/v1
    kind: Deployment
    name: finance-backend
  minReplicas: 2
  maxReplicas: 10
  metrics:
    - type: Resource
      resource:
        name: cpu
        target:
          type: Utilization
          averageUtilization: 80
```

通过运维与监控的完善设计，可以实现企业级财务系统的高效管理与稳定运行。Cursor 提供了从日志管理到监控配置的全流程支持，大幅提升了运维工作的自动化水平和问题解决的效率，为系统的长期稳定运行提供了有力保障。

11.5 本章小结

本章围绕企业级财务系统的部署与运维展开，详细探讨了从部署方案与云服务配置，到自动化部署与回滚策略，再到运维监控的全流程实践。合理的部署方案可以确保系统的稳定性与扩展性，自动化部署与回滚策略提升了版本管理的效率与安全性，并通过完善的运维与监控体系实现了系统运行的实时掌控和高效维护。Cursor 能够帮助我们快速完成配置文件、自动化开发脚本和监控规则，为企业级应用的高效管理提供了全面的技术支持。

第12章 借助 Copilot 开发在线拍卖平台

在线拍卖平台的开发涉及多模块协作与复杂的业务逻辑，需要实现的功能模块包括实时竞拍、用户管理、支付处理和数据分析等。本章将基于 Copilot 演示在线拍卖平台核心功能的开发，从系统架构设计到模块实现，再到前后端集成与测试优化，逐步探讨如何利用 Copilot 提升开发效率与代码质量，为构建高性能、高可用的在线拍卖平台提供全面指导。

12.1 项目初始化与架构设计

在线拍卖平台的开发需要从基础架构入手，选择合适的技术栈并生成规范的项目结构是构建高效系统的第一步。本节将从技术栈选择出发，使用 Copilot 快速生成项目结构与数据库实体类，同时通过 API 设计与 Swagger 文档生成，确保系统的接口清晰和可维护性，为后续模块开发奠定扎实基础。

12.1.1 技术栈选择与项目结构生成

在线拍卖平台的技术栈选择需要综合考虑系统的性能需求、开发效率和扩展性等因素。结合实际业务需求，比较推荐的技术栈包括：后端采用 Spring Boot 框架，前端采用 React 框架，数据库采用 PostgreSQL；同时，使用 Redis 作为缓存支持，RabbitMQ 作为消息队列，实现竞拍数据的实时处理。

1. 技术栈选择

- 后端：Spring Boot 框架可提供高性能的 RESTful API 支持，适合处理复杂业务逻辑。
- 前端：React 框架便于构建动态用户界面，支持实时数据展示。
- 数据库：PostgreSQL 具备强大的事务处理能力和丰富的数据类型，适合处理拍卖平台的大量数据。
- 缓存：Redis 用于存储热门拍品和竞拍状态，能减少数据库压力。
- 消息队列：RabbitMQ 可实现竞拍通知与异步任务处理，能提高系统响应效率。

2. 项目结构生成

【例 12-1】使用 Copilot 可以快速生成项目的标准目录结构。以 Spring Boot 后端为例，展示具体的实践过程。

Prompt: 为在线拍卖平台的后端生成标准的 Spring Boot 项目结构，包含控制器、服务、数据访问层和配置文件。

Copilot 的生成结果如下：

```
auction-platform/
├── src/main/java/com/auction/platform/
│   ├── config/
│   │   └── RabbitMQConfig.java
│   ├── controller/
│   │   └── AuctionController.java
│   ├── service/
│   │   └── AuctionService.java
│   ├── repository/
│   │   └── AuctionRepository.java
│   ├── model/
│   │   └── Auction.java
│   └── AuctionPlatformApplication.java
├── src/main/resources/
│   ├── application.properties
│   └── static/
├── pom.xml
```

RabbitMQ 配置文件（RabbitMQConfig.java）：

```
@Configuration
public class RabbitMQConfig {
    @Bean
    public Queue auctionQueue() {
        return new Queue("auction.queue");
    }

    @Bean
    public DirectExchange auctionExchange() {
        return new DirectExchange("auction.exchange");
    }

    @Bean
    public Binding binding(Queue auctionQueue, DirectExchange auctionExchange) {
            return BindingBuilder.bind(auctionQueue).to(auctionExchange).
with("auction.key");
    }
}
```

通过 AI 自动生成的项目结构与配置代码，可以快速完成技术栈初始化和模块划分，为后续开发提供清晰的框架基础。

12.1.2 数据库设计与实体类生成

数据库设计是在线拍卖平台开发的核心环节，应当确保数据存储结构清晰且高效，同时支持复杂的查询需求。

【例 12-2】结合 Copilot 的 Tab 键代码补全功能、Prompt 交互和复查功能，快速生成数据库表结构和对应的实体类，提高开发效率并确保代码质量。

1. 数据库设计需求分析

在线拍卖平台涉及以下 3 个核心表。

• 用户表（users）：存储用户基本信息，如 user_id、username、email、password。

• 拍品表（auctions）：存储拍品信息，如 auction_id、title、description、starting_price、current_price、end_time。

• 竞价记录表（bids）：存储每次的竞价信息，如 bid_id、auction_id、user_id、bid_amount、timestamp。

2. 使用 Copilot 生成 SQL 表结构

Prompt: 为在线拍卖平台生成 SQL 表结构，相关的表包括用户表、拍品表和竞价记录表。字段要求如以下描述。

1. 用户表：user_id、username、email、password；

2. 拍品表：auction_id、title、description、starting_price、current_price、end_time；

3. 竞价记录表：bid_id、auction_id、user_id、bid_amount、timestamp。

Copilot 生成的 SQL 代码如下：

```
CREATE TABLE users (
    user_id SERIAL PRIMARY KEY,
    username VARCHAR(100) NOT NULL,
    email VARCHAR(100) UNIQUE NOT NULL,
    password VARCHAR(100) NOT NULL
);

CREATE TABLE auctions (
    auction_id SERIAL PRIMARY KEY,
    title VARCHAR(200) NOT NULL,
    description TEXT,
    starting_price NUMERIC(10, 2) NOT NULL,
    current_price NUMERIC(10, 2) NOT NULL,
    end_time TIMESTAMP NOT NULL
);

CREATE TABLE bids (
    bid_id SERIAL PRIMARY KEY,
    auction_id INT NOT NULL,
```

```
    user_id INT NOT NULL,
    bid_amount NUMERIC(10, 2) NOT NULL,
    timestamp TIMESTAMP DEFAULT CURRENT_TIMESTAMP,
    FOREIGN KEY (auction_id) REFERENCES auctions(auction_id),
    FOREIGN KEY (user_id) REFERENCES users(user_id)
);
```

3. 使用 Copilot 生成实体类

结合数据库设计情况，通过 Prompt 交互和 Tab 键补全，快速生成 Java 实体类。

Prompt: 为用户表生成 Java 实体类，使用 Spring Data JPA 注解。

Copilot 生成的用户实体类代码如下：

```
@Entity
@Table(name = "users")
public class User {

    @Id
    @GeneratedValue(strategy = GenerationType.IDENTITY)
    private Long userId;

    @Column(nullable = false, unique = true)
    private String username;

    @Column(nullable = false, unique = true)
    private String email;

    @Column(nullable = false)
    private String password;

    // Getters and Setters
}
```

Prompt: 为拍品表生成 Java 实体类，字段包括 auction_id、title、description、starting_price、current_price、end_time。

Copilot 生成的拍品实体类代码如下：

```
@Entity
@Table(name = "auctions")
public class Auction {

    @Id
    @GeneratedValue(strategy = GenerationType.IDENTITY)
    private Long auctionId;

    @Column(nullable = false)
    private String title;

    @Column
```

```
    private String description;

    @Column(nullable = false)
    private BigDecimal startingPrice;

    @Column(nullable = false)
    private BigDecimal currentPrice;

    @Column(nullable = false)
    private LocalDateTime endTime;

    // Getters and Setters
}
```

4. 利用 Copilot 的复查功能

生成上述代码后，开发者可以使用 Copilot 的复查建议功能，优化字段命名与数据类型。通过 Tab 键自动补全缺失的注解与方法，确保代码的完整性和可读性。

例如，在用户实体类中，增加安全性相关的 @JsonIgnore 注解，保护密码字段。

Copilot 优化后的用户实体类代码如下：

```
@Entity
@Table(name = "users")
public class User {

    @Id
    @GeneratedValue(strategy = GenerationType.IDENTITY)
    private Long userId;

    @Column(nullable = false, unique = true)
    private String username;

    @Column(nullable = false, unique = true)
    private String email;

    @JsonIgnore
    @Column(nullable = false)
    private String password;

    // Getters and Setters
}
```

结合 Copilot 的 Prompt 交互、Tab 键补全和复查功能，开发者可以快速完成数据库表结构和实体类的设计与生成。所生成的代码不仅符合最佳实践的要求，而且能够减少手动编码的错误率。

12.1.3 API 设计与 Swagger 文档生成

API 设计是在线拍卖平台前后端交互的核心环节，使用 Swagger 文档可以清晰地描述接口规范，有助于确保团队协作高效和开发过程一致性。

【例 12-3】结合 Copilot 快速生成 API 定义代码以及对应的 Swagger 文档，提高接口设计的效率和质量。

1. 使用 Copilot 设计 RESTful API

在线拍卖平台的核心模块包括以下几部分。

- 用户模块（注册用户、登录、获取用户信息）。
- 拍品模块（创建拍品、查询拍品列表、获取拍品详情）。
- 竞价模块（提交竞价、获取竞价记录）。

Prompt: 为在线拍卖平台设计 RESTful API 接口，涵盖以下几个模块。

1. 用户模块：注册用户、登录、获取用户信息。
2. 拍品模块：创建拍品、查询拍品列表、获取拍品详情。
3. 竞价模块：提交竞价、获取竞价记录。

Copilot 生成的各个模块的代码如下：

```
@RestController
@RequestMapping("/api")
public class AuctionController {

    @PostMapping("/users/register")
    public User registerUser(@RequestBody User user) {
        // Register user logic
        return user;
    }

    @PostMapping("/users/login")
    public String loginUser(@RequestBody LoginRequest loginRequest) {
        // Login logic
        return "Token";
    }

    @GetMapping("/users/{id}")
    public User getUser(@PathVariable Long id) {
        // Get user info logic
        return new User();
    }

    @PostMapping("/auctions")
    public Auction createAuction(@RequestBody Auction auction) {
        // Create auction logic
```

```
        return auction;
    }

    @GetMapping("/auctions")
    public List<Auction> getAllAuctions() {
        // Get auction list logic
        return List.of(new Auction());
    }

    @PostMapping("/bids")
    public Bid placeBid(@RequestBody Bid bid) {
        // Place bid logic
        return bid;
    }

    @GetMapping("/bids/{auctionId}")
    public List<Bid> getBids(@PathVariable Long auctionId) {
        // Get bids for an auction logic
        return List.of(new Bid());
    }
}
```

2. 使用 Copilot 生成 Swagger 代码

Prompt：为上述 API 生成 Swagger 注解，使用 Springfox 框架描述接口路径、请求参数和响应结构。

Copilot 生成的 Swagger 代码如下：

```
@RestController
@RequestMapping("/api")
@Api(value = "Auction Platform API", tags = {"Auction Management"})
public class AuctionController {

    @ApiOperation(value = "Register a new user", notes = "Create a new user account")
    @PostMapping("/users/register")
    public User registerUser(@RequestBody User user) {
        return user;
    }

    @ApiOperation(value = "Login a user", notes = "Authenticate user and return token")
    @PostMapping("/users/login")
    public String loginUser(@RequestBody LoginRequest loginRequest) {
        return "Token";
    }

    @ApiOperation(value = "Get user details", notes = "Retrieve details of a specific user")
```

```
    @GetMapping("/users/{id}")
    public User getUser(@PathVariable Long id) {
        return new User();
    }

     @ApiOperation(value = "Create a new auction", notes = "Post a new auction
item")
    @PostMapping("/auctions")
    public Auction createAuction(@RequestBody Auction auction) {
        return auction;
    }

     @ApiOperation(value = "List all auctions", notes = "Retrieve a list of all
auctions")
    @GetMapping("/auctions")
    public List<Auction> getAllAuctions() {
        return List.of(new Auction());
    }
}
```

3. Swagger UI 展示

Swagger 文档通过 OpenAPI 规范提供了一个标准化的接口文档视图，便于开发和测试。接下来，配置 Swagger 以生成可视化文档，并通过 Copilot 自动生成配置文件。

Prompt: 为 Spring Boot 配置 Swagger UI，生成 SwaggerConfig 文件。

Copilot 生成的配置文件如下：

```
@Configuration
@EnableSwagger2
public class SwaggerConfig {
    @Bean
    public Docket api() {
        return new Docket(DocumentationType.SWAGGER_2)
                .select()
                .apis(RequestHandlerSelectors.basePackage("com.example.auction"))
                .paths(PathSelectors.any())
                .build()
                .apiInfo(apiInfo());
    }

    private ApiInfo apiInfo() {
        return new ApiInfo(
                "Auction Platform API",
                "API documentation for the online auction platform",
                "1.0",
                "Terms of service",
                new Contact("Support", "www.example.com", "support@example.com"),
                "License of API", "API license URL", Collections.emptyList());
```

```
    }
}
```

启动项目后，可通过以下地址访问 Swagger UI：

```
http://localhost:8080/swagger-ui.html
```

4. Copilot 复查与优化

Copilot 的复查功能可以帮助我们检测注解遗漏或不规范的问题。例如，补充 @ApiResponse 注解可以为每个接口添加状态码和错误描述；优化响应模型的字段描述可以提升文档可读性。

优化后的代码如下：

```
@ApiResponses(value = {
    @ApiResponse(code = 200, message = "Successful operation"),
    @ApiResponse(code = 400, message = "Invalid input"),
    @ApiResponse(code = 404, message = "Resource not found")
})
@GetMapping("/users/{id}")
public User getUser(@PathVariable Long id) {
    return new User();
}
```

利用 Copilot 的 Tab 键补全与 Prompt 交互功能，可以快速生成 RESTful API 和 Swagger 文档，从接口定义到文档展示实现了全流程自动化，提高了开发效率和接口一致性。Swagger 的可视化界面为团队协作和接口测试提供了强大支持。

12.2 功能模块开发与代码实现

在线拍卖平台的核心功能模块直接决定系统的用户体验与业务承载能力。本节围绕关键功能模块展开，从基本的 CRUD 操作到前端 UI 组件的生成与集成，再到微服务架构下的 API 协作，详细解析各功能的设计与实现过程。

结合 Copilot 的智能补全和交互能力，高效完成功能模块的代码开发与优化，为构建稳定、高效的在线拍卖平台提供技术支持。

12.2.1 功能模块开发（CRUD 操作）

CRUD（创建、读取、更新、删除）操作是在线拍卖平台的基础功能，涵盖用户管理、拍品管理和竞价管理等模块。

【例 12-4】通过 Copilot 的代码补全功能，快速生成高质量的 CRUD 代码，减少开发时间并提高模块一致性。

1. 用户模块的 CRUD 功能

用户模块包括用户的注册、查询、更新和删除操作。

Prompt: 为在线拍卖平台生成 Spring Boot 用户模块的 CRUD 操作代码，用户字段包括 userId、username、email、password。

Copilot 生成的基础代码如下：

```
@RestController
@RequestMapping("/api/users")
public class UserController {

    @Autowired
    private UserService userService;

    @PostMapping
    public User createUser(@RequestBody User user) {
        return userService.createUser(user);
    }

    @GetMapping("/{id}")
    public User getUserById(@PathVariable Long id) {
        return userService.getUserById(id);
    }

    @PutMapping("/{id}")
    public User updateUser(@PathVariable Long id, @RequestBody User user) {
        return userService.updateUser(id, user);
    }

    @DeleteMapping("/{id}")
    public void deleteUser(@PathVariable Long id) {
        userService.deleteUser(id);
    }
}
```

Copilot 生成的对应的服务层代码如下：

```
@Service
public class UserService {

    @Autowired
    private UserRepository userRepository;

    public User createUser(User user) {
        return userRepository.save(user);
    }

    public User getUserById(Long id) {
            return userRepository.findById(id).orElseThrow(() -> new
RuntimeException("User not found"));
    }

    public User updateUser(Long id, User user) {
```

```
        User existingUser = getUserById(id);
        existingUser.setUsername(user.getUsername());
        existingUser.setEmail(user.getEmail());
        existingUser.setPassword(user.getPassword());
        return userRepository.save(existingUser);
    }

    public void deleteUser(Long id) {
        userRepository.deleteById(id);
    }
}
```

2. 拍品模块的 CRUD 操作

拍品模块负责管理拍品的创建、查询、更新和删除。

Prompt：为在线拍卖平台的拍品模块生成 Spring Boot 的 CRUD 代码，字段包括 auctionId、title、description、startingPrice、currentPrice、endTime。

Copilot 生成的控制器代码如下：

```
@RestController
@RequestMapping("/api/auctions")
public class AuctionController {

    @Autowired
    private AuctionService auctionService;

    @PostMapping
    public Auction createAuction(@RequestBody Auction auction) {
        return auctionService.createAuction(auction);
    }

    @GetMapping("/{id}")
    public Auction getAuctionById(@PathVariable Long id) {
        return auctionService.getAuctionById(id);
    }

    @PutMapping("/{id}")
    public Auction updateAuction(@PathVariable Long id, @RequestBody Auction auction) {
        return auctionService.updateAuction(id, auction);
    }

    @DeleteMapping("/{id}")
    public void deleteAuction(@PathVariable Long id) {
        auctionService.deleteAuction(id);
    }
}
```

3. Copilot 复查与优化

如果进一步借助 Copilot 的复查功能，还可以继续完善代码，例如可以关注以下方面。

- 添加异常处理，增强代码的健壮性。
- 在查询方法中加入分页和排序支持，提高查询效率。
- 使用 DTO 类代替直接暴露实体类，提升代码安全性和扩展性。

借助 Copilot 的 Prompt 设计与智能补全功能，开发者可以快速实现在线拍卖平台的用户模块和拍品模块的 CRUD 操作相关的代码，生成的代码逻辑清晰且符合标准，同时利用复查功能优化代码质量，为功能模块的开发提供高效支持。

12.2.2 微服务架构与 API 集成

在线拍卖平台的微服务架构将系统拆分为独立的模块，每个模块负责单一的功能，如用户管理服务、拍品管理服务、竞价管理服务等。微服务架构提升了系统的灵活性和可扩展性，通过 API 集成实现模块之间的高效协作。

【例 12-5】借助 Copilot 的代码补全功能，快速实现微服务间的通信和 API 集成。

1. 微服务架构设计

拍卖平台的核心服务包括以下几类。

- 用户服务：管理用户的注册、认证和信息查询。
- 拍品服务：管理拍品的创建、更新和查询。
- 竞价服务：处理竞价记录和相关逻辑。

微服务之间通过 RESTful API 进行通信，同时采用 RabbitMQ 处理异步事件，例如在竞价成功时通知拍品服务更新当前价格。

2. 使用 Copilot 生成 API 集成代码

当创建竞价记录时，需要验证用户是否存在，这可以通过调用用户服务的 API 来完成。

Prompt: 为拍品服务集成用户服务的 API，验证用户是否存在。用户服务的 URL 为 http://user-service/api/users/{id}。

Copilot 生成的用户服务代码如下：

```
@Service
public class UserClient {

    private final RestTemplate restTemplate;

    @Autowired
    public UserClient(RestTemplate restTemplate) {
        this.restTemplate = restTemplate;
    }
```

```
    public boolean isUserValid(Long userId) {
        try {
            ResponseEntity<User> response = restTemplate.getForEntity(
                    "http://user-service/api/users/" + userId, User.class);
            return response.getStatusCode() == HttpStatus.OK;
        } catch (HttpClientErrorException e) {
            return false;
        }
    }
}
```

3. 使用 Feign 简化服务间通信

为了简化 API 集成，可以使用 Feign 客户端代替传统的 RestTemplate。

Prompt： 使用 Feign 实现拍品服务对用户服务的集成，接口包括获取用户信息和验证用户是否存在。

Copilot 生成的 Feign 客户端代码如下：

```
@FeignClient(name = "user-service")
public interface UserClient {

    @GetMapping("/api/users/{id}")
    User getUserById(@PathVariable("id") Long id);

    @GetMapping("/api/users/{id}/exists")
    boolean isUserExists(@PathVariable("id") Long id);
}
```

4. API 集成的异步事件处理

通过 RabbitMQ 实现竞价服务与拍品服务的异步通信，当竞价成功时发送消息通知拍品服务更新当前价格。

Prompt： 为竞价服务实现 RabbitMQ 消息生产者，发送竞价成功的消息到拍品服务队列，消息内容包括 auctionId 和 newPrice。

Copilot 生成的异步事件处理代码如下：

```
@Service
public class BidMessageProducer {

    @Autowired
    private RabbitTemplate rabbitTemplate;

    public void sendBidSuccessMessage(Long auctionId, BigDecimal newPrice) {
        Map<String, Object> message = new HashMap<>();
        message.put("auctionId", auctionId);
        message.put("newPrice", newPrice);
            rabbitTemplate.convertAndSend("auction.exchange", "auction.key",
message);
```

```
    }
}
```

5. Copilot 复查与优化

如果进一步借助 Copilot 的复查功能，还可以继续完善代码，例如可以关注以下方面。

- 验证 API 参数是否正确。
- 优化异常处理逻辑，防止通信失败导致系统不稳定。
- 使用集中式配置管理工具（如 Spring Cloud Config）管理服务间的 URL。

微服务架构通过模块化设计提升了系统的灵活性与可扩展性。借助 Copilot 的补全与优化功能，开发者可以高效完成服务间的 API 集成与异步事件处理，为在线拍卖平台提供可靠的分布式系统支持。

12.3 自动化测试与代码质量控制

在线拍卖平台的开发需要严谨的测试与质量控制。本节重点讲解如何使用自动化工具生成单元测试与集成测试代码，覆盖核心功能模块，同时通过代码审查和优化手段提升代码质量。

结合 Copilot 的智能生成与建议功能，开发者可以快速完成测试用例的编写与代码优化，构建高效、安全的开发与运行环境。

12.3.1 单元测试与集成测试

单元测试与集成测试是确保在线拍卖平台各模块功能正确性和协作性的关键手段。Copilot 的代码补全与建议功能可以帮我们快速生成测试代码，提高测试覆盖率并降低开发成本。

1. 单元测试的生成与示例

单元测试的目标是验证每个模块的独立功能。

【例 12-6】用 Copilot 编写用户模块的单元测试代码。

Prompt: 为 Spring Boot 用户模块生成单元测试，测试用户的创建、查询和删除功能。

Copilot 生成的测试代码如下：

```
@SpringBootTest
@RunWith(SpringRunner.class)
public class UserServiceTest {

    @Autowired
    private UserService userService;

    @Test
    public void testCreateUser() {
        User user = new User();
        user.setUsername("john_doe");
```

```
        user.setEmail("john.doe@example.com");
        user.setPassword("securepassword");
        User createdUser = userService.createUser(user);
        assertNotNull(createdUser.getUserId());
    }

    @Test
    public void testGetUserById() {
        User user = userService.getUserById(1L);
        assertEquals("john.doe@example.com", user.getEmail());
    }

    @Test
    public void testDeleteUser() {
        userService.deleteUser(1L);
        assertThrows(RuntimeException.class, () -> userService.getUserById(1L));
    }
}
```

以上代码可以验证用户模块的基本 CRUD 功能是否正常运行。

2. 集成测试的生成与示例

集成测试的目标是验证服务之间的协作和接口的正确性。

【例 12-7】展示拍品服务的集成测试代码。

Prompt: 为 Spring Boot 拍品模块生成集成测试，测试拍品的创建和查询接口。

Copilot 生成的集成测试代码如下：

```
@WebMvcTest(AuctionController.class)
public class AuctionControllerTest {

    @Autowired
    private MockMvc mockMvc;

    @Test
    public void testCreateAuction() throws Exception {
        mockMvc.perform(post("/api/auctions")
                .contentType(MediaType.APPLICATION_JSON)
                .content("{\"title\": \"Antique Vase\", \"startingPrice\": 100.00,
\"endTime\": \"2024-12-31T23:59:59\"}"))
                .andExpect(status().isOk())
                .andExpect(jsonPath("$.title").value("Antique Vase"));
    }

    @Test
    public void testGetAuctionById() throws Exception {
        mockMvc.perform(get("/api/auctions/1"))
                .andExpect(status().isOk())
                .andExpect(jsonPath("$.title").value("Antique Vase"));
    }
}
```

上述代码可以测试模拟 HTTP 请求，并验证 API 的响应是否符合预期。

3. Copilot 复查与优化

Copilot 不仅能生成测试代码，还能优化代码的覆盖范围与可读性。

- 优化提示：建议增加边界测试和异常处理测试，如未找到用户或竞价超时的情况。
- 代码覆盖率检查：通过集成工具（如 JaCoCo）生成代码覆盖率报告，确保关键逻辑的测试覆盖率达到要求。

Copilot 生成的单元测试与集成测试可以快速覆盖在线拍卖平台的核心功能模块，同时保证模块间协作的正确性和稳定性。结合复查与优化建议之后，测试代码将更加健壮和高效，为平台运行提供可靠保障。

12.3.2 代码审查与质量提升

代码审查与质量提升是在线拍卖平台开发中确保代码稳定性、可读性和可维护性的关键环节。通过系统化的审查工具和智能化的代码生成与优化功能，可以有效减少潜在问题并提升代码质量。借助 Copilot 的补全与优化能力，可以快速进行代码审查并提出改进建议。

1. 使用静态分析工具进行代码审查

静态代码分析工具（如 SonarQube、PMD）能够检测代码中的潜在问题和不符合规范的部分。开发者可以借助 Copilot 快速修复这些问题。

【例 12-8】使用 SonarQube 分析一个拍品模块的服务代码。

Prompt（Copilot）： 优化以下 Spring Boot 拍品服务代码，修复潜在的性能和安全问题。

1. 避免 SQL 注入攻击。

2. 优化重复查询。

3. 提高异常处理的规范性。

原始代码如下：

```
public Auction getAuctionById(Long id) {
    String query = "SELECT * FROM auctions WHERE auction_id = " + id;
    return jdbcTemplate.queryForObject(query, new AuctionRowMapper());
}
```

将上述原始代码发给 Copilot，Copilot 给出如下优化建议：

```
public Auction getAuctionById(Long id) {
    String query = "SELECT * FROM auctions WHERE auction_id = ?";
    return jdbcTemplate.queryForObject(query, new AuctionRowMapper(), id);
}
```

上述代码使用占位符替代直接拼接的 SQL 语句，可以避免 SQL 注入攻击。

2. 使用 Copilot 优化代码结构

Copilot 可以根据提示优化代码逻辑，提升代码的可读性和性能。

Prompt（Copilot）： 优化拍品模块的批量处理逻辑，减少数据库查询次数并提高执行效率。

原始代码：

```
public List<Auction> getActiveAuctions(List<Long> auctionIds) {
    List<Auction> auctions = new ArrayList<>();
    for (Long id : auctionIds) {
        Auction auction = jdbcTemplate.queryForObject("SELECT * FROM auctions
WHERE auction_id = ?", new AuctionRowMapper(), id);
        if (auction.isActive()) {
            auctions.add(auction);
        }
    }
    return auctions;
}
```

将上述原始代码发给 Copilot，Copilot 给出如下优化建议：

```
public List<Auction> getActiveAuctions(List<Long> auctionIds) {
    String query = "SELECT * FROM auctions WHERE auction_id IN (:ids)";
    List<Auction> auctions = jdbcTemplate.query(query, Map.of("ids", auctionIds),
new AuctionRowMapper());
    return auctions.stream().filter(Auction::isActive).collect(Collectors.toList());
}
```

上述代码使用批量查询代替了循环单次查询，显著提升了代码性能。

3. 提高代码的安全性与可维护性

通过代码审查，可以发现代码中的安全隐患和不规范的实现方式。

Prompt（Copilot）： 提高以下代码中登录逻辑的安全性，避免暴露敏感信息，并增加日志记录。

原始代码如下：

```
public String login(String username, String password) {
    User user = userRepository.findByUsername(username);
    if (user != null && user.getPassword().equals(password)) {
        return "Login successful";
    }
    return "Invalid credentials";
}
```

将上述原始代码发给 Copilot，Copilot 给出如下优化建议：

```
public String login(String username, String password) {
    User user = userRepository.findByUsername(username);
    if (user == null) {
        log.warn("Login failed for non-existent user: {}", username);
        return "Invalid credentials";
    }
    if (!passwordEncoder.matches(password, user.getPassword())) {
        log.warn("Login failed for user: {}", username);
```

```
        return "Invalid credentials";
    }
    return jwtTokenProvider.generateToken(user);
}
```

优化后的代码使用加密密码校验（如 passwordEncoder.matches），添加了日志记录，提高了可追踪性。此外，还能返回 JWT 令牌而非简单字符串，进一步提高了安全性。

4. 使用质量检查工具

通过集成 SonarQube 或 Checkstyle，开发者可以系统化地发现和修复代码中的不规范部分。

Prompt（Copilot）： 为拍品服务生成 Checkstyle 配置文件，定义代码格式标准，包括缩进、命名规则、方法长度限制。

Copilot 生成的配置文件如下：

```
<module name="Checker">
    <module name="TreeWalker">
        <module name="Indentation">
            <property name="basicOffset" value="4"/>
        </module>
        <module name="MethodLength">
            <property name="max" value="30"/>
        </module>
        <module name="Naming">
            <property name="format" value="^[a-z][a-zA-Z0-9]*$"/>
        </module>
    </module>
</module>
```

借助 Copilot 可以大幅提升在线拍卖平台的代码可靠性与可维护性。Copilot 不仅加速了问题发现与修复过程，还能提供优化建议，为开发者打造高质量的代码提供了强有力的支持。

12.4 部署与运维

部署与运维是保障在线拍卖平台稳定运行的基础环节，涵盖了云平台部署与配置、运维监控与日志管理、自动化回滚与故障恢复等。科学的部署流程和智能化的监控手段有助于快速响应系统异常，降低运行风险并提升系统的高可用性。本节结合现代化工具和技术方法，详细阐述如何在云平台完成高效部署与运维管理，确保系统稳定运行。

12.4.1 云平台部署与配置

云平台为在线拍卖平台提供了高扩展性与可靠性的基础设施。通过结合云服务的自动化部署工具，可以快速完成应用的部署与配置，同时保障资源的灵活分配与安全性。

【例 12-9】以 AWS 为示例，详细说明云平台的部署与配置过程。

1. 部署架构设计

比较推荐的云平台架构如下。

- 负载均衡：使用 AWS ELB（Elastic Load Balancer）分发流量，提高系统的高可用性。
- 计算服务：使用 AWS ECS（Elastic Container Service）运行 Spring Boot 服务和 React 前端。
- 数据库服务：采用 AWS RDS（Relational Database Service）托管 PostgreSQL 数据库。
- 存储服务：通过 AWS S3 存储静态文件和拍卖图片。
- 缓存与队列：使用 AWS ElastiCache（结合 Redis）缓存数据，Amazon SQS 实现消息队列功能。

2. 使用 Copilot 生成基础部署文件

Prompt（Copilot）： 为在线拍卖平台生成 AWS ECS 部署配置，包括 Spring Boot 后端和 React 前端服务，集成 RDS 数据库和 S3 存储。

Copilot 生成的 ECS 部署配置如下：

```
{
  "family": "auction-platform-task",
  "containerDefinitions": [
    {
      "name": "backend",
      "image": "auction-backend:latest",
      "memory": 512,
      "cpu": 256,
      "portMappings": [
        {
          "containerPort": 8080,
          "hostPort": 8080
        }
      ],
      "environment": [
        { "name": "DB_HOST", "value": "auction-db.cluster-xyz.us-east-1.rds.
amazonaws.com" },
        { "name": "DB_USER", "value": "admin" },
        { "name": "DB_PASSWORD", "value": "securepassword" }
      ]
    },
    {
      "name": "frontend",
      "image": "auction-frontend:latest",
      "memory": 256,
      "cpu": 128,
      "portMappings": [
        {
          "containerPort": 80,
          "hostPort": 80
        }
```

```
      ]
    }
  ]
}
```

3. 配置数据库与存储服务

Prompt（Copilot）： 生成 AWS RDS 的 PostgreSQL 配置模板，设置数据库名称为 auction_db，用户名为 admin，密码为 securepassword。

Copilot 生成的 AWS RDS 的 PostgreSQL 配置模板如下：

```
resource "aws_rds_instance" "auction_db" {
  allocated_storage      = 20
  engine                 = "postgres"
  instance_class         = "db.t2.micro"
  name                   = "auction_db"
  username               = "admin"
  password               = "securepassword"
  publicly_accessible    = false
  skip_final_snapshot   = true
  vpc_security_group_ids = [aws_security_group.db.id]
}
```

4. 前后端分离的部署

- 前端部署：React 应用通过 npm run build 打包后，将静态资源上传到 S3，并通过 CloudFront 分发。
- 后端部署：Spring Boot 应用容器化后推送到 ECR（Elastic Container Registry），通过 ECS 运行。

5. 自动化部署脚本

接下来使用 Terraform 实现全自动化部署。

Prompt（Copilot）： 生成 Terraform 脚本，实现在线拍卖平台的自动化部署，包括 ECS 服务、RDS 数据库和 S3 存储。

Copilot 生成的 Terraform 脚本如下：

```
provider "aws" {
  region = "us-east-1"
}

resource "aws_s3_bucket" "auction_assets" {
  bucket = "auction-assets-bucket"
  acl    = "public-read"
}

resource "aws_ecs_service" "backend_service" {
  cluster         = aws_ecs_cluster.auction_cluster.id
  desired_count   = 2
```

```
  task_definition = aws_ecs_task_definition.backend_task.id
}

resource "aws_rds_instance" "auction_db" {
  allocated_storage = 20
  engine            = "postgres"
  instance_class    = "db.t2.micro"
  name              = "auction_db"
  username          = "admin"
  password          = "securepassword"
}
```

通过云平台的部署与配置，我们可以实现在线拍卖平台的高可用、高扩展性和安全性。Copilot 生成的自动化配置文件和部署脚本能帮助我们大幅提高部署效率，减少手动操作的复杂度。

12.4.2 运维监控与日志管理

运维监控与日志管理是保障在线拍卖平台稳定运行的核心环节。实时监控系统资源、业务指标及集中化管理日志有助于及时发现问题并快速定位故障。结合现代化工具和 Copilot 生成的配置脚本，可以快速搭建高效的运维监控与日志管理体系。

1. 系统监控

系统监控涵盖资源监控、业务指标监控和服务健康检查等。

• 资源监控：使用 Prometheus 收集 CPU、内存、磁盘等资源使用数据，结合 Grafana 可视化展示相关数据。

• 业务指标监控：通过自定义指标监控关键业务逻辑，例如竞价成功率、拍品访问量等。

• 服务健康检查：在 Kubernetes 中启用 Liveness 和 Readiness 探针，确保服务正常运行。

Prompt: 生成 Prometheus 配置文件，监控 Spring Boot 服务的请求延迟、错误率和数据库连接池状态。

Copilot 生成的 Prometheus 配置如下：

```
global:
  scrape_interval: 15s

scrape_configs:
  - job_name: 'spring-boot'
    metrics_path: '/actuator/prometheus'
    static_configs:
      - targets: ['localhost:8080']
  - job_name: 'node-exporter'
    static_configs:
      - targets: ['localhost:9100']
```

通过配置 Spring Boot 服务，可以暴露 /actuator/prometheus 端点，以方便 Prometheus 采集

数据。

2. 日志管理

集中化日志管理可以高效分析日志信息并快速排查问题，涉及日志采集、日志存储与分析、日志告警等环节。

- 日志采集：使用 Filebeat 采集 Spring Boot 服务日志，并传输到 Elasticsearch。
- 日志存储与分析：通过 ELK（Elasticsearch，Logstash，Kibana）堆栈集中化存储和分析日志。
- 日志告警：为关键错误日志配置告警规则，及时通知运维团队。

Prompt（Copilot）： 生成 Filebeat 配置文件，采集 Spring Boot 日志并传输到 Elasticsearch。

Copilot 生成的 Filebeat 配置如下：

```
filebeat.inputs:
  - type: log
    enabled: true
    paths:
      - /var/log/spring-boot/*.log

output.elasticsearch:
  hosts: ["http://elasticsearch:9200"]
  username: "elastic"
  password: "changeme"

setup.kibana:
  host: "http://kibana:5601"
```

3. 异常告警与通知

通过 Prometheus Alertmanager 设置异常告警规则，例如高错误率或服务不可用时发送通知。

Prompt（Copilot）： 生成 Prometheus 报警规则，检测 Spring Boot 服务的错误率超过 5% 时发送告警通知到 Slack。

Copilot 生成的告警规则如下：

```
groups:
  - name: alert_rules
    rules:
      - alert: HighErrorRate
        expr: rate(http_server_errors_total[1m]) / rate(http_requests_total[1m]) > 0.05
        for: 1m
        labels:
          severity: critical
        annotations:
          summary: "High Error Rate Detected"
          description: "Error rate exceeds 5% for service {{ $labels.instance }}"
```